最終巻『液クロ文の巻』の刊行に当たって

　小泉純一郎内閣の退陣と安倍晋三内閣の発足，愛国心の涵養と美しい国作りを目指した教育基本法改正案の成立，いじめ問題と生徒・校長の自殺頻発．色々な事があった2006年も残り僅かとなり，LC-DAYs 2006（2006年液体クロマトグラフィー研修会）の開催（11月30日〜12月1日）に合わせた「液クロ虎の巻」シリーズ刊行の時期となった．2001年から始まった「液クロ虎の巻」シリーズの発行も，「液クロ龍の巻」（2002年），「液クロ彪の巻」（2003年），「液クロ犬の巻」（2004年），「液クロ武の巻」（2005年）と巻を重ね，いよいよ今回で最終巻「液クロ文の巻」（2006年）の発刊を迎えた．

　ご承知のように，本シリーズの書名は中国・周の太公望の撰と称する兵法書『六韜（リクトウ）』にある文韜・武韜・竜韜・虎韜・豹韜・犬韜の6巻60編に因んだものである．我が国では，太公望は釣師の異称として専ら知られているが，ただの釣好きではない．渭水の浜で釣糸を垂れて世を避けていたが，殷王朝に仕えていた文王（ブンオウ）に用いられて才能が開花する．文王は後に儒家の模範と称された人物である．太公望（本姓は姜，字は子牙，氏は呂，名は尚）は文王の長子であった武王の師となり，武王（周王朝の祖）を助けて殷を滅ぼし，周代の斉（セイ）国（現在の山東省）の始祖となった．

　さて，最終巻で最も気を使ったのは，「液クロ虎の巻」シリーズの"しんがり"としての務めである．物事を始めるのは易しいが，終わり方が難しい．本シリーズを起承転結に当てはめれば，起（虎の巻），承（龍の巻，彪の巻，犬の巻），転（武の巻），結（文の巻）となろう．動から静への流れで全体を統一し，最終巻は理知的に有終の美を飾ることを意図した．平家物語に「あっぱれ文武二道の達者かな」という記述があるが，液クロにおいても文武両道，即ち基礎理論と実践（ハード＆ソフト）の何れにおいても達者でないと一人前ではない．そこで，本書の読者に理論や文献の重要さを再認識して戴きたいという思いを込めて，最終巻の名称を「液クロ文の巻」とした次第である．表紙には中国で発掘された甲骨文字をあしらったので，興味のある方は解読を試みられたい．

　本書は「1章　前処理編」，「2章　分離編」，「3章　検出編」，「4章　LC/MS編」の4章を骨子として構成した．前4作と同様，関連機器メーカーの最新情報を資料編として

末尾に掲載した．さらに，これまでの「液クロ虎の巻」シリーズ5巻の目次とシリーズ全6巻の総索引を巻末に掲載して読者の便に供した．ご活用戴ければ幸いである．本書の内容・体裁には監修者として細心の注意を払ったが，不都合がないとは断言し難い．ご指摘戴きたい．本「液クロ虎の巻」シリーズは初巻以来，我々の予想を超える多くの読者に支えられてきた．本書「液クロ文の巻」も前巻同様，現場で役立つ実務書として広く利用されることを期待する．太公望の兵法書に因んだ本シリーズを愛読され，釣師ならぬ"液クロ師"になって戴ければ幸いである．日本分析化学会関東支部主催の機器分析講習会「高速液体クロマトグラフィーの基礎と実践」の受講者には，本シリーズの任意の巻が参加記念として前もって1冊プレゼントされている．本シリーズに盛り込まれた情報は膨大かつ貴重であるので，読者や講習会参加者の声を反映させ，行く行くはデータベース化して活用する事を考えたい．想い返せば，本シリーズは6年前に『Q&A方式の実務書を年に1冊ずつ刊行しよう！』という目標を掲げて始めたものである．『成せばなる．何とかなる．』の掛け声で遮二無二突進し，到頭，一気呵成に目標を達成してしまった．6年間に亘って尽力して戴いた運営委員の諸君に心より感謝したい．

　最後に，本書ならびに本シリーズの出版に一貫してご協力戴いた筑波出版会の花山亘社長，悠朋舎（製作担当）の飯田　努社長，ならびに関係各位の労苦に改めて感謝の意を表する．

　　平成18年11月

　　　　　　　　　　　　　　　液体クロマトグラフィー研究懇談会委員長　　中　村　　　洋

執筆者一覧

監修：東京理科大学薬学部教授　薬学博士　中　村　　　洋
編集：(社) 日本分析化学会　液体クロマトグラフィー研究懇談会

池ヶ谷　智　博	日本ウォーターズ
石　井　直　恵	日本ミリポア
石　倉　正　之	シグマアルドリッチジャパン
井　上　剛　史	東京化成工業
大河原　正　光	横河アナリティカルシステムズ
大　竹　　　明	ジーエルサイエンス
大　津　善　明	アステラス製薬
門　屋　利　彦	キリンビール
神　田　武　利	資生堂
工　藤　　　忍	グラクソ・スミスクライン
熊　坂　謙　一	神奈川県衛生研究所
黒　木　祥　文	オルガノ
小　池　茂　行	ライオン
紺　世　智　徳	三共
坂　本　美　穂	東京都健康安全研究センター
佐々木　俊　哉	日本ウォーターズ
佐々木　久　郎	関東化学
澤　田　　　豊	関東化学
住　吉　孝　一	日本ダイオネクス

執筆者一覧

清　　晴世	メルク
高橋　　豊	日本電子
瀧内　邦雄	和光純薬工業
谷川　建一	日立ハイテクノロジーズ
長江　徳和	クロマニックテクノロジーズ
中里　賢一	北里大学理学部
中村　立二	元　万有製薬
中村　　洋	東京理科大学薬学部
古野　正浩	ジーエルサイエンス
坊之下雅夫	日本分光
増田　潤一	島津製作所
松崎　幸範	ジャパンエナジー
三上　博久	島津製作所
見勢　牧男	横河アナリティカルシステムズ
宮野　　博	味の素
望月　直樹	アサヒビール
矢野　　剛	綜研化学
吉田　達成	横河アナリティカルシステムズ

（所属は2006年11月現在　五十音順）

あらまし Question 項目

1章 前処理編 *1*

1 分析に用いるイオン交換水，蒸留水，超純水の水質の違いと精製方法は？ ———— *2*
2 超純水装置で紫外線ランプが装置されているのはなぜか？ ———— *6*
3 nanoLC/MS(/MS)によるタンパク質分析に用いる水は何が適しているか？ ———— *8*
4 超純水装置からの採水には，注意しないと分析に影響が出る？ ———— *10*
5 超純水は採取直後に使った方がよいのはなぜか？ ———— *12*
6 分析における精度管理のうえで，純水・超純水装置の管理に必要なことは？ ———— *13*
7 HPLC用試薬，純水とLC/MS用試薬，純水が市販されているが，分析における違いは？ ———— *14*
8 クロマトグラフィー関連試薬は，メーカーを変えることで分離に影響するか？ ———— *16*
9 移動相に使用するメタノール，アセトニトリルなどの一般的な品質保持期間は？ ———— *17*
10 ポストカラム誘導体化法などで使用する反応試薬の保存期間や注意点は？ ———— *19*
11 LC用やLC/MS用溶媒などの溶媒を扱うときの注意点は？ ———— *20*
12 順相系分取HPLCをセットアップする場合，ヘキサンなどの高揮発性の溶媒を大量使用するときの安全面や注意点は？ ———— *21*
13 海外でも同じブランドの試薬を容易に入手できるか？ ———— *22*
14 よく実験で用いる洗浄びんの使用には注意が必要なのはなぜか？ ———— *23*
15 分析に用いる容器の洗浄や保管の注意点は？ ———— *24*
16 試料保存容器は何を使えばよいのか．容器の違いによる差はあるのか？ ———— *26*
17 生体試料中の医薬品を逆相HPLCで分析する場合の，簡単で効果的な前処理法とは？ ———— *27*
18 複合分離モードのHPLCカラムに適した固相抽出カラムの選択の方法は？ ———— *30*
19 マイクロリットルオーダーの極微量試料を固相抽出で精製することはできるか？ ———— *33*
20 市販の試料前処理フィルターのHPLC用と限定されたものの違いは何か？ ———— *36*
21 夾雑物を多く含む試料の前処理に適したフィルターは？ ———— *37*
22 食品中の糖類を分析する方法は？ ———— *38*
23 食品中のアミノ酸分析法とは？ ———— *42*
24 食品中の有機酸分析法とは？ ———— *45*
25 残留農薬の一斉試験法にGC/MSとLC/MS(/MS)が用いられるが，両者の特徴は？ ———— *47*

26 水道水中の陰イオン界面活性剤の分析で，安定した回収率を得るためのコツは？ ── 49

> いざというときの，試薬の最速入手方法は？ ── 15
> 食品中残留農薬のポジティブリスト制度についての説明は？ ── 50
> 食品中残留農薬のポジティブリストの分析の方法は？ ── 50

2章 分離編 51

27 キレート剤を移動相に添加して，金属イオンを分離・検出する方法とは？ ── 52
28 同じ移動相を作成して使用しても，バックグラウンドが昨日と一致しない原因は？ ── 54
29 試料を注入していないのに，インジェクターを倒しただけでピークが出るのはなぜか？ ── 56
30 試料溶解溶媒と移動相溶媒の種類や組成比が異なる場合，クロマトグラム上に与える影響と発生する現象は？ ── 59
31 イオンクロマトグラフィーのグラジエント溶離において，サプレッサーを接続していてもゴーストピークが検出される原因と対策は？ ── 61
32 逆相分配クロマトグラフィーにおける，緩衝液の種類と濃度が分離に及ぼす影響は？ ── 63
33 逆相 HPLC 分離で，同一装置，同一カラムを使用していて，日によって保持時間および分離度が変動するのはなぜか．考えられる原因と対策は？ ── 65
34 H-u 曲線のつくり方のできるだけ具体的方法は？ ── 68
35 疎水性リガンドに親水性基やフッ素などを導入した固定相を充塡した市販逆相カラムの使い道や利点と欠点とは？ ── 71
36 同一の粒子径，細孔容量，比表面積のゲルに同じ官能基が導入されている場合，どのメーカーでも同じデータがとれるのか？ 違いがあるとしたら，その原因は？ ── 73
37 ODS カラムの初期選択として，どのカラムを購入すべきか．どのような機能性に着目して選択すればよいか？ ── 74
38 ミクロ，セミミクロ流量域で使用できるモノリス型シリカカラムはあるのか？ ── 77
39 カラムの交換時期についての指針は？ ── 79
40 A 社の理論段数 10 000 段の逆相カラムに代えて，B 社の同サイズの理論段数 15 000 段カラムを使用したが，思ったほど分離向上が見られない．これはなぜか？ ── 80
41 イオン交換カラムでは，シリカゲル基材およびポリマー基材では分離や性質にどのような違いがあるのか？ ── 82
42 カラムの保存方法，有効期間についての注意点は？ ── 83
43 効率的に分析法を開発するための手順とは？ ── 84
44 分析時間を短くするとき，グラジエントカーブはどのように変更すればよいのか？ ── 86

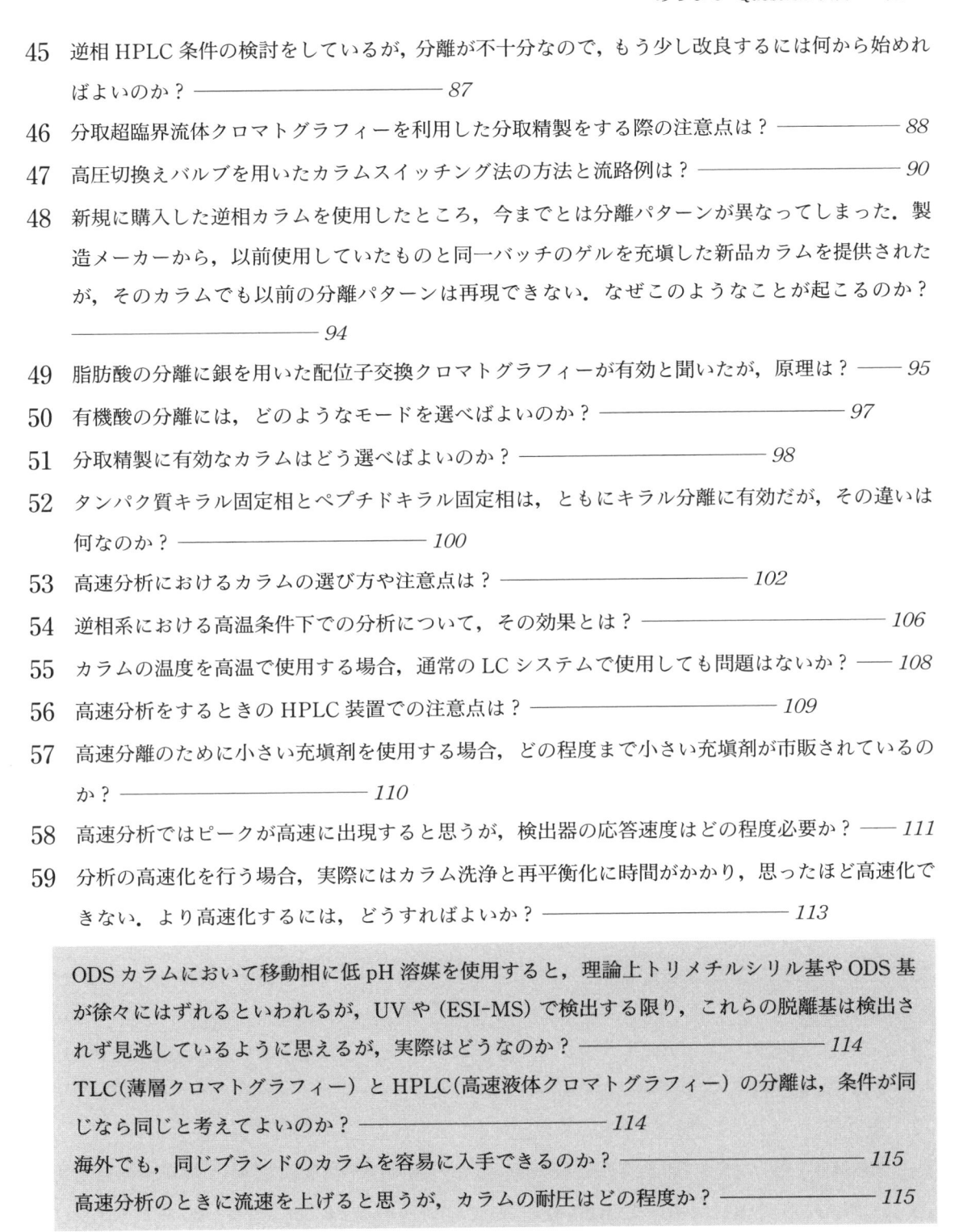

あらまし Question 項目　vii

45　逆相 HPLC 条件の検討をしているが，分離が不十分なので，もう少し改良するには何から始めればよいのか？ ———————— 87

46　分取超臨界流体クロマトグラフィーを利用した分取精製をする際の注意点は？ ———— 88

47　高圧切換えバルブを用いたカラムスイッチング法の方法と流路例は？ ————————— 90

48　新規に購入した逆相カラムを使用したところ，今までとは分離パターンが異なってしまった．製造メーカーから，以前使用していたものと同一バッチのゲルを充填した新品カラムを提供されたが，そのカラムでも以前の分離パターンは再現できない．なぜこのようなことが起こるのか？ ———————— 94

49　脂肪酸の分離に銀を用いた配位子交換クロマトグラフィーが有効と聞いたが，原理は？ ——— 95

50　有機酸の分離には，どのようなモードを選べばよいのか？ ————————— 97

51　分取精製に有効なカラムはどう選べばよいのか？ ————————— 98

52　タンパク質キラル固定相とペプチドキラル固定相は，ともにキラル分離に有効だが，その違いは何なのか？ ———————— 100

53　高速分析におけるカラムの選び方や注意点は？ ————————— 102

54　逆相系における高温条件下での分析について，その効果とは？ ————————— 106

55　カラムの温度を高温で使用する場合，通常の LC システムで使用しても問題はないか？ —— 108

56　高速分析をするときの HPLC 装置での注意点は？ ————————— 109

57　高速分離のために小さい充填剤を使用する場合，どの程度まで小さい充填剤が市販されているのか？ ———————— 110

58　高速分析ではピークが高速に出現すると思うが，検出器の応答速度はどの程度必要か？ ——— 111

59　分析の高速化を行う場合，実際にはカラム洗浄と再平衡化に時間がかかり，思ったほど高速化できない．より高速化するには，どうすればよいか？ ———————— 113

ODS カラムにおいて移動相に低 pH 溶媒を使用すると，理論上トリメチルシリル基や ODS 基が徐々にはずれるといわれるが，UV や (ESI-MS) で検出する限り，これらの脱離基は検出されず見逃しているように思えるが，実際はどうなのか？ ———————— 114

TLC（薄層クロマトグラフィー）と HPLC（高速液体クロマトグラフィー）の分離は，条件が同じなら同じと考えてよいのか？ ———————— 114

海外でも，同じブランドのカラムを容易に入手できるのか？ ———————— 115

高速分析のときに流速を上げると思うが，カラムの耐圧はどの程度か？ ———————— 115

3章 検出編 *117*

60　HPLCの分析における検量線用溶液調製方法，検量線の作成方法は？ —— *118*
61　HPLCでは定性分析の経験しかないが，定量分析を行う際の注意点は？ —— *120*
62　ポストカラム誘導体化法の種類，内容とは？ —— *122*
63　プレカラム誘導体化法では，どのような方法が有効なのか？ —— *123*
64　初心者で，HPLCの消耗品の注文やメンテナンスの相談などの場合に，部品の名称がわからない．フェラル，押しねじ，ユニオン，プランジャーシールとは何か？ —— *126*
65　プランジャーやバルブの洗浄・交換のポイントは？ —— *128*
66　HPLCの配管（チューブの種類や長さなど）のときに，気をつけることは？ —— *129*
67　カラムの連結では違う種類のカラムをつなぐ方法でもよいのか，その適用例は？ —— *130*
68　スタティックミキサーとは何なのか？　どの容量を選べばよいのか？ —— *132*
69　HPLCの移動相の流量をはかる便利な器具は？ —— *135*
70　ELSDを初めて使う場合，使用にあたって，ELSD特有の注意点は？ —— *137*
71　PDA検出器で確認試験と定量試験をかねる場合の正しい運用方法は？ —— *139*

HPLC装置が高く積み上がっている場合の地震対策は？ —— *140*

4章 LC/MS編 *141*

72　LC/MSインターフェースの種類，選択のコツは？ —— *142*
73　モノアイソトピック質量とは何か？ —— *148*
74　LC/MSとGC/MSで得られるフラグメンテーションが異なる理由は？ —— *150*
75　LC/MS(/MS)で得られる分子関連イオン以外のフラグメントイオンの帰属を解析する際の注意点は？ —— *151*
76　LC/MSにおけるデータのサンプリング速度とスペクトルやクロマトグラムとの関係はどうなっているのか？ —— *152*
77　未知試料をLC/MSで分析する際に推奨されるMS条件設定の手順は？ —— *153*
78　未知試料をLC/MSで分析する際に推奨されるLC条件設定の手順は？ —— *155*
79　LC/MS/MS，MRMでの多成分同時微量分析で，特定の成分のみがばらつくが，その原因にはどんなことが考えられるのか？　実試料だけでなく標準試料の分析でも観察され，UV検出器では観察されない場合の解決方法は？ —— *156*

あらまし Question 項目　ix

80　LC/MS で高速分析を行う場合の注意点は？ ——————— 160
81　LC/MS でバックグラウンドイオンが観測される原因と減少させる方法は？ ——————— 163
82　血液試料を LC/MS したときのバックグラウンドを下げる方法は？ ——————— 164
83　LC/MS で人体に有害な物質を分析する場合，排気が気になるが，排気の仕組みは？ ——— 166
84　HPLC，LC/MS に関する初心者向けの市販の参考書は？ ——————— 167

　　　LC/MS を用いた分析において，検出されやすい物質の構造は？ ——————— 170
　　　LC/MS 分析における試料濃度の注意点は？ ——————— 170

資　料　編　171

　　　日本ミリポア株式会社 ——————— 172
　　　関東化学株式会社 ——————— 173
　　　メルク株式会社 ——————— 174
　　　ジーエルサイエンス株式会社 ——————— 175
　　　東京化成工業株式会社 ——————— 176
　　　オルガノ株式会社 ——————— 177
　　　株式会社日立ハイテクノロジーズ ——————— 178
　　　財団法人 化学物質評価研究機構 ——————— 179
　　　株式会社島津製作所 ——————— 180
　　　シグマ アルドリッチ ジャパン株式会社 ——————— 181
　　　日本分光株式会社 ——————— 182
　　　和光純薬株式会社 ——————— 183
　　　横河アナリティカルシステムズ株式会社 ——————— 184

索　　引　187

虎の巻シリーズ全 6 巻 総索引　191

1章 前処理編

Question

1 分析に用いる水としてさまざまな水がありますが，**イオン交換水，蒸留水，超純水の水質の違い，また精製方法**について教えてください．

Answer

1. 分析用水の種類

　分析用水としてイオン交換水，蒸留水などの純水，純水よりもさらに不純物量が低減された超純水が一般的に使用されています．この純水と超純水の違いは残存する不純物量です．

　50mプールに水道水，純水（高度に精製されたもの），超純水を満たした場合，水分子以外の不純物量はおおよそ下記のようです．

① 水道水：ドラム缶2本分（1000ppm程度）
② 純水（高度に精製されたもの）：コップ1杯分（1ppm程度）
③ 超純水：スプーン1杯分（10ppb程度）

　このように，超純水は不純物が限りなく除去された水であり，分析に影響を与える物質が除去された水として，広く分析に用いられています．

　一方，純水にはさまざまな精製方法があります．イオン交換水，蒸留水，逆浸透（RO）水，逆浸透膜とEDI連続イオン交換法により精製されたRO-EDI水（EDI：Electric Deionization）などが代表的な純水精製方法です．原水（水道水など）から純水・超純水を精製する際，不純物は大きく四つ（無機物，有機物，微粒子，微生物）に分類されます．イオン交換水，蒸留水，RO-EDI水では，各不純物は下記のように除去されています．

① イオン交換水：無機物がおもに取り除かれた水
② 蒸留水：四つの不純物が全般的に除去された水
③ RO-EDI水：蒸留水よりも不純物が除去された純水の中でも非常に高純度な水

2. EDI法の特徴

　原水から何らかの処理方法で少しでも不純物が除去された水は純水とよばれ，純水は精製方法によって，上記のように水質が異なります（表1参照）．このため，純水を分析に用いる際には，分析に影響を与える不純物が取り除かれた水かどうか確認してから使用する必要があります．

　EDI法は電気透析の原理を利用したイオン除去技術です．従来のイオン交換樹脂法は無機物を除去するのに最も優れた技術ですが，樹脂が飽和することにより急激に水質が低下する，樹脂塔内で微生物が繁殖するなどさまざまな欠点があります．そのため，無機物を除去できるという利点を残したまま，欠点を改善したEDI法が開発されました（図1参照）．EDIは，電極，イオン交換膜および少量のイオン交換樹脂から構成されます．イオン交換樹脂を陽イオン交換膜と陰イオン交換膜で交互に積層し，その両端の電極で直流電流を通すことにより，イオンの

除去を連続的かつ効果的に行います．

　電流を流すと，供給水中のイオンは陽極もしくは陰極に引き付けられます．その際，陽イオン交換膜と陰イオン交換膜の2種類の膜が選択的にイオンを透過させるため，イオンが濃縮される層と排除される層に分かれます．通水しながら電流を流すことで，イオンを濃縮し外へ排除することができる仕組みです．このとき，イオン交換樹脂はイオンが電極へ移動しやすくする良導体としての役割とイオン交換樹脂上の官能基にイオンを保持しイオン交換膜へ運ぶ役割を担っており，官能基が飽和せず長期間安定してイオンの除去を行うことができます．

表1　市販純水・超純水装置の精製方法と水質の違い

純水装置/超純水装置	精製方法	比抵抗 (MΩ・cm, 25℃)	TOC (ppb)	微生物
イオン交換ボンベ	イオン交換樹脂	1〜17[*1]	300〜600[*1]	多い[*2]
蒸留水製造装置	蒸留	0.5〜0.8	200〜300	少ない
	蒸留＋イオン交換樹脂	1〜17[*1]	150〜200[*1]	多い[*2]
	イオン交換樹脂＋蒸留	0.5〜1	150〜200	少ない
逆浸透型純水装置	逆浸透膜（RO）	0.1〜0.5	100〜300	少ない
	RO＋イオン交換樹脂	1〜17[*1]	100〜200[*1]	多い[*2]
RO-EDI方式純水装置	RO＋EDI連続イオン交換	5〜17	20〜100	少ない
超純水装置	イオン交換＋活性炭 ＋メンブランフィルター	18.2	10〜20	非常に少ない
	イオン交換＋活性炭＋UV (185 nm)	18.2	1〜5	非常に少ない

[*1] イオン交換樹脂の飽和により水質変動があるため，定期的な交換が必要．
[*2] イオン交換樹脂へ付着した微生物が増殖する恐れがある．
注）比抵抗は値が大きいほど，TOCは小さいほどそれぞれ含まれるイオン量，有機物量が少ないことを示す．

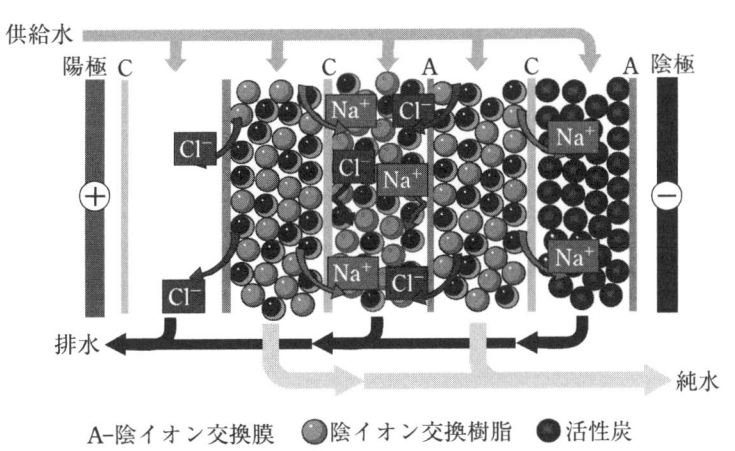

図1　EDIによる純水精製方法（ミリポア社，特許番号3416455）

また，副次的な効果として電荷をかけることにより細菌の増殖を抑制することも報告されています．

従来のEDIでは水の電気分解によって発生するOH^-により陰極表面近傍のpHが上昇し，水中の炭酸イオンとカルシウムイオンが結合し，水に溶けにくい炭酸カルシウムが生成し，スケールを形成してしまい，EDIの寿命を短くする原因や前処理として軟水器を必要とする原因となっていました．そこで，図1のように陰極側に活性炭を入れることで，陰極の表面積を増やし，単位面積当たりのOH^-の発生量を減少させることでpHの上昇を抑え，炭酸カルシウムの生成を防止しています．このEDIと逆浸透膜（RO）を組み合わせることで，非常に高純度な純水を長期間にわたって安定して精製することができます．

3．実際の分析への影響

実際の分析への水質影響として，イオン交換水，蒸留水および超純水を移動相として用いて，HPLC分析を行った例を，図2に示します．イオン交換水では無機物は除去されていますが，

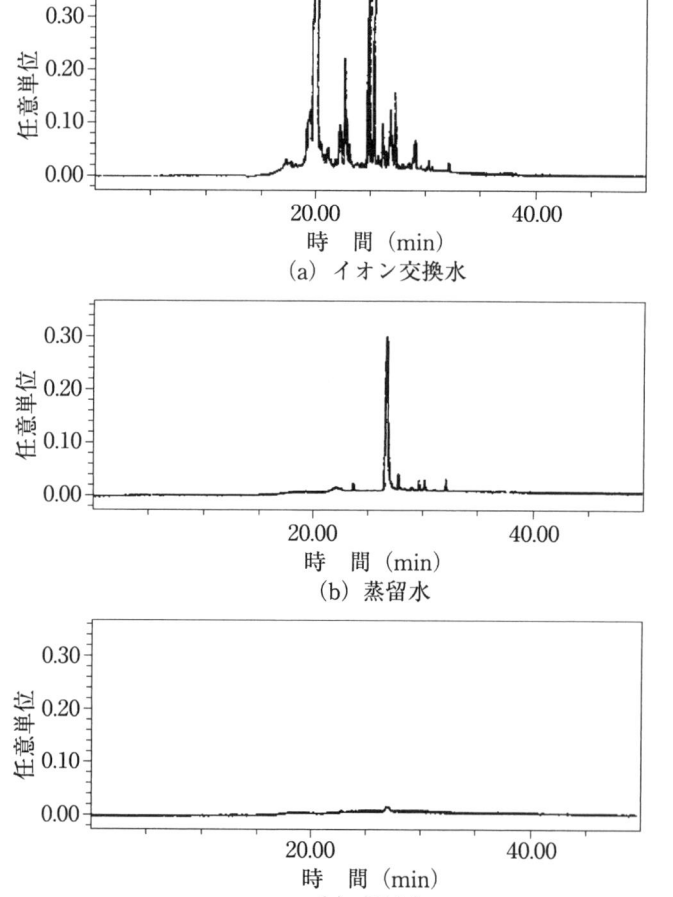

おのおのの純水でカラムを60分間平衡化した後，下記条件で行った．
カラム：Waters Purecil C18, 4.6 mm i.d.×250 mm
移動相：A；純水，B；アセトニトリル
グラジエント条件：0％B→100％B (30 min)
流　速：1.0 mL/min
検　出：UV 220 nm

図2　各種分析用水のHPLCクロマトグラム

有機物は多量に残存しているため，HPLC で分析するとピークが非常に多く見られます．また，蒸留水は有機物，無機物，微生物，微粒子が全般的に除去されているため，イオン交換水と比較するとピークは少ないのですが，HPLC による微量分析に使用するためには水質が不十分です．超純水は蒸留水よりも不純物が少ない高純度な水であるため，ピークはより小さくなっています．このように分析に用いる水の違いによって，分析結果は大きな影響を受けてしまいます．

また，最近では超純水の精製方法も分析の高感度化に対応して，従来のイオン交換，活性炭，メンブランフィルターを組み合わせた精製方法だけではなく，紫外線ランプ（波長 185 nm）を導入する，メンブランフィルターに代えて高性能な活性炭を使用するなど，HPLC, LC/MS などの用途に応じた超純水の精製方法が開発されています．

実際に純水中の有機物量が HPLC に与える影響については，「液クロ龍の巻」の Q 38 を，LC/MS に与える影響については「液クロ龍の巻」の Q 79 を参照してください．

分析結果の再現性，精度を得るうえで，使用する水においては「分析に影響を与える不純物が除去されているか」，「常に一定の水質であるか」が大切です．そのため，現在，使用している水がどのような方法によって精製された水なのか，分析に影響を与える不純物は取り除かれているのか，水質は常に一定であるかを確認しながら分析を行うことが必要です．

Question

2 最近の超純水装置では紫外線ランプが装置されていますが、なぜですか？

Answer

移動相として使用される超純水中に含まれる有機物量も，LC/MSによる分析の高感度化にともなって，さらなる低減が求められてきています．これは，超純水中の有機物はバックグラウンドやゴーストピークの出現につながり，移動相に用いる超純水中のTOCとベースラインには相関性があって，超純水のTOCが高い場合には，ベースラインの上昇とゴーストピークの発生が顕著になるためです[1]．

このことから，LC/MSに用いる分析用水としては，より低TOCの水が求められており，Milli-Qに代表される超純水装置が広く用いられてきています．

しかし，従来の超純水装置は，何らかの精製方法で精製された純水をさらにイオン交換樹脂，活性炭，メンブランフィルターによって処理するもので，紫外線ランプは導入されていませんでした．活性炭は有機物を除去する目的で用いられていますが，水中のすべての不純物を吸着できるわけではなく，細孔の構造によって比較的低分子の物質に限られます．そのため，従来の精製方法では，水中の有機物量を分析の高感度化に対応できる程度まで低減することができませんでした．現在では，超純水精製工程に有機物酸化分解用の紫外線ランプ（波長185 nm）を導入して，短時間の照射を行い，低TOCの超純水を精製することができる超純水装置が開発され，広く用いられています．紫外線ランプを導入することで，従来の精製方法に比べて，TOCを5分の1程度まで低減することができ，安定してTOC 5 ppb以下の超純水を精製することができます．

移動相に用いる超純水中のTOCが分析結果に影響する例として，4種類の合成抗菌剤（カルバドックス（CDX），スルファジメトキシン（SDMX），ピロミド酸（PMA），ナイカルバジン（NCZ））のLC/MS分析において，紫外線照射により有機物濃度を低減した超純水を移動相として用いた場合では，ベースラインが一定で，シャープなピークが得られました（図1）．

一方，紫外線を照射していない超純水を用いた場合には，バックグラウンドと目的成分のピークが重なって，正しく分析できていないことがわかります（図2）．この分析例からもわかるように，LC/MS分析では低TOCの超純水を使用することが必要であり，超純水装置に紫外線ランプを導入することにより，微量有機物分析にも適用できる超純水を精製することができます．

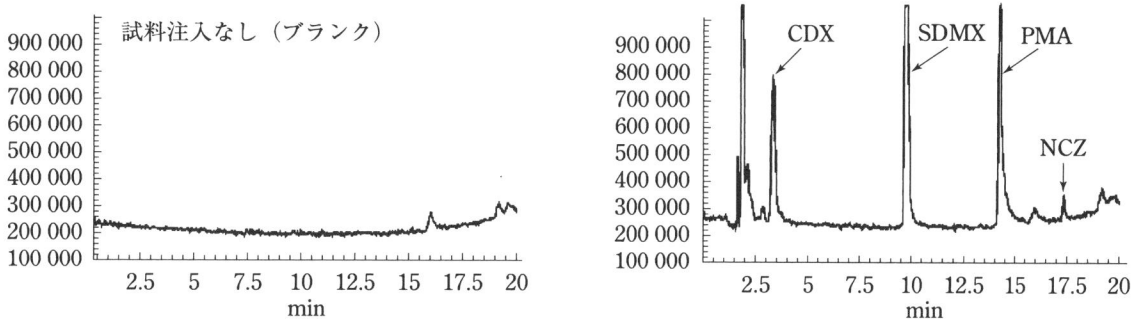

図 1　合成抗菌剤分析結果（紫外線照射された低 TOC の超純水を使用）[2]

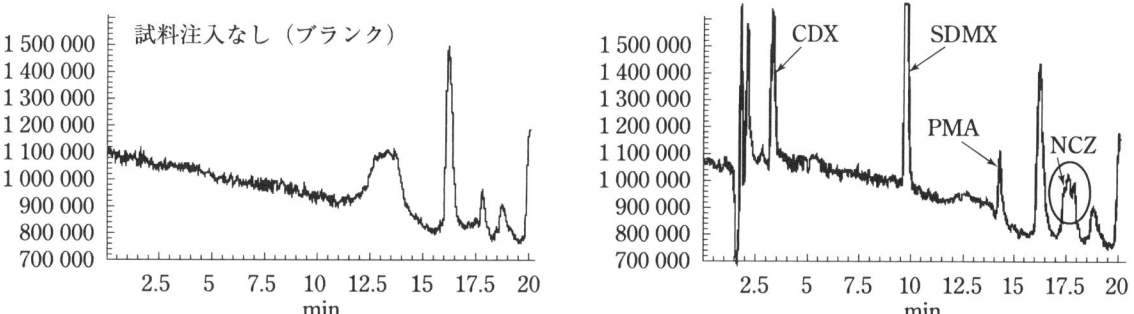

図 2　合成抗菌剤分析結果（紫外線未照射の超純水を使用）[2]

1)　液体クロマトグラフィー研究懇談会 編，"液クロ龍の巻"，Q 38，筑波出版会（2002）．
2)　"Application Notebook, Vol.15"，日本ミリポア（2002）．

Question

3 nanoLC/MS(/MS)によるタンパク質分析に用いる水は，どのようなものが適していますか？

Answer

nanoLC/MS(/MS)を用いたタンパク質分析は，精製後の微量タンパク質のアミノ酸配列が決定できることや定量性が高く，タンパク間相互作用解析などへの展開が可能であることから，最近その利用が広まってきています．

nanoLC/MS(/MS)による高感度解析を行うためには，移動相などに用いる水や試薬に十分注意を払い，バックグラウンドを低減させることが必要です．LC/MSやUV検出器を備えたHPLC分析においても，移動相に用いる水の純度がベースラインの上昇やゴーストピークに影響を及ぼすことは広く知られており，それらは用いる水中の有機物量（TOC：Total Organic Carbon）と関係があります．水中の有機物量が多いほど，バックグラウンドの上昇につながります．そのため，バックグラウンドを低減させるためには低TOCの超純水を分析用水として使用することが不可欠で，超純水の精製工程に有機物酸化分解用の紫外線ランプを導入することによって，低TOCの超純水を精製することができます．

有機物酸化分解用の紫外線ランプを有する超純水装置で精製された超純水を，イオントラップ型質量分析計を用いたnanoLC/MS(/MS)によるプロテオーム解析へ適用したところ，25

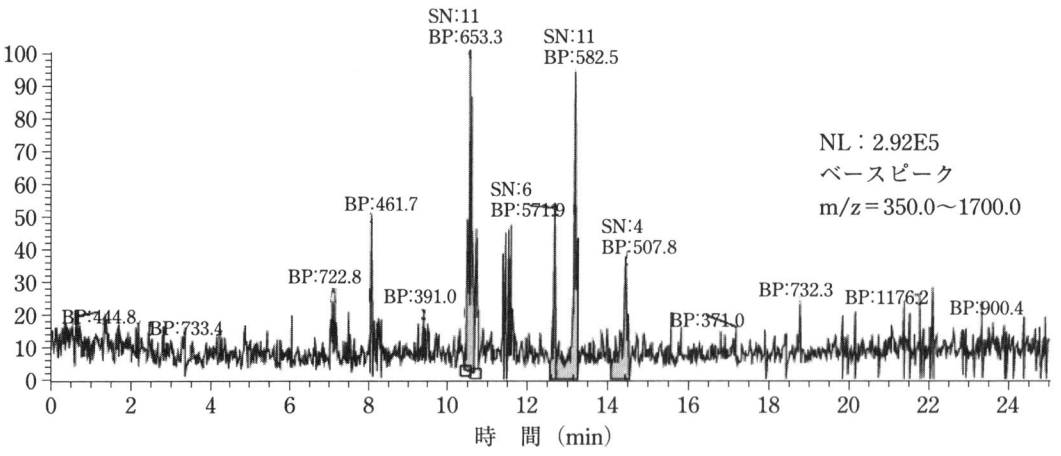

〈LC/MS(/MS)分析条件〉
カラム：Magic C18(Michrom BioResources,Inc)
移動相：A；超純水(紫外線処理)：アセトニトリル：ギ酸(98：2：0.1, v/v/v)
　　　　B；超純水(紫外線処理)：アセトニトリル：ギ酸(10：90：0.1, v/v/v)
グラジエントプログラム：B液　5→85％(40 min)
流速：約1 μL/cm

図1　25 fmol BSA トリプシン消化物の分析結果[3)]

fmol の極微量の BSA トリプシン消化物を解析することができ，MS データを検索したところ，アミノ酸配列のカバー率は約 25％ であり，本実験条件においては有効でした（図1）．このように，nanoLC/MS(/MS) によるタンパク質分析でも，低 TOC の超純水を使用することが最適です．

また，超純水に残存する有機物量は超純水装置の性能のみならず，前処理として用いる純水装置の性能が大きく寄与しているため，蒸留装置やイオン交換ボンベを純水装置として用いた場合には，低有機物濃度の超純水を精製することができない場合があります．nanoLC/MS(/MS) 解析に適した水質の超純水を得るためには，超純水装置単体の性能ではなく，純水装置と超純水装置の組合せ，つまり超純水システムとして性能を考える必要があるわけです．例えば，純水装置として，高純度な純水を精製できる逆浸透膜と連続的にイオン除去が可能な EDI 連続イオン交換を備えたもの，超純水装置としては，有機物酸化分解用の紫外線ランプが導入されたものを組み合わせることで，nanoLC/MS(/MS) に適した水質を達成できます[1,2]．

さらに，分析結果の精度，再現性の点からは，超純水の水質が分析に適しているか，つまり低 TOC の超純水が精製されているかを常時確認するために，超純水の有機物量を TOC 計によりモニタリングすることが重要です．

---

1) "The R&D Notebook, Vol. 5", 日本ミリポア（1999）．
2) "The R&D Notebook, Vol. 6", 日本ミリポア（2000）．
3) "Application Notebook, Vol. 12", 日本ミリポア（2002）．

Question

4 超純水装置からの採水には，注意しないと分析に影響が出るというのは本当ですか？

Answer

　Q15では，できるだけ洗びんを用いずに超純水装置から直接採水した方がよいとありますが，超純水装置からの採水時に注意を怠ると，分析に影響を与えるような汚染が生じます．具体例を列挙します．

① 目的に合った容器を選んで，最適な洗浄を施したうえで採水する

　HPLCであればガラス容器が，イオンクロマトであればポリプロピレン製の容器が適してます．特に微量分析であれば，あらかじめ用いる容器からの溶出を検討したうえで，最適な容器を選定しておく必要があります．

② 採水口にチューブなどを取り付けない

　採水しやすくするためか，超純水装置の採水口にシリコンチューブなどを取り付けている場合を見かけます．これはチューブからの溶出や付着した微生物などによる超純水の汚染源となります．

③ 水質モニターで水質が十分に上がったことを確認してから採水する

　超純水装置は採水時にスイッチを押すことで，装置内の循環運転を開始するようになっているものがほとんどです．この場合，水質が上がって安定するまでしばらく時間がかかる場合があります．ほとんどの超純水装置では，比抵抗値とTOC値がモニターに表示されます．どちらの値も十分に安定したことを確認してから採水します．

④ 採水時には初流を廃棄してから使用する

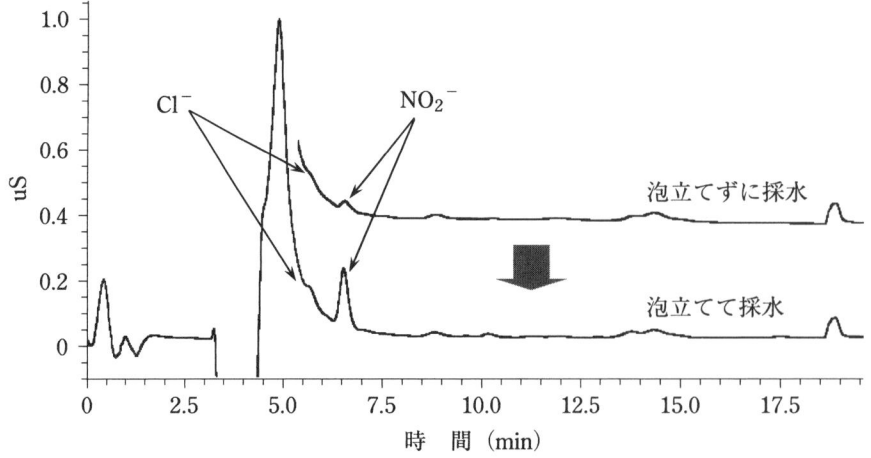

図1　採取方法がクロマトグラムに与える影響

どのような超純水装置にも採水口付近は装置内の循環ラインから外れますので，採水開始直後には水質の低下した水が出る恐れがあります．使う装置によっても異なりますが，数十mL～200mL程度は廃棄してから使用してください．
⑤ 採水時に泡立たせないように注意して容器に受ける

　採水時に勢いよく容器に水を受けると泡立ち，環境からの汚染を巻き込んでしまいます．容器を斜めにして受けたり，採水スピードを加減してやることでできるだけ泡立たせないようにすると，環境からの巻き込み汚染を最小限に抑えることができます（図1）．

　このようなちょっとした採水時の注意により，超純水の水質を損なうことなく使用することができます．

Question

5 超純水は採取直後に使った方がよいのはなぜですか？

Answer

　超純水は試薬・試料調製，移動相など，分析に影響を与える不純物が取り除かれた水として，広く使用されています．その超純水は別名"ハングリーウォーター"とよばれるほど，非常に物質を溶解させやすい性質をもっています．

　採水後の超純水の水質を，導電性物質の量を表す比抵抗値によって経時的に観察すると，汚染が進んでいることがわかります（図1）．比抵抗値の低下が起こるのは，おもに空気中の二酸化炭素が再溶解することにより，炭酸イオン，重炭酸イオンが増加しているためです．このように，超純水は採水後，徐々に水質劣化を起こしています．精製工程で除かれたすべての不純物が，再びすぐに溶け込むわけではありませんが，取扱い方法を誤ると，分析結果に影響を及ぼす可能性があります．

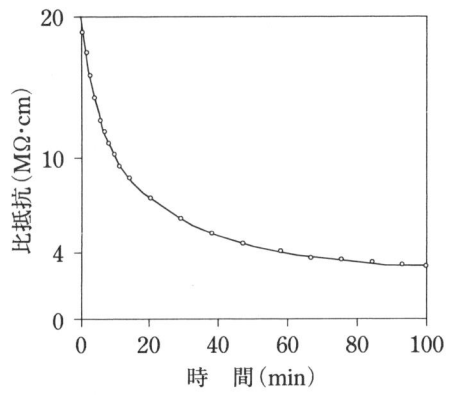

図1　超純水採水後の比抵抗値の変化

　例えば，実験操作を行う場所まで運ぶという一連の操作によって，超純水は実験室の空気と接触し，また，器具や容器に触れることで溶出が起こる可能性があります．このように，超純水は正しい取扱い方法を知らなければ，正しい実験結果を得ることができなくなってしまいます．

　超純水の使用方法では，採水後の環境や容器からの汚染を防止するために，使うときに使う量だけ採水して，すぐに使用するということが最も大切です．

Question

6 分析における精度管理のうえで，純水・超純水装置の管理としてどのようなことが必要ですか?

Answer

　HPLC，LC/MS などの分析装置と同様に，試料調製や移動相として使用される超純水を精製する超純水装置に関しても，分析結果の精度管理，信頼性の確保を行ううえで，バリデーションによる管理が必要だといえます．分析に必要とされる水質が得られているか，装置の機能は正常に作動しているかなど，あらかじめ定めた基準と装置の稼動状況を実際に比較し，確認していくことで，精度管理，結果の信頼性を確保することができます．

　多くの超純水装置には比抵抗計と TOC 計が設置され，一般に水質管理項目として使用されている比抵抗値と TOC 値を測定することができます．この比抵抗計と TOC 計は標準器を使用して定期的にキャリブレーションを行い，測定値と真値との「ずれ」が許容範囲内であるかどうかを確認し，許容範囲外である場合は調整をする必要があります．例えば，TOC の測定値と真値の「ずれ」が許容範囲外の場合，超純水中の TOC が HPLC, LC/MS のバックグラウンドに影響を及ぼすため，目的とする精度が得られない，または結果の信頼性を保つことができなくなってしまいます．

　キャリブレーションで使用される標準器も，さらに精度の高い測定機器によって管理されています．このように「計測器がより高位の測定機器によって次々と校正され，国家基準・国際標準につながる経路が確立されていること」を「トレーサビリティー」といいます．，キャリブレーションに用いられる計測機器は，トレーサビリティーが確立されている必要があります．

　このように純水・超純水装置に関しても，バリデーション・キャリブレーションによる装置管理が必要といえます．超純水装置メーカーでは，純水・超純水装置に関して，バリデーション，トレーサビリティーが確立された比抵抗計，TOC 計キャリブレーションを実施するための技術的なサポートを実施しています．本来，純水・超純水装置を使用している使用者がバリデーション，キャリブレーションを行いますが，メーカーのサポートを利用して，手間・コストを軽減できます．

Question

7 HPLC用試薬，純水とLC/MS用試薬，純水が市販されていますが，実際に分析にどのような違いがあるのですか？

Answer

HPLC用試薬は，保証項目として純度，水分，過酸化物，不揮発性残分などのほかに，HPLCの検出での影響を考慮し，UV吸光度，相対蛍光強度，屈折率の規格を保証した試薬です．

LC/MS用試薬は，HPLC用試薬の保証項目に加え，MS検出時のバックグラウンドノイズ

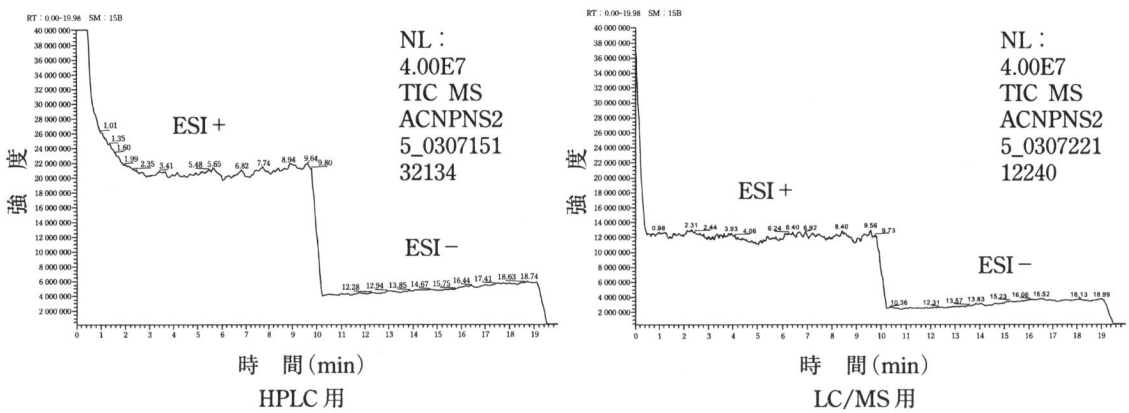

図1 LC/MS用・HPLC用アセトニトリルのトータルイオンクロマトグラム（TIC）比較
イオン化方法 ESI，注入量 25 μL/min．

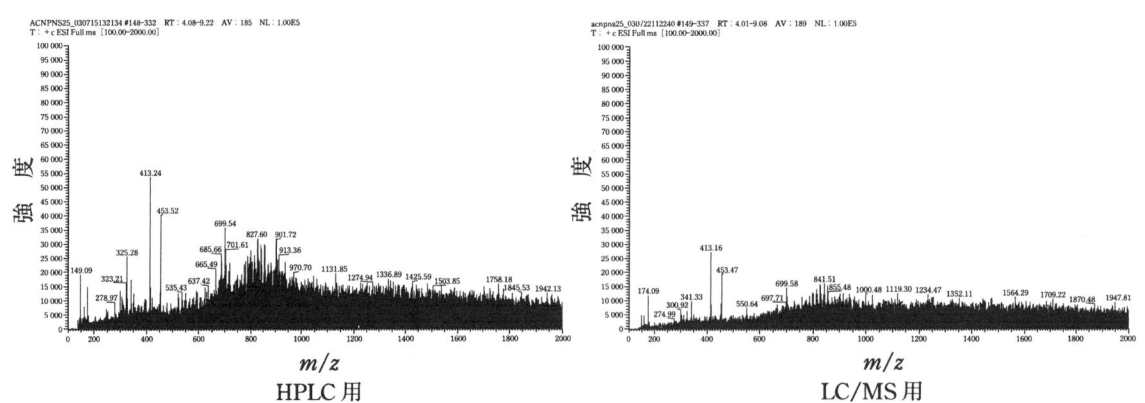

図2 LC/MS用・HPLC用アセトニトリルの MS スペクトル比較（ESI＋）
$m/z = 100 \sim 2000$．

1) 液体クロマトグラフィー研究懇談会 編，"誰にも聞けなかった HPLC Q&A 液クロ犬の巻"，Q70，筑波出版会（2004）．

について規格を設けてあります．さらに LC/MS 用純水については，TOC 値，金属イオンなどの規格を追加しています．

　図1に，LC/MS 用アセトニトリルと HPLC 用アセトニトリルを比較したトータルイオンクロマトグラム（TIC）を示します．LC/MS 用アセトニトリルが HPLC 用より低いベースラインを示しました．ESI＋測定時の MS スペクトルを，図2に示します．LC/MS 用アセトニトリルが HPLC 用よりスペクトルの強度が低く，分析時の妨害が低いことがわかります．

Q： いざというときの，試薬の最速入手方法を教えてください

A： 　いざ実験を始めようと思ったら，溶媒や試薬が足らないといった経験はありませんか．試薬や溶媒は日ごろから十分在庫しておければよいのですが，試薬を無駄なく使うには，必要時に必要な量をそろえたいと考えるのが当然です．ただし，急ぎの実験のときなどに，試薬がない場合には，実験を遅らせないためにも早く試薬を手に入れたいと誰もが考えます．

　いざというときに，試薬を早く手に入れる画期的な方法は，残念ながらありません．順序としては，まず他の実験室のものを借りることができるか調べます．運よく借りることができたときは，試薬の名称が同じでも，スペックなどが異なることがありますので確認してください（「液クロ文の巻」Q 8 参照）．

　借りることができなかった場合は，試薬メーカーに直接電話し，在庫を確認のうえ，早く入手したい旨伝えてください．多くの場合，代理店経由での配達となりますので，なじみの代理店/担当者がわかれば，伝えておいた方が，その後の事務処理などがスムーズで確実です．試薬の直送は，基本的に不可の場合が多いのです．これは，試薬には危険物が含まれる場合もあり，指定された場所（試薬代理店）に限定して配送するためです．地域によっては，代理店に試薬が入荷してもすぐに配達されない場合がありますので，急ぎのときは試薬代理店にその旨伝えておいた方が確実です．

　海外での試薬の調達法に関しては，Q 13 をご参照ください．

Question 8
クロマトグラフィー関連試薬は，メーカーを変えることで分離に影響することはありますか．

Answer

クロマトグラフィー関連試薬は，使用目的に応じて以下のものがあげられます．

1．移動相用有機溶媒

汎用的に使われているのは，アセトニトリル，メタノールなどです．これらは，メーカーを変えても分離への影響はほとんどありません．移動相にはHPLCグレードを使用しますが，最近ではLC/MSグレードも発売されており，メーカーを変える場合は保証項目を確認する必要があります．

2．緩衝液用試薬

緩衝液に使用する塩類は，特級や一級などグレードの違いにより純度が異なります．HPLCには特級を使用することが多いのですが，HPLCまたはLC/MSグレードのものも用意されています．メーカーを変える場合は，保証項目を確認してから使用してください．塩類は吸湿性のものが多いので，保管には注意してください．

3．イオン対試薬

イオン対試薬には，HPLCグレードと特級があります．HPLCグレードは，紫外部吸収不純物が低減されています．さらに，使いやすい状態に調製されたものもあります．調製済みで市販されているイオン対試薬は，同じ名称の試薬でもメーカーにより調製の状態が異なる場合がありますので，同メーカーのものを使用してください．

4．誘導体化試薬

誘導体化試薬は，反応性の高い試薬が多く，メーカーにより純度や状態が異なる場合があります．そのため，反応収率や不純物ピークなどに差が生じる場合があるため，同じメーカーの試薬を使用することをおすすめします．

試薬や溶媒類は，それぞれ性質が異なります．試薬メーカーのホームページ上で，MSDSなど試薬に関する情報を入手できる場合が多いので，それらを活用されることをおすすめします．

Question

9 移動相に使用するメタノール，アセトニトリルなどについて，一般的な品質保持期間はどれくらいなのでしょうか．また，溶媒ボトルに移した後はどれくらいの期間，品質が保たれるのでしょうか．

Answer

　HPLC用メタノール，アセトニトリルなど溶媒の保証期間は，未開封，冷暗所保存で通常2年程度といわれています．テトラヒドロフランについては，酸化されやすいため，保証期間は1年程度です．

　また，溶媒ボトルに移した場合は，容器の材質や汚れ，周囲の環境による影響を受けることがあります．容器に移して使用する場合，溶媒による共洗いが重要になります．図1の上段のMSスペクトルは，ガラス器具を洗浄剤にて洗浄後，純水ですすぎ，自然乾燥させた容器にアセトニトリルを入れ，測定した結果です．界面活性剤の残留によるスペクトルが確認できます．下段は共洗いを3回行った後の測定結果です．界面活性剤による影響がなくなったことがわかります．

　図2に，異なる材質の容器にメタノールを入れ，LC/MSにてスペクトルを比較した結果を示します．容器材質により，MSスペクトルに差が見られることがわかります．

　また，容器を開閉することで環境などによる影響を受けますので，注意が必要です．

　容器に移した後はなるべく早く使用し，量が少なくなったら継ぎ足しをせず，共洗いのうえ，詰め替えることをおすすめします．

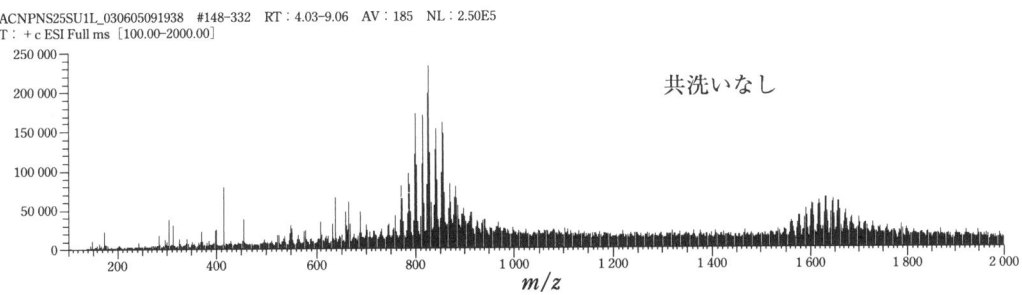

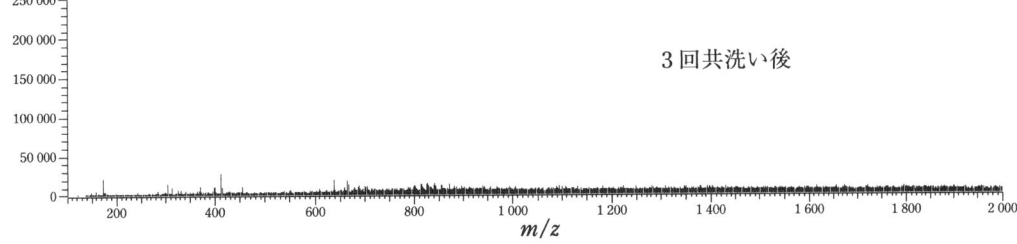

溶　媒：LC/MS用アセトニトリル，イオン化方法：ESI，モード：ポジティブ，$m/z = 100～2000$
図1　共洗いによる効果

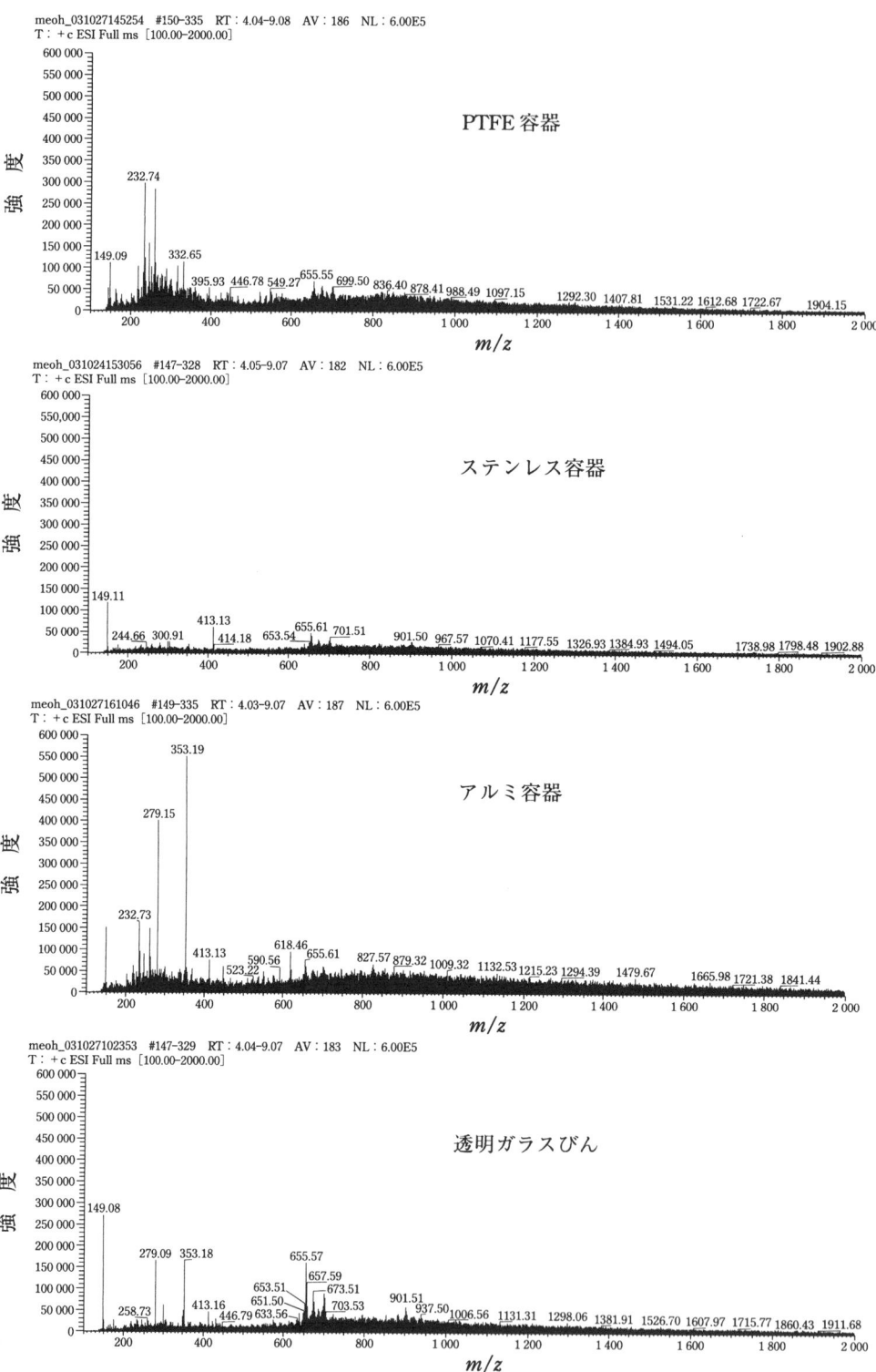

溶媒：HPLC用メタノール，イオン化方法：ESI，モード：ポジティブ，$m/z=100\sim2\,000$
図 2　容器材質による効果

Question

10 ポストカラム誘導体化などに使用する反応試薬の保存期間などの注意点について教えてください．

Answer

　反応試薬には比較的安定なものとそうでないものがあります．不安定な物質（例：臭化カリウム，亜硝酸ナトリウム，クロラミンT，次亜塩素酸ナトリウム*など）が反応試薬に含まれる場合には，調製後長期間の保存は難しく，用事調製して測定に供します．公定法に保存期間の指示が記載されている場合には，測定値の信頼性確保のためにそれらの指示に従います．

　未開封の状態で冷暗所または冷蔵・冷凍保管をすれば，1年以上の有効期間をもつものが多いようです（詳細はメーカへの確認が必要）．

　比較的安定な物質で調製される反応試薬で，有効期間が明確でない場合には，試薬調製後標準試料などの連続測定を行い，感度，分離度などを記録し，室温での有効期間を評価しておくことをおすすめします．評価基準は測定目的に応じて定めます．調製後の反応試薬を使う場合には，上記のような確認を行ってからにします．1週間単位で測定スケジュールを組む現場では，装置にセットした試薬の有効期間（室温で）が1週間程度有効であることを目安にして評価をしておくとよいでしょう．

　アミノ酸のニンヒドリン法を例にとると，試薬メーカーから購入する反応試薬類（ニンヒドリン溶液），緩衝液は未開封の状態での保存期間としては1年以上有効と考えられます．また，アミノ酸の混合標準試料も冷蔵保存すれば，未開封の状態で同様の保存期間があると考えられます．ニンヒドリン溶液を装置にセットして（窒素でパージ），室温で測定を続けた場合の保存期間としては1ヵ月以内が目安です．

　また，希釈後の標準試料の保管方法が原因となる場合もあります．希釈後の標準試料の保管容器（ガラス製，プラスチック製）は試料ごとに統一し，経時変化のデータをとっておくことなども，感度，分離度などに変化が起きた場合にさかのぼって検証できるため重要な作業です．

＊　次亜塩素酸ナトリウムは，試料調製時には滴定によって有効塩素濃度を把握しておくことをおすすめします．

Question

11 LC用やLC/MS用溶媒などの溶媒を扱うときに，注意する点を教えてください．

Answer

溶媒の種類によってはさまざまな法令が関与しますので，まず法令を遵守する必要があります．法令の種類としては，以下のものがあげられます．

① 消防法－指定数量（保管数量の管理）
② 毒物及び劇物取締法－紛失防止のための毒劇物管理
③ 労働安全衛生法－取扱い標準の徹底
④ 特定化学物質の環境への排出量の把握等及び管理の改善の促進に関する法律－
　　PRTR，MSDS，化学物質管理指針
⑤ 化学物質の審査及び製造等の規制に関する法律－特定・指定化学物質の製造数量届出
⑥ その他（地方条例など）

例：アセトニトリルの場合

消防法危険物分類および危険等級は，第4類　第1石油類　水溶性液体に該当します．毒物及び劇物取締法では，医薬用外劇物に該当し，アセトニトリルを含有した溶離液の廃液も劇物になり，相応の管理が必要になります．

溶媒を扱うときの注意事項としては，以下のことがあげられます．

① こぼれないようにする．
② 火気の近くで取り扱わない．
③ 換気がよく，火気のない一定の場所を定めて保管する．
④ 必要に応じ防毒マスク，保護眼鏡，保護手袋などを着用する．
⑤ 作業場所には局所排気装置を設ける．
⑥ 目，皮膚に付着した場合は，速やかに大量の水で十分に洗う．
⑦ 取り扱い後は，手洗いおよびうがいを十分に行う．

その他の注意事項として，溶媒類は試薬なので試験研究用途以外には使用しないようにします．使用する際は，その安全性に関する情報（製品安全データシートなど）を十分に把握したうえで使用します．

品質については，容器，器具から影響を受けることがあるので，使用する器具の洗浄，保管，取扱いに注意します．LC/MSで高感度分析を行う場合，器具洗浄に使用した洗剤成分の残留があるので，使用する器具類はあらかじめ使用する溶媒で共洗いを行うか，あらかじめメタノール，2-プロパノールなどで洗浄乾燥しておくことで影響を軽減できます．また，実験者，環境からの影響を受ける場合もあるので注意をします．

Question 12

順相系分取 HPLC をセットアップしようと考えています．**ヘキサンなどの揮発性の高い溶媒を大量に用いることになるので，安全面が心配**です．どのようなことに注意して，セットアップしたらよいでしょうか？

Answer

　消防法で発火性または引火性を有する危険物の取扱いなどに関し，さまざまな規制があります．順相系分取 HPLC では，消防法上の危険物に該当する有機溶媒を，一時的に大量に実験室内に保管することになるので，消防法の規定が遵守されているか，事前によく確認する必要があります．HPLC 移動相によく用いられる溶媒としては，ヘキサン，酢酸エチル，アセトニトリル，テトラヒドロフランなどが危険物第4類の第1石油類に，メタノール，エタノール，イソプロパノールなどが危険物第4類のアルコール類に該当します（くわしくは，「液クロ武の巻」Q49 を参照）．

　装置のセットアップの際には，通常の HPLC での注意点のほかに，特に，以下のような点に注意する必要があります．

　① 廃液タンクやフラクションコレクターなどの受器の容量が適切かどうかの確認
　② 配管の途中でリークしていないかどうかの確認

　オーバーフローやわずかな液漏れでも，高流速で分取しているため，溶媒が大量に流出する危険性があります．

　③ 廃液タンクの確認

　廃液タンクが開放されていると，廃有機溶媒が室内に充満する危険性があります．

　④ 実験室の空調などの確認

　有機溶媒が室内に充満する恐れがありますので，安全性確保のため，空調の確認をしてください．

　⑤ 無人運転や長時間離席することを避ける

　高流速で分取しているため，無人運転中に上記のようなトラブルが発生すると，対応が遅れて，危険性が増大します．

　一般の実験室では，分取カラムのサイズとして，内径1～2cm 程度までが望ましく，それ以上の大きさのカラムは，移動相の流速が大きくなり，非常に多くの溶媒が必要になるので，専用の設備のない実験室では避けた方がよいでしょう．

Question

13　海外でも同じブランドの試薬を容易に入手できますか．

Answer

　現在，米国/欧州/アジア各地域に販売拠点や代理店をもつ試薬メーカーが多く，海外でも同じブランドの試薬を容易に入手できると考えられます．ただし，世界中どこの国でも，同じ条件で試薬を配送できる訳ではありませんし，国交のない国や法規制対象物質などの制限がある場合もありますので，入手が難しいケースも考えられます．

　国内メーカーの場合，海外での試薬入手に関する情報提供窓口において詳細を確認できます．また，各社ホームページ上においてもさまざまな情報が提供されておりますので，活用してください．

表1　試薬メーカー海外情報窓口（液クロ懇談会法人会員メーカー）

試薬メーカー	海外情報窓口（メールアドレス，Webフォーム）	ホームページ
関東化学	試薬事業本部・試薬部　reag-info@bms.kanto.co.jp	www.kanto.co.jp
シグマ・アルドリッチ	お問合せフォーム www.sigma-aldrich.co.jp/info/contact/	www.sigma-aldrich.co.jp
東京化成工業	グローバル事業部 globalbusiness@tokyokasei.co.jp	www.tokyokasei.co.jp
メルク	パフォーマンス・ライフサイエンス化学品事業部 service@merck.co.jp	www.merck.co.jp
和光純薬工業	試薬営業本部・海外営業課 cservice@wako-chem.co.jp	www.wako-chem.co.jp

Question

14 よく実験で用いる洗浄びんの使用には注意が必要と聞きましたが，どのようなことでしょうか？

Answer

実験にはさまざまな器具，容器を用いますが，その一つに洗浄びんあるいは洗びんといわれる容器があります．ポリエチレンやポリプロピレン，PFA などのプラスチック素材でできており，純水を入れて用います．容器自体を握る力を加減することで，採水口から適当量の純水を勢いよく出して実験器具のリンスに用いたり，純水を滴下させメスシリンダーやメスフラスコのメスアップなどに使われたりします．使い勝手がよく，実験には欠かせないものです．

しかし，図 1 に示すように，洗びんはいくつもの純水の汚染要因ともなっています．にもかかわらず，洗びんの中に入れられた純水の水質に対する注意がおろそかになりがちなところが問題です．ある環境分析関係の研究会でアンケートをとった際に，洗びんの水を使用するたびに，あるいは少なくとも毎日一度は入れ替えると答えた方は 20% しかいませんでした．実際にあなたはどのくらいの頻度で，洗びんの中の純水を替えているでしょうか？

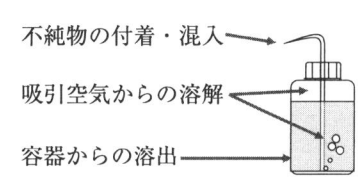

図 1 洗びんとその汚染要因

ここでは，具体的に洗びんの使用上の注意点をあげてみます．

① 洗びんは共有しないで個人使用とする．

共有した場合，誰がいつ洗びん中の純水を替えたのかわかりませんし，どのような使い方をしているかもわかりません．

② 洗びんの水はできるだけこまめに替える．

最低でも 1 日 1 回，メスアップなど分析精度に影響すると考えられる用途に用いる際には，作業の直前にも入れ替えるようにしてください．

③ 洗びんの水を入れ替える際には，注ぎ足すのではなく一度全部捨てて新たに入れ直す．

注ぎ足したのでは，いつまでも汚染された水が残ってしまう可能性があります．

④ できるだけ多めに水を入れて，できるだけ泡立ちを抑えた採水操作を心がける．

水が少ないとエアの吸い込み時の環境からのコンタミネーションを助長してしまいます．

実際に，2 日間洗びんの水を使って入れ替えなかった水を LC/MS に供した場合に，環境からのコンタミネーションが原因と推測されるフタル酸エステル類の汚染の報告もあります[1]．微量分析の際には，特に注意が必要です．

⑤ 以上の点に注意して，できるだけ洗びんの水は使わないで，超純水装置から直接採水した水を用いるようにします．

---

1) 黒木ら，第 15 回環境化学討論会講演要旨集，p.182-183, (2006).

Question

15 分析に用いる容器の洗浄や保管には，どのような注意をしなければなりませんか？

Answer

フラスコやビーカーあるいは試料の保存容器など実験に用いる容器の洗浄や保管の状態は、分析の精度に大きく影響を与えます．まずは汚染を取り除き，次は清浄度を維持し，再汚染を防ぐことができる方法を検討して採用しなければなりません．汚染の履歴に適した洗浄方法，また目的とする分析対象に最適な洗浄，保管方法を検討してください．

一般的な洗浄，保管法を以下にあげます．

一般的には，アルカリ洗剤などで洗浄した後に，純水ですすぎ洗いし，酸による洗浄，超純水でのリンスを行います．汚染や洗剤が残る場合には洗浄操作，回数を増やしたり，ガラス容器は電気炉などで有機物を加熱分解処理することも効果的です．洗剤（界面活性剤）や有機溶媒による溶解，酸やアルカリによる溶解・分解，そして汚染物質の洗浄液への拡散には時間が必要なことを考慮してください．超音波洗浄も効果的な洗浄方法の一つです．洗浄後は清浄な環境下で乾燥し，保管を行います．しかし，プラスチック由来のフタル酸エステル類や大気中のアルカリ金属などの汚染を防ぐことはかなり難しい技術です．

保存時に汚染が生じることもあることを念頭において，使用時にも十分に超純水でのリンスや共洗いを行うことにより，汚染の低減をはかってください．

続いて，注意点を以下にあげます．

① 洗剤を用いた場合はその残留に注意してください．

洗剤洗浄後に水ですすぎ洗いし，酸による洗浄，超純水でのリンスと洗浄工程を経ても，十分に洗剤が除去できていない場合があります．実際に洗剤が残留したときのLC/MSでの評価例がありますので，Q9を参照してください

② 洗びんの純水で最終リンスする場合は，洗びんの水の水質に注意してください．

洗びんを用いる際の注意点は，Q14を参照してください．

③ ガラス容器を強酸やアルカリで洗浄したときは，ガラス表面の活性が変わることがありますので，注意してください．

ガラス表面のシラノール基の活性が上がり，極性物質が吸着しやすくなる場合があります．一般的なガラス容器はホウケイ酸ガラスですが，褐色ガラス容器には鉄イオンが含まれています．

④ 乾燥後に保管する場合は，環境からの汚染がないことを確認してください．

容器を保管する環境において汚染物質の使用がないかを注意するのは当然のことですが，空気の動きについても注意する必要があります．雰囲気中の不純物だけでなく，敷いてある沪紙

の沪材が飛散付着して汚染要因となることもあります

　特に極微量分析に用いる場合は，以下の保管方法を参考にして，乾燥保管するのではなく，使用直前まで超純水を封入して保管してください．

　HPLC分析用ではありませんが，極微量分析における容器の洗浄方法や洗浄後の保管方法の具体的な例が，JISにあります．有機物が対象ではありませんが，pptあるいはppqといった極低濃度の分析を行うため，徹底したコンタミの削減が求められている公定法として参考になります．

〈JIS K 0553：2002　超純水の金属元素試験方法〉

4.3　試料容器の洗浄（抜粋）

a) 容器に硝酸（0.2 mol/l）を満たし，密栓して16時間以上放置した後，硝酸（0.2 mol/l）を捨て，純水で洗浄する．

b) 容器の約1/4量の純水を入れ，栓をして約30秒激しく振り混ぜて洗浄する．この操作を5回行う．

c) 純水（又は試験しようとする水と同等の水）を満たし密栓して16時間以上放置後，水を捨てる．

d) c)と同じ水を満たし，密栓する．

Question

16 試料保存容器は何を使えばよいのでしょうか？ また，容器の違いによる差はあるのでしょうか？

Answer

一般的には，ガラス容器（気密容器）をおすすめしますが，主として保存容器中の試料中，目的成分の安定性および保存容器への試料中の目的成分の吸着などを考慮し，保存容器を選択する必要があります．

保存容器中の試料の安定性については，光に対する安定性が重要です．トコフェロールのような光に対する安定性の乏しいものは，遮光された褐色容器や透明ガラス容器にアルミ箔を巻いた容器に保存する必要があります．

保存容器への試料中の目的成分の吸着についても，注意する必要があります．試料中の目的成分の溶解が十分でないと，ガラス容器に吸着することがあります．また，ジフェンヒドラミンのような塩基性物質は，PP（ポリプロピレン）容器に吸着することがあります．また，ポリマー製容器の場合は，ガス透過性（O_2，CO_2，H_2O）にも注意が必要です．

一般に，試料は固体よりも溶解した場合において，その安定性は低下する傾向にあり，時間とともにその量は減少することになります．試料溶液調製後は，冷蔵庫あるいは冷凍庫に保存することをおすすめします．また，試料溶液の調製は可能な限り用時調製し，使用することをおすすめします．

表 1　局方における容器の種類（「第 11 改正日本薬局方概説」より）

名　称	USP 対応名	規　格
密閉容器	well-closed container	固形の異物の混入，内容の損失を防止できるもの（紙製の箱，袋でも可）
気密容器	tight container	液体，固体の異物または水分が浸入せず，内容の損失，風解，潮解または蒸発を防止できるもの（ガラスびん，プラスチック製容器，金属かん）
気密容器	hermetic container	気体，微生物の侵入しないもの（アンプル，バイアルびん，気体類の金属製ボンベ）
遮光した容器	light-resistant container	容器を着色し，または包装により光の通過を防いだもの

Question 17

生体試料中の医薬品を逆相 HPLC で分析しております．そのままでは試料マトリックス成分が妨害となるため，逆相固相抽出にて前処理をしていますが，なかなかきれいになりません．**簡単で効果的な前処理法**がありましたら，教えてください．

Answer

固相抽出は液体クロマトグラフィーの理論を用いた簡便な前処理方法として，さまざまな分野で使用されています．一般に，固相抽出カートリッジに使用される充塡剤は粒子径が数十 μm から数百 μm と，HPLC で使用される分析カラムに使用される充塡剤（3～5 μm が一般的）と比べて大きく，カラムとしての分離性能はあまり高くありません．そのため，逆相 HPLC カラムによる分析の前処理を逆相固相抽出で行う場合は，同じ分離モードであることから分離性能は粒子径の細かい分析カラムの方が高く，分析カラムで分離困難な成分を固相抽出による前処理で分離するのはさらに困難です．

このような場合，前処理方法として，分析カラムの分離モードと異なる保持メカニズムの精製方法を使用すると効果的です．固相抽出を使用する場合は，例えば，逆相分配による保持能にイオン交換による保持能を組み合わせた複合モード固相を使用すると，生体試料について精製効果の高い前処理ができる例が報告されています．

以下に，逆相分配-イオン交換の複合モード固相の例（図 1）を示します．

強イオン交換タイプと弱イオン交換タイプの使い分け例を，下に示します．

① 抽出したい分析種が強イオン性化合物→弱イオン交換タイプ
② 抽出したい分析種が弱イオン性化合物→強イオン交換タイプ

この組合せを間違えると，例えば，強イオン性化合物に強イオン交換タイプの固相を使用すると，イオン交換結合をはずすのが困難になりすすめられません．

イオン交換能だけを有する固相を使用した場合，サンプル溶液の pH やイオン強度がイオン交換による保持能に影響を与えるため，pH 調整や場合によっては脱塩処理などが必要になります．ご紹介したミックスモード固相は逆相保持能を併せもつため，抽出対象の分子種がある程度の疎水性部位をもち，逆相的に保持する化合物の場合はめんどうな脱塩処理を必要とせず，逆相的に保持させてからイオン交換結合を形成させることが可能です．図 2 に，逆相分配-イオン交換の複合モード固相の基本使用方法を示します．

図 2 の洗浄 1 の工程をイオン交換基と対象分析種の両方が解離する pH で行うことにより，イオン交換結合を形成させます．イオン交換結合している分析種は，続く有機溶媒による洗浄 2 でも脱離することなく，それ以外の成分が効果的に排除されます．続いて，抽出対象分析種あるいはイオン交換基どちらかを分子型とすることでイオン結合がはずれ，また有機溶媒により逆相による保持が減少することから，対象分析種が脱離されます．

一般に，分析種が強イオン性の場合イオン交換基を分子型に，分析種が弱イオン性の場合は分析種を分子型にすることで脱離を行います．

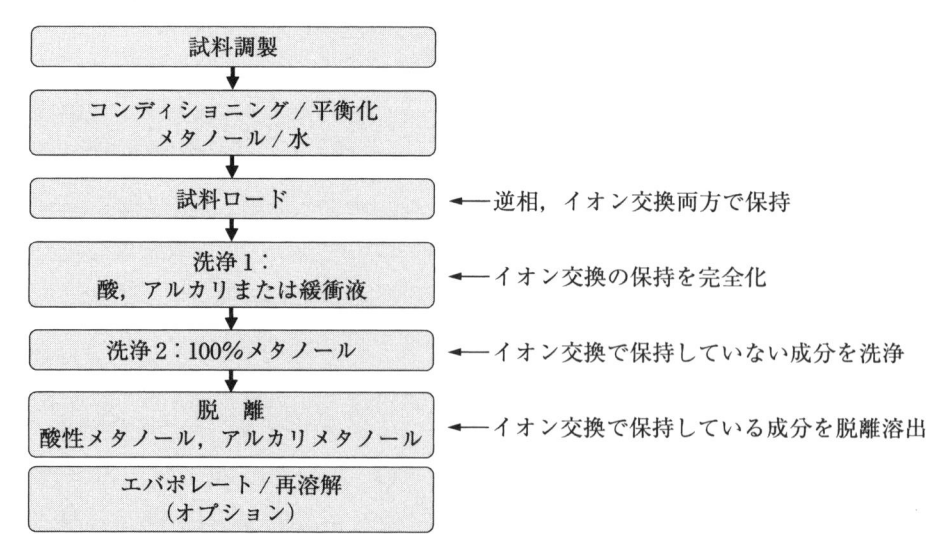

図3，図4にそれぞれの逆相分配-イオン交換の複合モード固相の具体的な使用方法例および逆相分配-複合モード固相による精製効果例を示します．

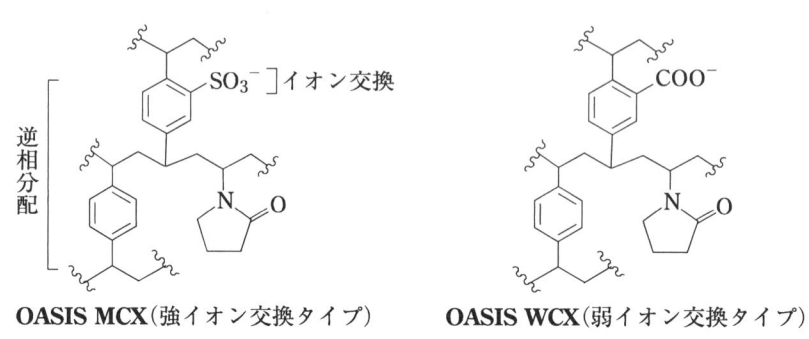

OASIS MCX（強イオン交換タイプ）　　**OASIS WCX**（弱イオン交換タイプ）
(a) 逆送分配-陽イオン交換の複合モード固相

OASIS MAX（強イオン交換タイプ）　　**OASIS WAX**（弱イオン交換タイプ）
(b) 逆送分配-陰イオン交換の複合モード固相

図1　逆相分配-イオン交換の複合モード固相の例

図2　逆相分配-イオン交換の複合モード固相の基本使用方法

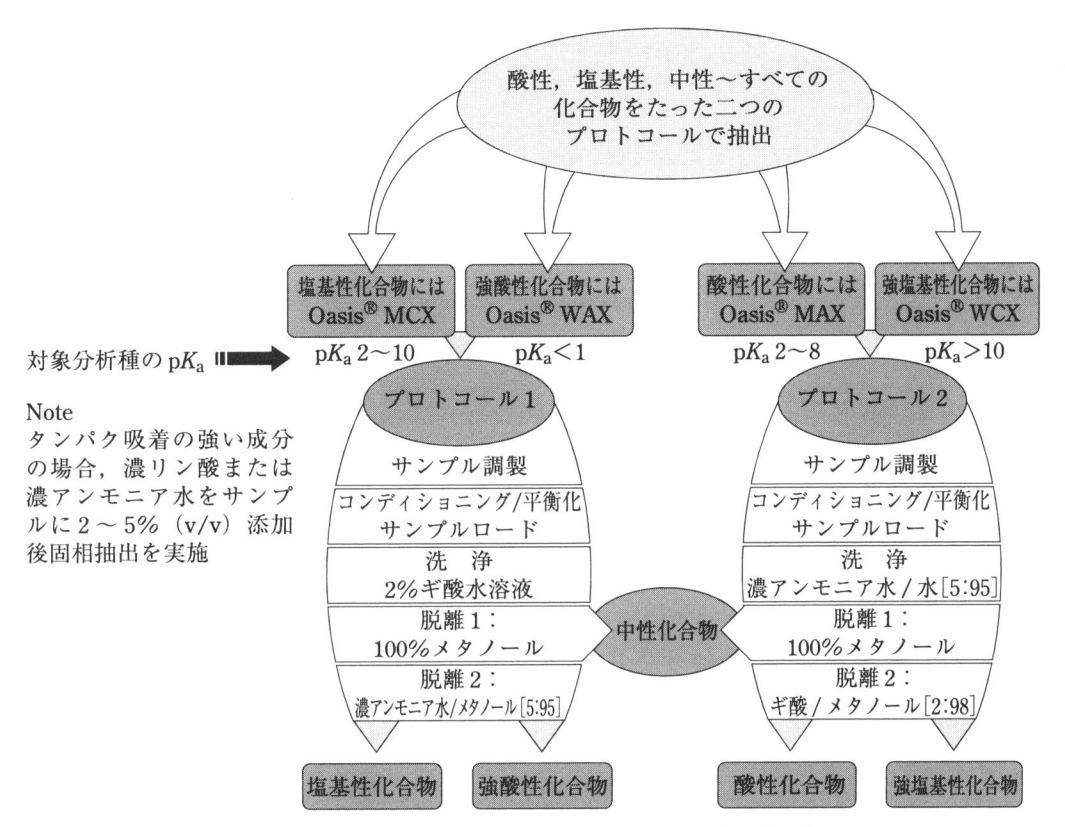

図 3　逆相分配-イオン交換の複合モード固相使用方法例

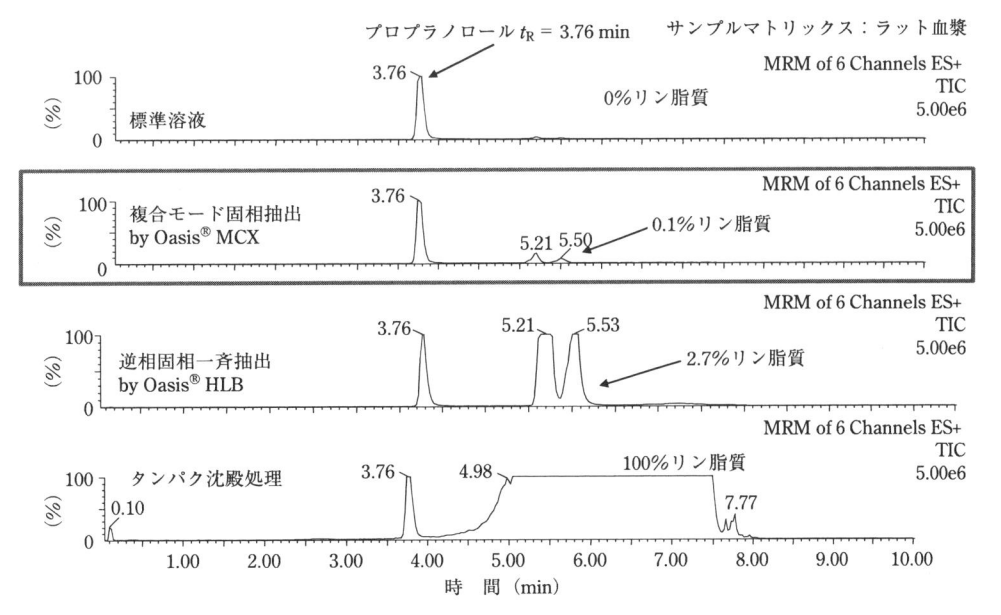

図 4　前処理方法による精製効果（リン脂質除去効率）比較例

Question

18 複合分離モードのHPLCカラムに適した固相抽出カラムの選択は、どうしたらよいですか？

Answer

1. 固相抽出の目的

まず最初に、固相抽出（SPE）の目的を明確にする必要があります。一般に、固相抽出の目的には、① 分析に適した濃度に濃縮する、② 妨害物質を除去する、などがあります。妨害物質の除去は、HPLCにおける分離状況により、どの溶出部分の妨害物質を除去するかにより、固相抽出の種類を選択することになります。一般には、分析対象物質の構造は明らかな場合が多く、HPLCでのおもな保持メカニズムも類推可能ですが、妨害物質の構造は不明な場合が多く、したがって保持メカニズムは明らかになりません。試行錯誤が必要となる場合があります。

HPLCカラムと類似の保持メカニズムの固相抽出を用いる場合、分離はHPLCより劣りますので、たいがいの場合は目的物質の前後に溶出する妨害物質をシェービング（粗分画）し、HPLC分離での妨害ピークの影響を減少させるのに利用します。また、後ろに溶出する妨害物質を除去し、分析時間の短縮や次のサンプルへの影響を少なくする目的にも有効です。

しかし、HPLC分離で妨害物質が目的物質と重なり溶出する場合や非常に近接する場合、また目的物質が複数あり、妨害物質がその間に溶出する場合、同じ保持メカニズムの固相抽出では、妨害物質の除去は大変困難となります。このような場合は、一般に分離モードの異なる固相抽出を選択した方が、劇的な改善の可能性があります。すなわち、HPLCカラムの主たる保持メカニズムが逆相分配の場合は、シリカ、フロリジル、カーボンなどの吸着系またはイオン交換系の固相抽出を選択することをおすすめします。いずれにしても、試行錯誤が必要となります。

2. 固相抽出カラムを用いた精製例

ここで、複合分離モードのHPLCカラム（Discovery HS F5；5 μm, 15 cm×4.6 mm）の前処理として、複合分離モードの固相抽出カラム（Discovery DSC-MCAX 100 mg/3 mL）を用い、目的物質の前に溶出する大きな妨害物質を除去した尿中塩基性薬物の精製例を紹介します。図1に示すように、HPLCカラムはフルオロベンジル基を用いており、電気陰性度の高いフッ素原子による静電的相互作用、弱い π-π 相互作用、そして疎水相互作用の複合分離モードが期待できます。

一方、SPEカラムの分離モードは π-π 相互作用、C8程度の疎水性相互作用、強カチオン交換作用の三つで作用します。図1にHPLCカラム、SPEの固定相の構造と保持メカニズム、図2に測定対象成分であるピリジン環をもつ塩基性薬物の2-Aminopyridineと両性化合物であるPiroxicamの構造を示します。図3に、固相抽出（クリーンアップ）の操作フローを示しま

(a) SPEカラム

(b) HPLCカラム

① π-π相互作用, ② カチオン交換作用もしくは静電的相互作用,
③ C8もしくはC8相当の疎水性相互作用.

図1　各固定相の構造，保持メカニズム

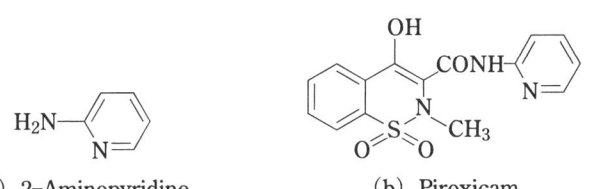

(a) 2-Aminopyridine
(b) Piroxicam

図2　測定対象化合物の構造式

コンディショニング
← メタノール
　SPEのバックグラウンドの低減化と疎水性C8のウェッティングのため.

← 10 mMリン酸バッファー (pH 3～6)
　メタノールの排除，サンプルロード時の塩基性/両性化合物がイオン化する環境をつくります.

← サンプルロード
　(サンプル液は上記緩衝液にて2倍希釈などでpHを調整しておく)
　pHを下げ酸性化合物は分子型とし，疎水性で保持させ，塩基性/両性化合物は解離型にして，イオン交換で保持させます.

洗浄1
← 10 mMリン酸バッファー (pH 3～6) または1 M酢酸水溶液
　塩基性/両性以外の親水性化合物の除去.

洗浄2
← メタノール
　疎水性の妨害物質を除去.
　酸性/中性化合物の捕集が必要であれば，この画分を用います.

溶出
← 5%アンモニウムメタノール
　pHを上げ，塩基性/両性化合物を溶出させます.
　疎水性相互作用もメタノールによりオフセットされます.

図3　固相抽出の操作フロー

す．それぞれの保持メカニズムを効率よく選択できるため，より確実なクリーンナップが可能になります．

図4に，本法によるクロマトグラムを示します．複合分離モードのHPLCカラムは，二つの極性薬物を適度に保持し分離しますが，尿中の夾雑物との分離は完全ではありません．複合モードの固相カラムを用いることにより，夾雑物の除去が効率よく行われたことがわかります．

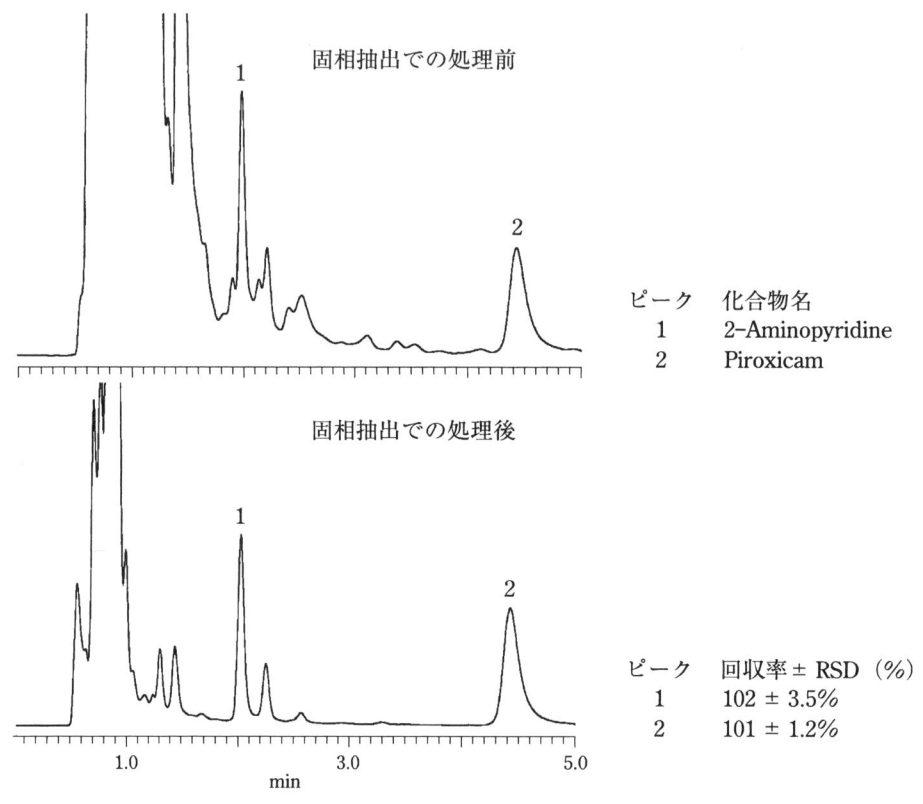

固相抽出での処理前

ピーク	化合物名
1	2-Aminopyridine
2	Piroxicam

固相抽出での処理後

ピーク	回収率 ± RSD （％）
1	102 ± 3.5%
2	101 ± 1.2%

〈分析条件〉
SPEカラム：Supelco製 Discovery DSC-MCAX　100 mg/3 mL（図1，(a)）
HPLCカラム：Supelco製 Discovery HS F5　5 μm, 15 cm×4.6 mm（図1，(b)）
移動相：10 mM リン酸カリウム（pH 6）：アセトニトリル(85：15, v/v)
流　速：2 mL/min
検　出：220 nm, UV
注入量：10 μL
サンプル：2-Aminopyridine 4 μg/mL, Piroxicam 10 μg/mL をスパイクした尿

図4 ヒト尿中の薬物の前処理例

Question

19 マイクロリットルオーダーの極微量試料を固相抽出で精製することはできますか？

Answer

　固相抽出は再現性の高い優れた試料調製法ですが，一般的な固相抽出カートリッジでは多検体試料や極微量試料への対応は困難です．固相抽出のメリットを備えつつ，この問題点を克服したのが，ピペットチップ型のミニカラムです．ピペットチップの先端にクロマトグラフィー用の担体が充塡されており，ピペッティング操作によりクロマトグラフィーと同等の機能を発揮します．アプリケーションに応じた担体を選択することで，極微量の試料を再現性高く精製することができます．

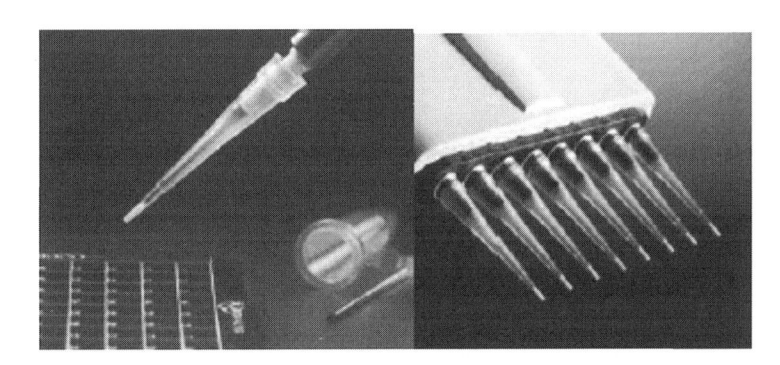

図1　ピペッティングによる吸着・洗浄・溶出
多検体試料や自動化装置への対応も可能です．

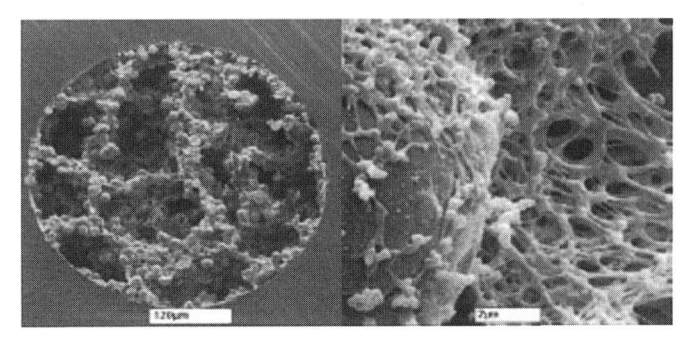

図2　ピペット先端に充塡された担体
　写真の製品（ミリポア社，Zip Tip）は膜技術を利用し，担体が強固に固定されている．
　ピペットチップ型のミニカラムを選択する際のポイントは，
　　① 十分な流路が確保されていること，　② デッドボリュームが少ないこと，
　　③ 担体の脱落がない，
ことです．

ピペットチップ型ミニカラムのアプリケーション

① 例1：一般的なペプチド試料の濃縮・脱塩によるシグナルの増強

・操　作
  ① 50％アセトニトリルによる逆相クロマトグラフィー用C18担体の湿潤化
  ② 0.1％トリフロロ酢酸による平衡化
  ③ 試料の吸着
  ④ 0.1％トリフロロ酢酸による洗浄
  ⑤ 50％アセトニトリル，0.1％トリフロロ酢酸による溶出

・結　果

ゲル内消化後の試料を直接質量解析した場合（図3，(a)）に比べ，ピペットチップ型ミニカラムを用いた場合（図3，(b)）でピークが増強された．

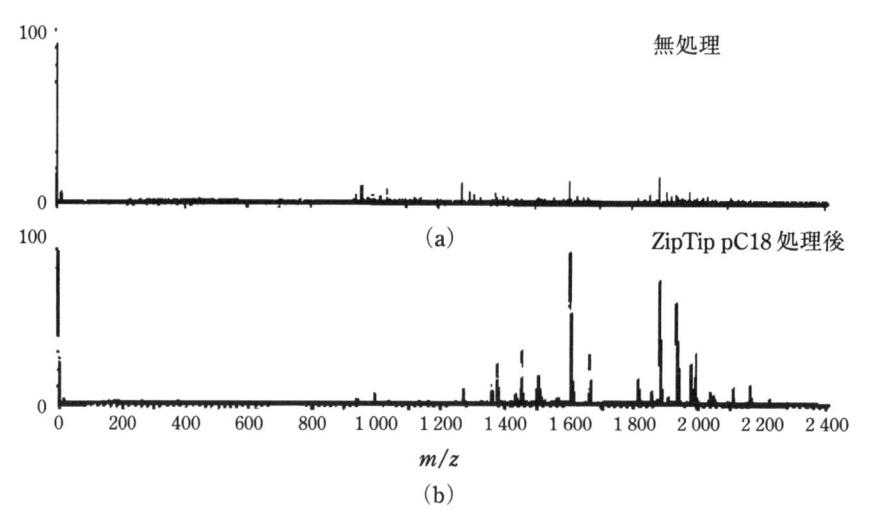

図3　逆相用担体による精製効果

② 例2：界面活性剤/有機溶媒を含む試料の濃縮・精製によるS/N比の改善

・操　作
  ① 0.1％トリフロロ酢酸によるイオン交換クロマトグラフィー用SCX担体平衡化
  ② 試料の吸着
  ③ 0.1％トリフロロ酢酸，30％メタノールによる洗浄
  ④ 5％アンモニア水，30％メタノールによる溶出

・結　果

0.5％界面活性剤溶液を含むペプチド試料（A：Tween-20, B：Triton-100, C：CHAPS）を直接質量解析した場合（図4，(a)）に比べ，ピペットチップ型ミニカラムを用いた場合（図4，(b)）でSN比が改善された．

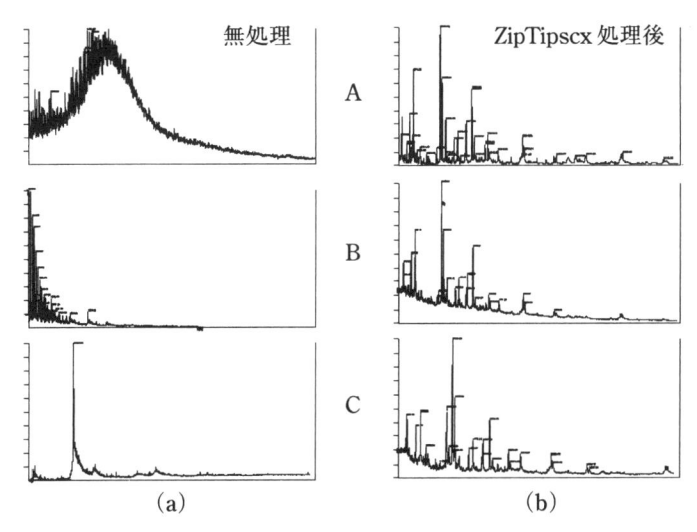

図4　イオン交換用担体による精製効果

Question

20 市販されている試料前処理フィルターにはHPLC用と限定されたものがありますが，何が違うのでしょうか？

Answer

　分析用の各種試薬にグレードがあるのと同様に，前処理フィルターにも用途に最適化できるよう製造工程を区別し，一定の品質を保証しているものがあります．

　フィルターは，規定の大きさ以上の不純物を除去する目的で試料の前処理に用いられますが，HPLCではアセトニトリルなどの有機溶媒や水溶液の両方が用いられるため，有機溶媒耐性が高く，かつ水溶液の沪過も行える親水性PTFE（ポリテトラフロロエチレン）フィルターが採用されています．一方で，沪過した試料へのフィルターからの妨害物質の溶出も最小限に抑えなければなりません．そこで，材料であるフィルターおよびハウジングを，イソプロパノールなどの有機溶剤であらかじめ洗浄します．また，完成後の製品も同様に洗浄することで，製品に利用されている各種素材からの溶出を低減しています．

　品質保証工程では，フィルターに水およびアセトニトリルを一定量沪過し，特定波長における各試料の吸光度を測定し，一定の数値以下に低減されていることが確認され，最終製品となります．

　HPLC用フィルターのほかにも，イオンクロマトグラフィー用に超純水で材料を洗浄し，イオンの溶出を低減したフィルターが市販されています．

Question

21 夾雑物を多く含む試料の前処理に適したフィルターを教えてください．

Answer

　フィルターには捕捉性能を示す孔径が規定されており，これより大きな不溶性不純物を捕捉することができます．実際のフィルターはスポンジ状の構造をしており，フィルターの表面に不純物が捕捉されます（図1）．ところが，フィルターの単位面積当たりに含まれる不純物が多い試料を沪過する場合，直ちにフィルター表面を覆ってしまい，目詰まりを引き起こします．そこで，1次側の空隙率を高くし，フィルターの不溶性不純物を捕捉するための容積を大きくすることによって，より多くの不純物の捕捉を可能にした非対称構造のフィルターが開発されています．素材にポリエーテルスルホン（PES）を用いた膜で実用化されており，PES膜とよばれています（図2）．これにより，夾雑物が多い試料であっても，規定されている孔径の捕捉性能は維持しながら，目詰まりしにくく，かつ速く沪過できます．

　また，通常の対称構造のメンブランフィルターで沪過する場合でも，グラスファイバーフィルターを重ねて沪過することで，夾雑物の多い試料の沪過が可能になります．

図1　PVDF（ポリフッ化ビニリデン）膜の断面画像（対称構造）

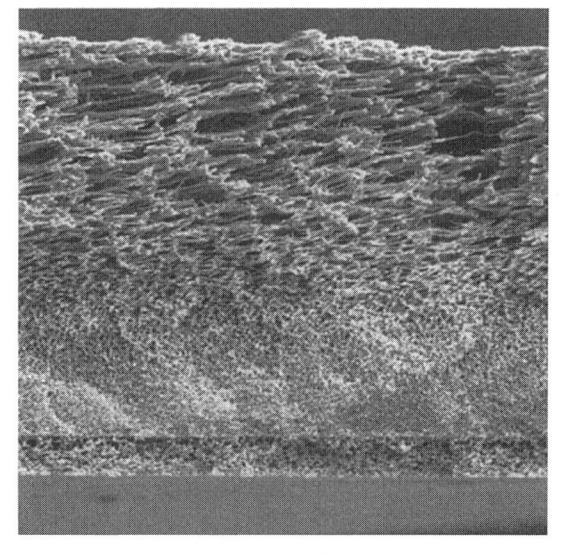

図2　PES膜の断面画像（非対称構造）

Question

22 食品中の糖類を分析する方法を教えてください．

Answer

　糖類は食品中に多く存在する有機化合物の一つであり，単糖類（ブドウ糖，果糖など），二糖類（ショ糖，乳糖など），多糖類（デンプンなど），糖アルコール（ソルビトール，マンニトールなど）が代表的なものとしてあげられます．最近では，フラクトオリゴ糖のような機能性をもった糖が注目されており，各種の食品の原料として使用されています．
　これら糖類は複数の水酸基をもっており親水性が高いことから，HPLCを用いた分析が主流となっています．

1．試料の前処理

　さまざまな成分の集合である食品から，目的成分を識別して正確に定量するために，試料の前処理は重要な工程になります．単糖類やオリゴ糖といった低分子の糖においては親水性が高い性質を考慮して，妨害物質の除去を行う必要があります．

① 試料の均一化

　固体試料の場合，フードミルや粉砕機などを用いて試料を粉砕します．ゼリーのような水分の多い固形試料を用いる場合は，フードプロセッサーなどで均一化します．果汁のような液体試料を用いる場合は，十分に撹拌し均一化します．

② 抽　出

　適量の水または水/エタノール混合溶液を用い，撹拌抽出や加温抽出，加熱還流抽出などで行います．このとき，ショ糖など酸性条件下で不安定な糖は，試料を中和した後に行います．

③ 妨害物質の除去

　食品試料中に見られるおもな妨害物質とその除去には，以下のような方法があります．
　① 不溶物：沪過あるいは遠心分離にて除去
　② 脂肪：石油エーテルなどの有機溶媒を用いて脱脂
　③ タンパク質：50〜80％エタノールを用いて除タンパク
　④ 塩類：イオン交換樹脂などを用いて脱塩
　⑤ 色素：固相カートリッジ（C18など）にて除去

抽出の前後でこれらの処理を行うことで，効率よく分析を行うことができるようになります．
　以上の操作を行い，得られた測定試料をHPLCに付し，分離・検出します．

2．分離条件

　糖類の代表的な分離カラムのタイプには，① 順相分配（アミノ基結合シリカゲル充填剤），

② 配位子交換（陽イオン交換型ポリマー充填剤（Pd^{2+}，Ca^{2+}型）），③ 陰イオン交換（陰イオン交換型ポリマー充填剤）などがあげられます．目的成分と夾雑成分を考慮して，最適なカラムを選ぶ必要があります，これらの詳細は「液クロ龍の巻」Q 93 に記載されていますので，そちらを参照ください．

3．検出条件

検出においても，分離のときと同様に目的に応じた選択や工夫が必要となります．一般的な検出法として，次のようなものがあります．

① 示差屈折率検出（RI）法：検出感度が低いため微量検出は不適．

② 誘導体化検出法：リン酸-フェニルヒドラジン法(蛍光またはUV吸収)，2-シアノアセトアミド法(蛍光またはUV吸収)などのポストカラム法，PMP(1-フェニル-3-メチル-5-ピラゾロン)試薬などを用いたプレカラム法(UV吸収)があり，高感度検出が可能です．

③ 蒸発光散乱法（ELSD）：高感度ですが，高濃度側で検量線が直線になりにくいのが欠点です．

④ 電気化学検出法：金電極を用いたパルスドアンペロメトリック検出が用いられます．移動相にアルカリ溶液を用いるか，ポストカラムでアルカリ溶液を付加する必要があります．

⑤ 質量分析法（MS）：直接のイオン化は検出感度が低いため，付加イオン法を用いるなどの工夫が必要です．

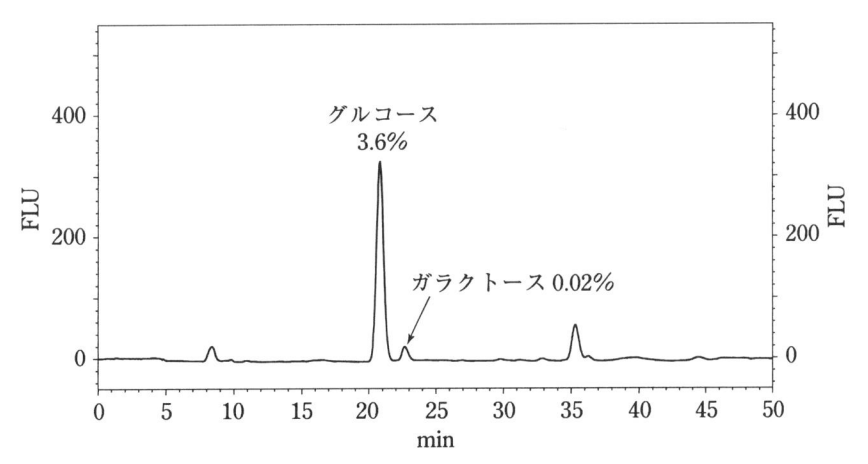

試料：蒸留水で希釈し，0.45 μm フィルターにて沪過，10 μL を注入

〈分析条件〉
　カラム：AsahipakNH2 P-50 4E(4.6 mm i.d.×250 mm，Shodex)
　カラム温度：40℃
　移動相：A；アセトニトリル/水/リン酸＝90/9.5/0.5，B；アセトニトリル/水/リン酸＝75/24.5/0.5
　(100％ A(0 min) → 100％ B(30 min) → 100％ B(40 min) → 100％ A(40.1 min) → 100％ A(60 min))
　流　速：1.0 mL/min
　反応液：リン酸/酢酸/フェニルヒドラジン＝220/180/6，反応温度：150℃，流　速：0.4 mL/min
　反応コイル：0.5 mm.i.d.×7 m，検出器：蛍光検出器(Ex 330 nm，Em 470 nm)

図 1　日本酒中の糖の測定例(フェニルヒドラジン法)

⑥ 紫外可視吸光検出法（UV）：190 nm 付近で紫外吸収を示しますが，実用上困難です．

⑦ 荷電化粒子検出法（CAD）：CAD (Charged Aerosol Detection) の原理は，まずカラム溶出液を噴霧して移動相を蒸発させ，測定成分を粒子化します．この粒子に，正に荷電化された窒素ガスを衝突させ荷電化粒子とし，その後放電させ電流を検出します．CAD は，グラジエント分析が可能であり，感度よく不揮発性成分の検出ができるという特徴があります．

①〜⑥については，「液クロ豹の巻」Q 88 と「液クロ犬の巻」Q 67 でくわしく解説されていますので，参照してください．

図 1 は，日本酒中の糖のポストカラム法による分析例です．カラムの劣化などがなければ，選択性の高い検出法を用いることにより，前処理操作が軽減され，また分離条件の設定も楽になります．

4. 食品中の糖分析の前処理法や分離条件の例

以下に，代表的な食品中の糖分析の前処理法や分離条件を紹介します．

① 高速液体クロマトグラフィーによるアイスクリーム中の糖類の定量法[1]

＜試料の前処理＞

50 mL 容メスフラスコに十分に撹拌した試料 2 g を秤量し，エタノール 8 mL，さらに 80% エタノールをほぼ定容になるまで加える．栓をして十分に混合し，20℃ 恒温槽中に 30 分間放置する．80% メタノールを加え定容し，栓をして混合後，共栓付遠沈管中で遠心分離をして上澄みを得る．これを HPLC 測定試料とする．

＜HPLC 条件＞

　プレカラム：LiChrosorb NH₂ (2.6 mm i.d. ×50 mm, 10 μm, Merck)

　カラム：LiChrosorb NH₂ (2.6 mm i.d. ×250 mm, 10 μm, Merck)

　移動相：アセトニトリル：水＝3：1，流　速：1.0 mL/min，検出器：RI 検出器

　試　料：1. フルクトース (t_R, 4.0 min)，2. グルコース (t_R, 4.4 min)，
　　　　　3. スクロース (t_R, 6.0 min)，4. ラクトース (t_R, 8.1 min)

② HPLC-ELSD を用いたビール中の糖類の分離および定量[2]

＜試料の前処理＞

適量のビールを 15 分間，超音波処理後，2 倍量のアセトニトリルを加える．得られた試料溶液をフィルター（0.2 μm）で沪過し，HPLC 測定試料とする．

＜HPLC 条件＞

　カラム：Spherisorb NH₂ (4.6 mm i.d. ×250 mm, 5 μm, Waters)

　移動相：A；水，B；アセトニトリル（19% B(0 min)→19% B(19 min)→25% B(20 min)
　　　　　→25% B(40 min)）

　流　速：1.0 mL/min，検出器：ELSD

　試　料：1. フルクトース (t_R, 8.76 min)，2. グルコース (t_R, 9.71 min)，
　　　　　3. マルトース (t_R, 15.45 min)，4. マルトトリオース (t_R, 22.21 min)，

5. マルトテトラオース (t_R, 29.41 min)
③ ガム，ジュース，菓子類中の糖類の分析[3]
＜試料の前処理＞

　細切試料 2 g を秤取し，80％エタノール 80 mL を加えて均質化して遠心分離し，上澄み液を分取する．残留物に 80％エタノール 80 mL を加えて同様に抽出を行い，上澄み液を合わせ，水で全量を 200 mL とする．この 10 mL を分取し，水で全量を 100 mL とし，Sep-pak C 18 カートリッジ（Waters）で精製する．メンブランフィルター（0.45 μm）で沪過したものを HPLC 試験溶液とする．

＜HPLC 条件＞
　　カラム：Carbopac MA 1 （4.0 mm i.d.×250 mm, Dionex）
　　移動相：500 mM 水酸化ナトリウム，流　速：0.4 mL/min
　　検出器：ECD （パルスドアンペロメトリー）
　　試　料：1. キシリトース (t_R, 10.6 min), 2. D-ソルビトール (t_R, 12.3 min),
　　　　　　3. D-マンニトール (t_R, 18.5 min)

---

1) 安井　健, 古川　剛, 長谷　幸, 日本食品工業学会誌, **27-7**, 150-154 (1980).
2) L. C. Nogueira, et al., *J. Chromatogr. A*, **1065**, 207-210 (2005).
3) 日本分析化学会関東支部 編, "高速液体クロマトグラフィーハンドブック　改訂第 2 版", 丸善 (2000).
4) 中村　洋 監修, "分析試料前処理ハンドブック", 丸善 (2003).
3) "'97 ShodexLC セミナー講演要旨集".

Question

23 食品中のアミノ酸分析法について教えてください．

Answer

1. アミノ酸分析法

アミノ酸は生体を構成する重要な成分であり，近年の健康志向からサプリメントとしても添加されるなど，食品分析での重要性がいっそう高まっています．

ほとんどのアミノ酸は，UV 吸収が弱く，そのままでは高感度に測定できません．種々の試薬を用いて誘導体化して検出する方法が行われています．誘導体化法では，試料がカラム分離する前で誘導体化を行うか，後で行うかにより，プレカラム法，ポストカラム法に分類されます．誘導体化法によるアミノ酸分析法の概要を，図1に示します．このほかに，高感度検出を目的として電気化学検出器を用いる分析も使用されていますが，ここでは誘導体化法について述べます．ポストカラム誘導体化，プレカラム誘導体化の詳細については，「液クロ虎の巻」Q 55，「液クロ彪の巻」Q 63，「液クロ犬の巻」Q 37，「液クロ武の巻」Q 53，Q 74 に記載されていますので，参照ください．

食品中のアミノ酸分析を正確に行うためには，試料の前処理は重要な工程です．試料の均一化，抽出，妨害物質の除去を行ったのち，HPLC 分析を行います．詳細については，本書 Q 23 の食品中の糖類の分析での試料の前処理を参考にしてください．

2. プレカラム誘導体化法，ポストカラム誘導体化法

プレカラム誘導体化法には，2,4-ジニトロフェノール誘導体化（DNP），フェニルチオヒダントイン誘導体化（PTH），オルトフタルアルデヒド誘導体化（OPA）ほかのさまざまな誘導体化法が開発されています．しかし，測定のルーティン化がしやすいことから，プレカラム誘導体化法よりも，ポストカラム誘導体化法が広く普及しています．

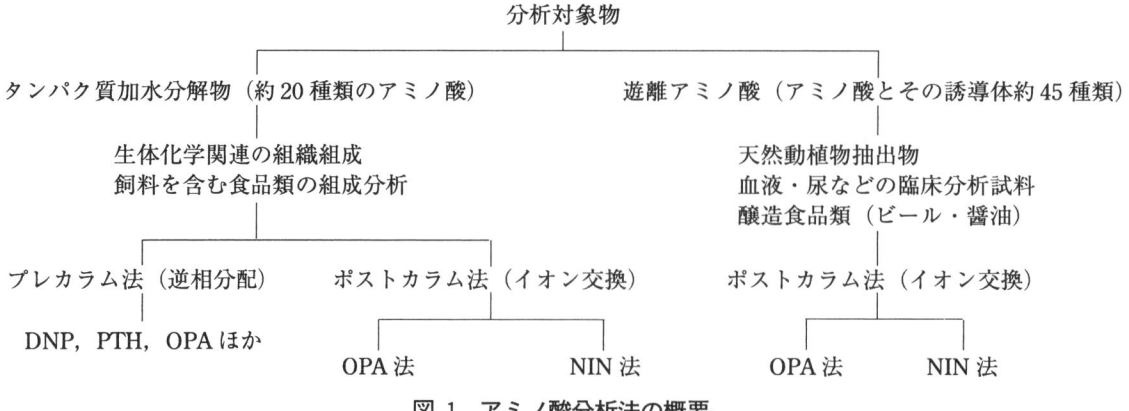

```
                          分析対象物
                             |
        ┌────────────────────┴────────────────────┐
タンパク質加水分解物（約20種類のアミノ酸）      遊離アミノ酸（アミノ酸とその誘導体約45種類）
        |                                          |
生体化学関連の組織組成                       天然動植物抽出物
飼料を含む食品類の組成分析                   血液・尿などの臨床分析試料
        |                                    醸造食品類（ビール・醤油）
   ┌────┴────┐                                    |
プレカラム法    ポストカラム法                ポストカラム法
（逆相分配）    （イオン交換）                （イオン交換）
   |              ┌──┴──┐                       ┌──┴──┐
DNP, PTH, OPAほか OPA法  NIN法                OPA法  NIN法
```

図1 アミノ酸分析法の概要

ポストカラム誘導体化法には，ニンヒドリン（NIN）法，オルトフタルアルデヒド（OPA）法，フェニルイソチオシアナート（PITC）法などがあります．ニンヒドリン法は，アミノ酸のアミノ基とニンヒドリンの反応生成物が紫色する性質を利用し（ルーエマンパープル），570 nm の可視吸収を測定します．また，オルトフタルアルデヒド法は，アミノ酸とオルトフタルアルデヒドが反応し，蛍光物質ができることを利用して，励起波長 340 nm，蛍光波長 450 nm で測定します．分離は陽イオン交換クロマトグラフィーによって行われます．タンパク質加水分解アミノ酸分析用としては Na タイプ，遊離アミノ酸分析用としては Li タイプの分離法があります．定量限界は，前者は数十 pmol 程度，後者は pmol レベルの定量が可能です．また，フェニルイソチオシアナート法では，フェニルイソチオシアナートとアミノ酸との反応で生成したフェニルチオカルバミル（PTC）アミノ酸を UV（254 nm）または蛍光検出器で測定します．

食品分野の応用としては，食料品の味，栄養評価，品質管理など多岐にわたります．ソフトドリンクや野菜ジュースに含まれる GABA（γ-アミノ酪酸）の測定なども，この方法により分析することが可能です．

3. アミノ酸の測定例

① ニンヒドリン法による清涼飲料水の測定例

清涼飲料，アミノ酸サプリメント飲料を 25 倍希釈後，0.45 μm フィルターにて沪過し，20 μL を注入しました（図2）．

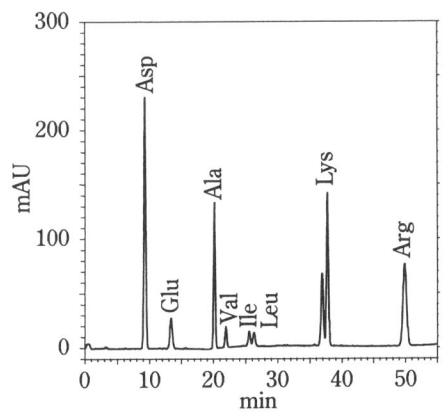

(a) 清涼飲料の測定例（25 倍希釈）　　(b) アミノ酸サプリメント飲料の測定例（25 倍希釈）

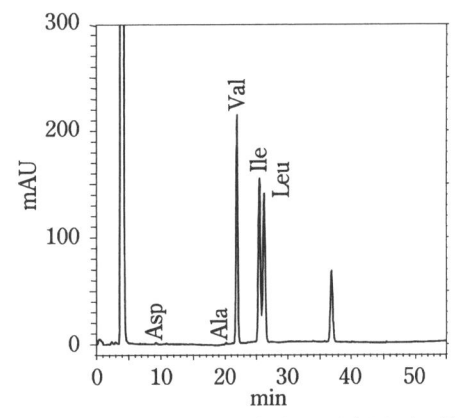

〈HPLC 条件〉
アンモニアカットカラム：#2650 L（4.0 mm i.d.×120 mm，20 μm，日立）
カラム：#2619（4.0 mm i.d.×150 mm，5 μm，日立），カラム温度：57℃
移動相：A；緩衝液1（クエン酸ナトリウム，界面活性剤などを含む水溶液），B；緩衝液2（クエン酸ナトリウム，界面活性剤などを含む水溶液），C；再生液（水酸化ナトリウムなどを含む水溶液）
（100% A（0 min）→ 100% A（5 min）→ 100% B（41 min）→ 100% B（52 min）→ 100% C（52.1 min）→ 100% C（59 min）→ 100% A（59.1 min）→ 100% A（100 min））
流　速：0.4 mL/min，反応液：ニンヒドリン溶液，反応温度：130℃，流　速：0.3 mL/min
検出器：UV 検出器（570 nm）

図 2　飲料中のアミノ酸測定例

② オルトフタルアルデヒド法によるトマトジュース中のアミノ酸の測定例（図3）

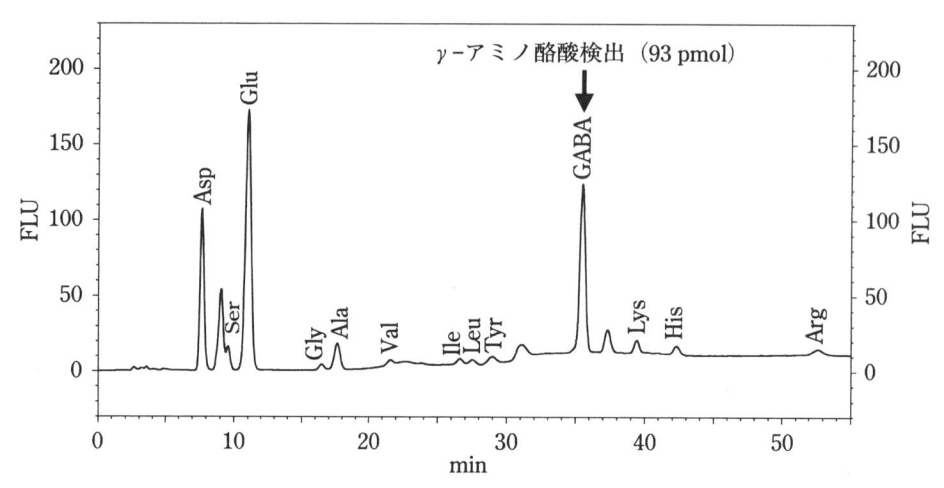

図3 トマトジュース中のアミノ酸測定例

〈前処理〉
5％トリクロロ酢酸で2倍希釈．遠心分離後0.02 mol/L塩酸で100倍希釈．0.45 μmフィルターで沪過し，20 μL注入．

〈HPLC条件〉
アンモニアカットカラム：＃2650 L(4.0 mm i.d.×120 mm，20 μm，日立)
カラム：＃2619(4.0 mm i.d.×150 mm，5 μm，日立)
カラム温度：55℃
移動相：A；緩衝液1(クエン酸ナトリウムなどを含む水溶液)，B；緩衝液2(クエン酸ナトリウムなどを含む水溶液)，C；再生液(水酸化ナトリウムなどを含む水溶液)
(100％ A(0 min) → 100％ A(6 min) → 100％ B(41 min) → 100％ B(52 min) → 100％ C(52.1 min) → 100％ C(59 min) → 100％ A(59.1 min) → 100％ A(100 min))
流　速：0.4 mL/min
反応液：OPA試薬，反応温度：55℃，流　速：0.65 mL/minおよび0.4 mL/min
検出器：蛍光検出器(Ex 340 nm，Em 450 nm)

図3　トマトジュース中のアミノ酸測定例

Question

24 食品中の有機酸分析法について教えてください．

Answer

1. 有機酸分析法

有機酸は食品の酸味成分として知られており，醤油，味噌，酒などの発酵食品をはじめとする食品の品質管理，味の分析などの分野で，LCを用いた分析が行われています．特に，低級脂肪酸（クエン酸，酒石酸，リンゴ酸，コハク酸，乳酸，ギ酸，酢酸，プロピオン酸，ピログルタミン酸，イソ-酪酸，n-酪酸，イソ-吉草，n-吉草酸など）の測定が広く行われています．

LCによる有機酸分析法の概要を，図1に示します．UV法，伝導度検出法，ポストカラム誘導体化法が分析目的に応じて使い分けられています．ポストカラム法では，有機酸をカラムによって分離したのち，反応試薬と反応させ，可視，紫外吸収などで検出します．ブロモチモールブルー（BTB）法では，有機酸によるpHの変化をBTBの呈色で測定するため，選択性が高く，成分ごとの感度差が少ない安定した測定が可能です．

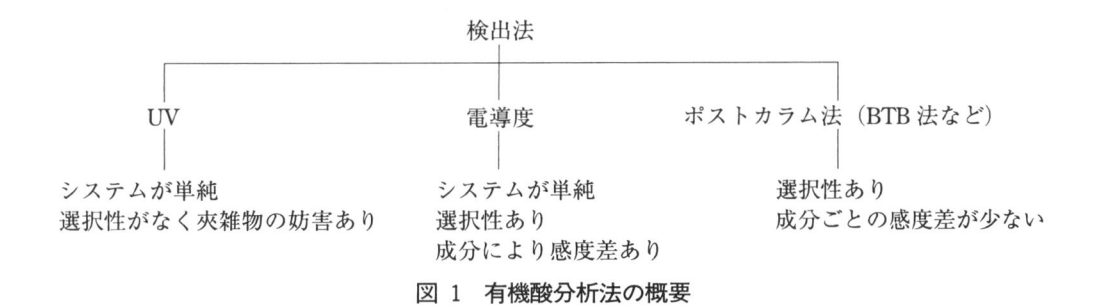

```
                       検出法
         ┌──────────────┼──────────────┐
        UV           電導度        ポストカラム法（BTB法など）
   システムが単純    システムが単純       選択性あり
   選択性がなく夾   選択性あり         成分ごとの感度差が少ない
   雑物の妨害あり   成分により感度
                    差あり
```

図 1　有機酸分析法の概要

食品分析のように夾雑物の多い試料では，多成分の妨害を受けにくい分析方法を選択することが重要になります．ポストカラム誘導体化，プレカラム誘導体化の詳細については，「液クロ虎の巻」Q 55，「液クロ彪の巻」Q 63，「液クロ犬の巻」Q 37，「液クロ武の巻」Q 53，Q 74に記載されていますので，参照ください．

食品中の有機酸分析を正確に行うためには，試料の前処理は重要な工程です．試料の均一化，抽出，妨害物質の除去を行ったのち，HPLC分析を行います．詳細については，本書Q 23の食品中の糖類分析での試料の前処理を参考にしてください．

2. BTB法による醤油中の有機酸の測定例

蒸留水で希釈し，0.45 μmフィルターにて沪過，10 μLを注入しました．

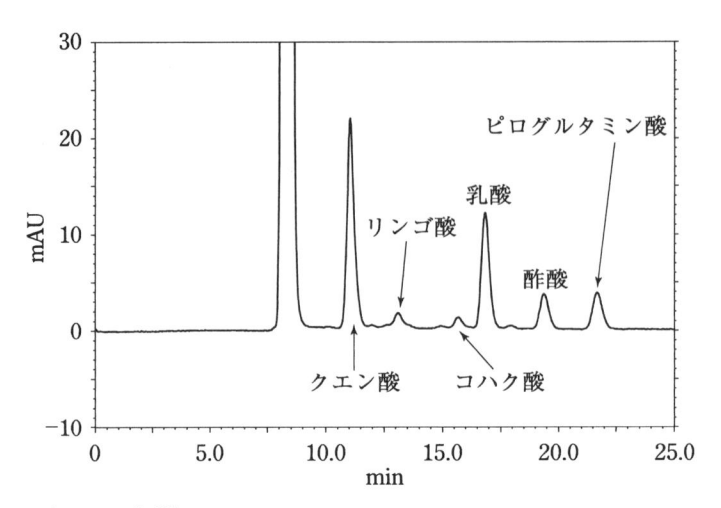

〈HPLC条件〉
　カラム：GL-C 610 H-S(7.8 mm i.d.×300 mm，日立)
　カラム温度：60℃
　移動相：過塩素酸水溶液
　反応液：ブロモチモールブルー溶液，流　速：0.6 mL/min
　検出器：UV-VIS検出器(440 nm)

図2　醤油中の有機酸の測定例

Question 25 残留農薬の一斉試験法に GC/MS と LC/MS(/MS) が用いられていますが，両者の特徴はどのようなところにあるのですか？

Answer

「食品に残留する農薬，飼料添加物又は動物用医薬品の成分である物質の試験法について」（平成17年1月24日付け食安発第0124001号厚生労働省医薬食品局食品安全部長通知法）に記載されている一斉試験法で行われる前処理法の概略を，以下に示します．

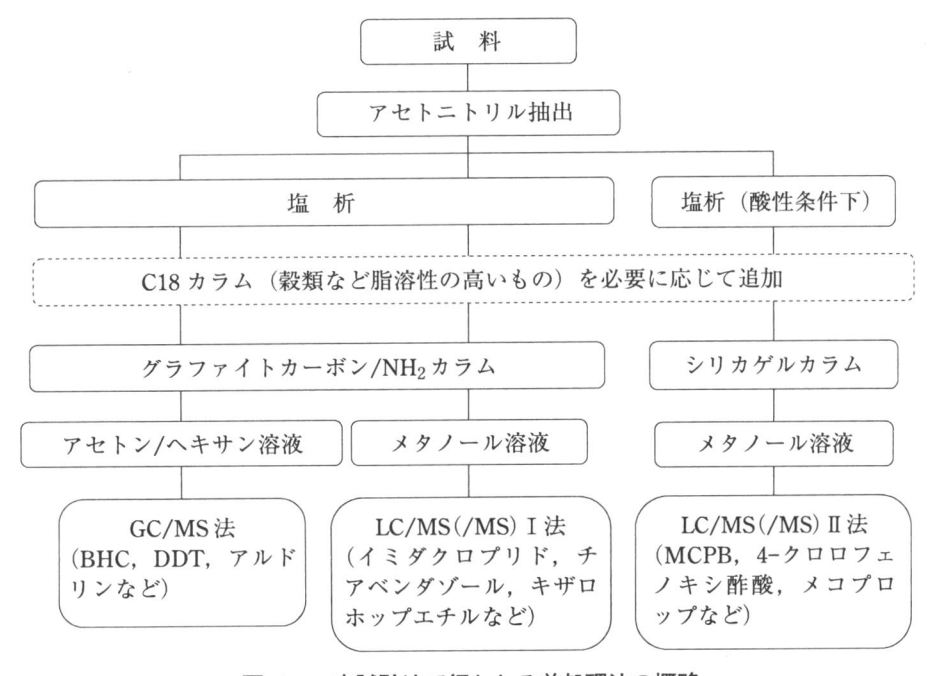

図1 一斉試験法で行われる前処理法の概略

GC/MS法では，アセトニトリル抽出液を塩析後，グラファイトカーボン/アミノプロピルシリル化シリカゲル積層ミニカラム（グラファイトカーボン/NH_2カラム）に負荷し，溶出液にアセトン/ヘキサン溶液を用いて溶出します．これに対して，LC/MS(/MS) I 法では，メタノール溶液で溶出させています．また，LC/MS(/MS) II 法では，酸性条件下で塩析後，シリカゲルカラムに負荷し，メタノール溶液を用いて溶出させています．

1. GC/MS を用いた分析

GC/MS分析の対象となる農薬のおもな性状は，揮発性で熱に安定な物質となり，その例としてピレスロイド系農薬（ペルメトリン，シペルメトリン，シフルトリンなど），有機リン系農薬（パラチオン，マラチオン，フェニトロチオンなど）などがあげられます．

その他，安定な化学構造をもつ有機塩素系農薬(BHC，DDT，アルドリンなど)も，後述するLC/MS(/MS)で用いられているソフトイオン化法ではイオン化することができないため，GC/MSの使用が有効であるといえます．

① 低極性で揮発性の高い農薬

ペルメトリン
(ピレスロイド系農薬)

パラチオン
(有機リン系農薬)

② LC/MS(/MS)でイオン化することができない農薬

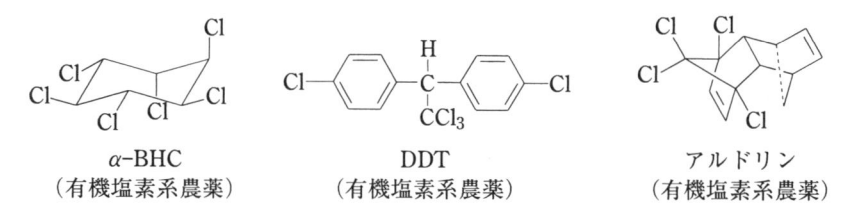

α-BHC
(有機塩素系農薬)

DDT
(有機塩素系農薬)

アルドリン
(有機塩素系農薬)

2．LC/MS(/MS)を用いた分析

LC/MS(/MS)分析の対象となる農薬のおもな性状としては，移動相に溶解し，ESI法などでイオン化が可能な化合物になります．そのため，GC/MSでは熱分解してしまうような物質や，GC/MSでは測定が困難な高極性の物質の分析を行うことも可能です．特に，GC/MSで分析することができない高極性の酸性農薬であるフェノキシ酸系農薬などを誘導体化処理なしに，直接分析することができます．

① 極性の高い酸性農薬

4-クロロフェノキシ酢酸
(フェノキシ酸系農薬)

Question

26 水道水中の陰イオン界面活性剤の分析を行っていますが，安定した回収率を得るためのコツを教えてください．

Answer

　水道水中の陰イオン界面活性剤の分析では，前処理（固相）が重要となります．固相抽出を含めた測定の手順は，通常以下のようになります．

1．測定手順

　① 固相のコンディショニング（メタノール，純水おのおの 20 mL 程度）→② 試料負荷 (100～500 mL)→③ 溶出→④ 濃縮定容（1～2 mL）→⑤ HPLC 測定

＜HPLC 条件の一例＞

カラム：ODS（3 μm, 4.6 mm i.d.×150 mm）

溶離液：0.1 M $NaClO_4$，アセトニトリル/水＝65/35

流　速：0.6 mL/min

カラム温度：40℃

検出器：蛍光検出器（Ex 221 nm, Em 284 nm）

　上記の測定手順の場合，水道水中の陰イオン界面活性剤（C10～C14）は炭素鎖が長くなるのにともなって，回収率が低下する傾向があります．固相カラムを 2 段連結しても，2 段目への捕捉が確認できない場合もあります．これは，陰イオン界面活性剤が Ca や Mg などの硬度成分と結合し，キレート状の不溶性成分を形成して凝集するなど，試料水中のマトリックスの影響を受けたり，ガラス容器の器壁に吸着してしまうためです．

　マトリックスの影響を排除するためには，水道水へのメタノールの添加が有効です．回収率低下の原因となる界面活性剤の凝集やガラス器壁への吸着を妨げます．メタノールを添加することにより（20～30％），回収率が改善することがあります．

2．推奨する測定手順の一例

　① 固相のコンディショニング（メタノール，純水おのおの 20 mL 程度）→②試料負荷(100～500 mL)→③ 溶出→④ メタノール添加→⑤ 濃縮定容(1～2 mL)→⑥ HPLC 測定

Q: 食品中残留農薬のポジティブリスト制度という言葉を最近よく耳にしますが，簡単に説明してください．

A: ポジティブリスト制度とは残留農薬などに関する新しい制度で，平成15年の食品衛生法の改正にもとづき，平成18年5月29日から施行されました．従来の規制では残留基準が設定されていない農薬などが食品から検出されても，その食品の販売などを禁止するなどの措置を行うことができませんでした．ポジティブリスト制度では原則としてすべての農薬などについて，残留基準（一律基準を含む）を設定し，基準を超えて食品中に残留する場合，その食品の販売などの禁止を行うこととしたものです．

一般に，原則規制がない状態で規制するものをリスト化するもの（ネガティブリスト）に対して，原則規制（禁止）された状態で使用，残留を認めるものについてリスト化するので，ポジティブリストと表します．欧米などの先進国ではすでに導入されている制度であり，基準値については各国の値や国際基準（コーデックス基準）を参考に設定されています．制度の詳細については，厚生労働省HPの行政分野ごとの情報：食品のページをご覧ください．
（URL http://www.mhlw.go.jp/topics/bukyoku/iyaku/syoku-anzen/index.html）

Q: 食品中残留農薬のポジティブリストの分析には，どのような方法があるのでしょうか？特別な装置を買わないといけないのですか？

A: ポジティブリスト制度で規制される農薬などの試験法には，告示で示されているものと通知で示されているものがあります．告示法は「不検出」という基準が設定されているものの試験法で，この方法で分析を行い基準への適合性を判断します．通知法はそれ以外のものの試験法で，真度，精度および定量限界において，同等またはそれ以上の性能を有するとともに，特異性を有すると認められる方法であれば，通知法以外の方法で分析してもよいこととされています．試験法については，厚生労働省HP（上記）に掲載されています．

残留基準が設定されている農薬などは799品目ありますが，平成18年3月末現在で整備されている分析法は573農薬などで，今後順次，整備することとされています．

試験法は多成分を同時に分析する一斉分析法と個別に分析する個別分析法に分かれています．一斉分析法に採用されている分析装置としては，GC/MS，LC/MS(/MS)，HPLCなどのクロマト装置となります．主として農作物はGC/MSまたはLC/MS(/MS)で，水畜産物はLC/MS(/MS)またはHPLCで分析します．食品中の残留物質分析の特徴としては，夾雑成分の除去があげられます．葉緑素などの色素成分や脂質などが成分分離の妨げとなりますので，いかに効率よく除去（クリーンアップ）するかが分析の成否を分けることとなります．試験法に示されているものでは，固相抽出法やGPCクリーンアップ法があり，自動化装置が市販されています．こうした前処理装置や器具も分析に必要です．

2章 分離編

Question

27 キレート剤を移動相に添加して，金属イオンを分離・検出する方法とは，どのような方法でしょうか？

Answer

HPLCにより金属イオンを分析する場合，金属イオンとキレート剤を反応させて安定なキレート錯体として分離・検出する方法があります．この方法では，通常，プレカラム誘導体化と同様にあらかじめ金属イオンを含む試料とキレート剤を含む反応試薬を混合し，キレート錯体を生成させた後HPLCに注入します．しかし，反応速度とキレート錯体の安定度がともに十分大きい場合には，移動相中にキレート剤を添加しておき，試料注入と同時にキレート錯体を生成させて，分離・検出させることが可能となります．この方法は，オンカラム誘導体化法とよばれることがあり，煩雑な反応操作が必要なく，自動分析が容易になります．ここでは，このオンカラム誘導体化法による金属イオン分析例を，以下に紹介します．

1. アルミニウムイオンの分析

8-ヒドロキシキノリンは，アルミニウムイオンと速やかに反応し，安定な発蛍光性キレート錯体を生成します（図1）．

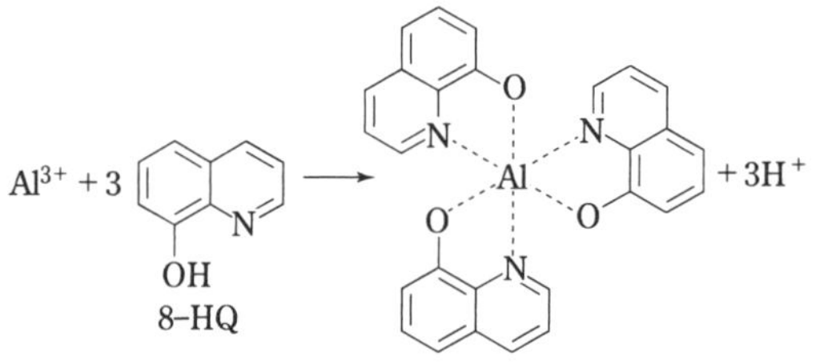

図1 ヒドロキシキノリンとアルミニウムイオンの反応

この反応をカラム誘導体化法に適用すると，アルミニウムイオンの高感度分析が可能になります[1]．図2に，アルミニウムイオンの分析例を示します．

2. 銅イオンの分析

図3に示すN-(ジチオカルボキシ)サルコシンと銅イオンとのキレート錯体生成反応をオンカラム誘導体化法に応用して，銅イオンを高感度に分析することができます[2]．図4に，銅イオンの分析例を示します．

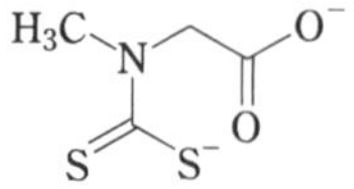

図3 N-(ジチオカルボキシ)サルコシン

---

1) 山崎，西村，林，日本分析化学会第38年会 (1989).
2) 家氏，端，山部，林，第63回分析化学討論会 (2002).

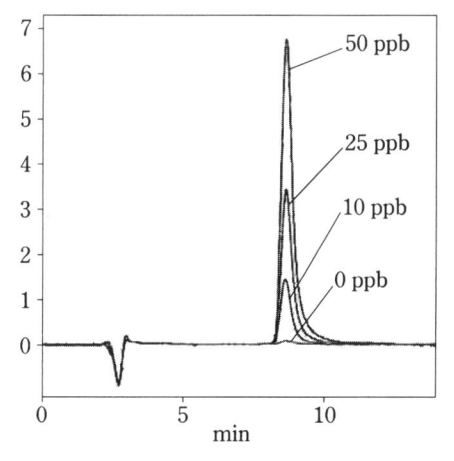

図 2 アルミニウムイオンの分析例

〈分析条件〉
カラム：Asahipak ODP-50(4.6 mm i.d.×150 mm)
移動相：12 mmol/8-ヒドロキシキノリン(アセトニトリル溶液)/100 mmol/L イミダゾール緩衝液(pH 7.1, 過塩素酸)＝4/6(v/v)
流　速：0.6 mL/min
温　度：40℃
注入量：20 μL
検　出：蛍光(励起：380 nm, 蛍光：520 nm)

図 2 アルミニウムイオンの分析例
［島津製作所，アプリケーションニュース No. L278］

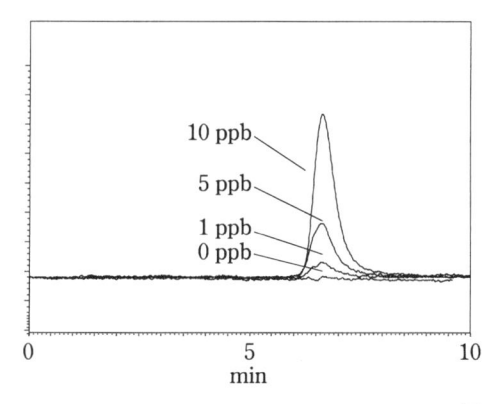

〈分析条件〉
カラム：Shodex GE-310HQ(4.6 mm i.d.×150 mm)
移動相：20 mmol/L 過塩素酸ナトリウム，1 mmol/L N-(ジチオカルボキシ)サルコシン，5 mmol/L エチレンジアミン二酢酸，2.5 mmol/L 水酸化ナトリウム
流　速：0.3 mL/min
温　度：30℃
注入量：100 μL
検　出：VIS 440 nm

図 4 銅イオンの分析例

Question

28 同じ移動相を作成して使用しているのですが，バックグラウンドが昨日と一致しません．この原因は何なのでしょうか？

Answer

以下のような原因が考えられます．

1. 使用試薬の選択

まず，使用した試薬が適切なものかどうか，保管状態，開封後の使用履歴などの確認をしてください．もし，疑いがある場合は，問題のないものを使用してください．また，試薬のグレードは従来から使用しているものをおすすめします．

2. 使用器具などからの汚染および取扱い方法

使用器具の汚れが溶媒に溶解し，影響を与えます．器具の洗浄方法，保管方法を統一するなどの方法があります．取扱い方法によってはコンタミネーションの発生もありますので，注意して扱ってください．図1に，試薬溶媒びんにピペットを入れてしまった場合のMSのTICによるバックグラウンドの変化を調査した例を示します．TICにおけるベースラインの上昇と

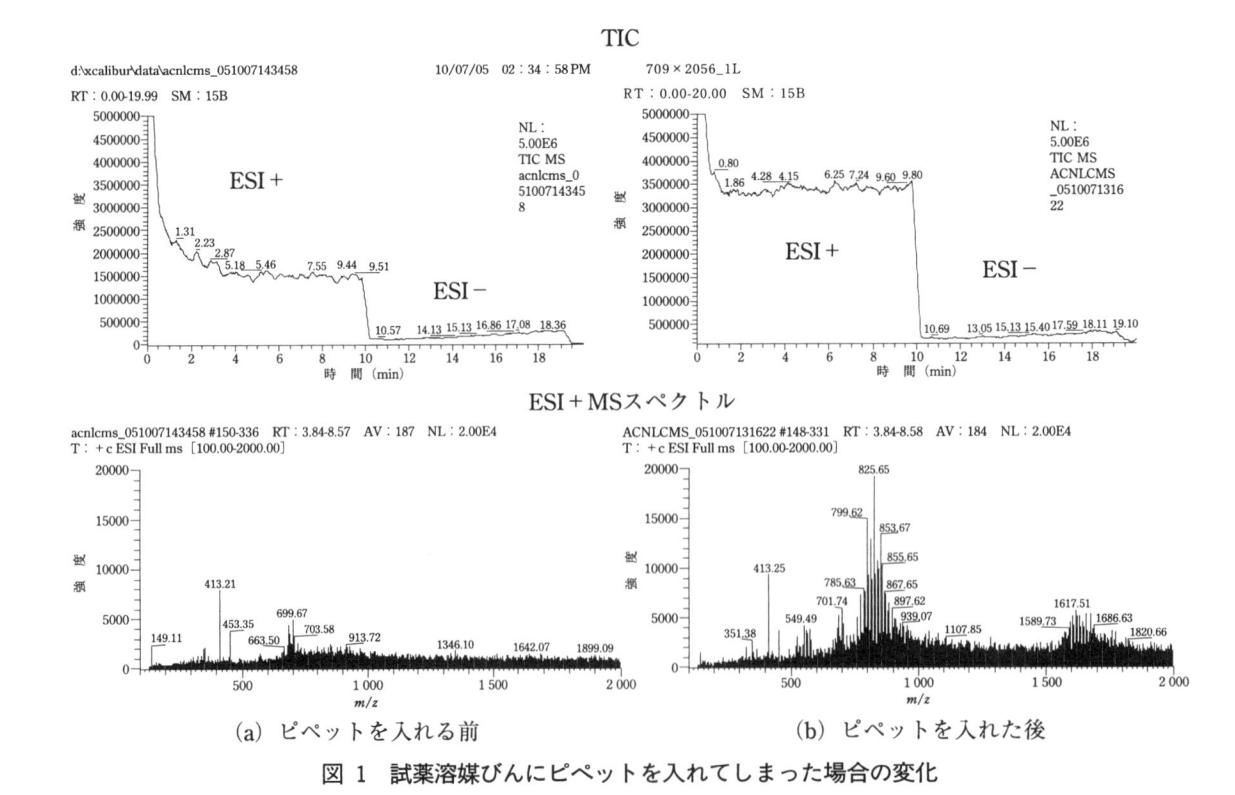

(a) ピペットを入れる前　　　(b) ピペットを入れた後

図1　試薬溶媒びんにピペットを入れてしまった場合の変化

溶媒：アセトニトリル．

MSスペクトルに変化が現れています．

3. 緩衝液の調製方法

緩衝液を用いている場合，調製手順による影響がありますので，手順を明確にしておく必要があります[1]．

4. 脱気状況の違い

脱気状況の違いにより，移動相中の溶存空気量に違いを生じ，バックグラウンドが変動することがあります．アスピレーター，超音波洗浄器を用いた脱気方法の場合，減圧強度，時間を定めておくとよいでしょう[2]．

移動相調製においても手順を明確にし，記録（トレーサビリティー）をとっておくことが重要になります．

---

1) 液体クロマトグラフィー研究懇談会 編，"誰にも聞けなかった HPLC Q & A 液クロ虎の巻"，Q 36, Q 37, 筑波出版会（2001）；液体クロマトグラフィー研究懇談会 編，"誰にも聞けなかった HPLC Q & A 液クロ犬の巻"，Q 38, 筑波出版会（2004）．
2) 液体クロマトグラフィー研究懇談会 編，"誰にも聞けなかった HPLC Q & A 液クロ虎の巻"，Q 38, 筑波出版会（2001）．

Question

29 試料を注入していないのに，インジェクターを倒しただけでピークが出るのはどうしてですか？

Answer

　HPLCで使われるインジェクターには手動（マニュアルインジェクター）のものと自動（オートインジェクター）のものがあります．インジェクターを倒しただけでピークが検出される現象は，同じバルブ注入方式を使用している場合，両者において観察されることがあります．これにはいくつか原因が考えられますが，バルブの構造が主原因で発生するケースを取り上げ，ルーチン分析で最も広く使われているレオダイン（Rheodyne）製マニュアルインジェクターについて，考えられる原因およびその対処方法について説明します．

1. 主原因

　図1にRheodyne 7125の構造を，図2に配管流路図を示します．サンプルループ（通常は20 μL）は，ポート番号1番と4番に接続されます．そしてポート番号2番にポンプ，3番にカラムを接続し，5，6番には標準付属のドレインチューブがそれぞれ接続されます．

　サンプルの注入操作手順は，まずINJECTの位置でニードルポートへマイクロシリンジの針を挿入します．ここでは，シリンジ針の先端が確実に当たりきるまで挿入したままにして，

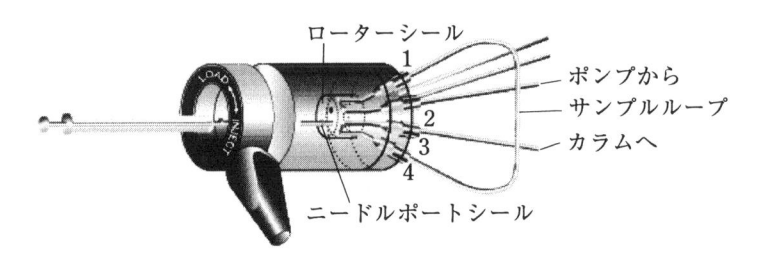

図1　Rheodyne 7125の構造図

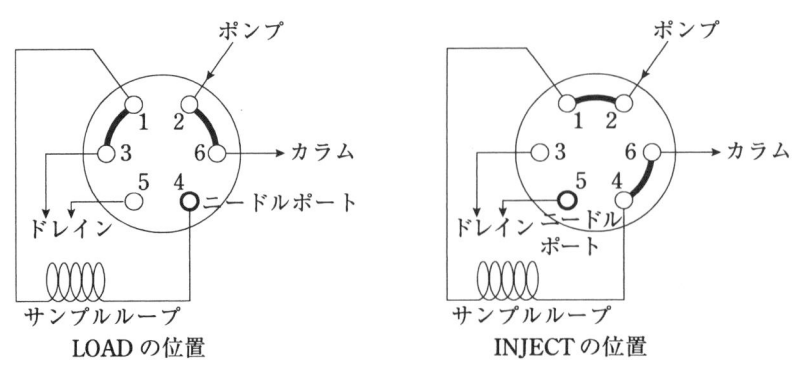

図2　マニュアルインジェクターの配管流路図

試料液はまだ注入しません．次に，LOADの位置にノブを60°反時計方向に回転し，続いてマイクロシリンジ内の試料液を注入します．試料はニードルポート，ローターシール，ステーターを通ってポート番号4番に接続したサンプルループに導入されます．その後，INJECTの位置にノブを60°時計方向に回転すると，流路が切り替わりポンプの送液ラインとカラムの間にサンプルループが接続されます．サンプルループ内の試料はポート番号4番，6番を通って入った方向と逆の方向からカラムへ導入されます．

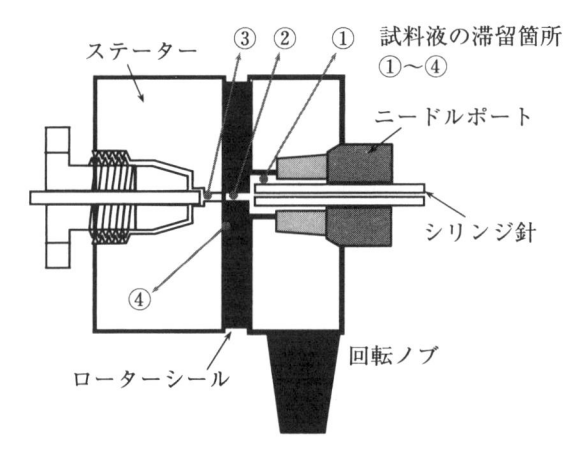

図3　ニードルポート，ローターシール，ステーターなどの断面図

　図3に示すように，マイクロシリンジを用いて試料液を注入したとき，ニードルポートの周辺部分（図3中の①），ローターシールに掘られた溝や穴の部分（図3中の②），ステーターとサンプルループの接続部分（図3中の③），ローターシールとステーターの隙間（図3中の④）などに試料液が残留します．①および②に残った試料液はシリンジを抜いたときに拡散し，ニードルポート周辺を汚染し，次回の分析の際にシリンジを挿入したときに，サンプルループまで押し込んでコンタミネーションの原因になります．②や③に残った試料は回転ノブを倒したとき，ローターシールとステーターの隙間に引きずり込まれて，コンタミネーションの原因になります．実試料の分析を繰り返すと，ローターシールとステーターの隙間に汚染物が蓄積すれば，試料を注入しなくてもノブを倒しただけで，クロマトグラム上にゴーストピークが出現することがあります．

2．対処方法
① ニードルポート，サンプルループの洗浄

　試料成分に対して溶解力のある洗浄液を準備し，図4に示すように，付属のニードルポートアダプター（またはニードルポートクリーナー）を注射筒（10mL程度）の先端に接続し，ニードルポートに挿入して，LOAD

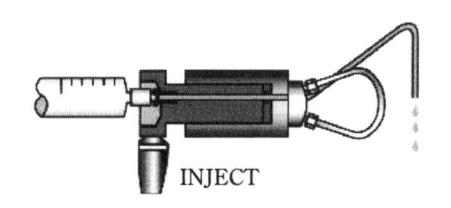

図4　ニードルポートおよびサンプルループの洗浄

およびINJECTの位置で，それぞれ洗浄液数 mL をドレインチューブから排出します．この操作は，定期的に行うことが必要ですが，特に高濃度や汚れた試料を分析した後には必ず実施するようにします．

② ローターシール，ステーターの洗浄

上記の操作を行ってもゴーストピークが消失しないときは，インジェクターバルブを分解し，ローターシールおよびステーターを洗浄液に浸して，超音波洗浄を行います．取外し，取付けの際には2箇所のねじの締め付け具合に十分留意して行います．

③ 上記①および②の作業を実施しても改善されないときは，サンプルループの交換，接続チューブ類の交換，接続ジョイントの交換などを行います．サンプルループや接続チューブ内に付着物や汚れがあると試料成分の吸着が起こり，接続フィッティングの形状に不具合やデッドボリュームがあると，試料液の拡散，滞留が発生し，いずれもゴーストピークの原因になります．

3．その他の原因

ドレインチューブの出口の高さがインジェクターの注入ポートの高さと比べて高すぎる場合（図5の悪い例1参照），バルブをLOADの位置に戻したとき，ドレインチューブ内の液が逆流してサンプルループに入るケースが考えられます．この液はバルブをINJECTの位置にするとカラムに導入されますので，ゴーストピークの原因になります．また，逆に低い場合（図5の悪い例2参照）はドレインへ試料液が排出してしまい，サンプルループにエアーが入り込みます．この場合もエアーがカラムから排出されてゴーストピークの原因になります．

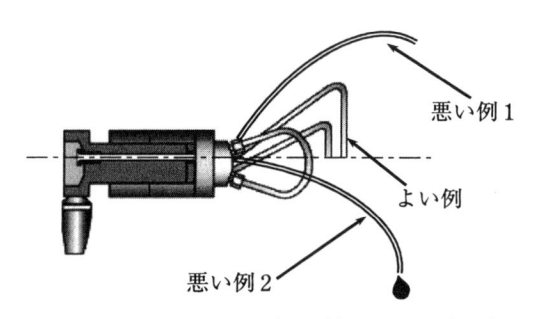

図5 ドレインチューブの配管位置の最適状態

① 対処方法

付属の2本のドレインチューブの出口の高さは，図5に示すようにインジェクターの注入ポートの高さと同じ位置にします（図5のよい例参照）．

Question

30 試料溶解溶媒と移動相溶媒の種類や組成比が異なる場合，クロマトグラム上にどのような現象が発生することがありますか？

Answer

　移動相溶媒と試料溶解溶媒の種類や組成比の違いがクロマトグラム上に影響を与え，発生する現象は，主として，ベースラインの変動とピークの形状です．もちろん，ピーク形状を良好に保てる試料注入量の限界にも影響を与えることがあります．ここでは，一般的に現れる影響を簡単に説明します．

1. ベースラインへの影響

　UV 検出器を使用する場合，もし移動相溶媒と試料溶解溶媒に，検出波長での光の吸収の違いがあるときは，これがベースラインに現れます．移動相溶媒よりも試料溶解溶媒の吸収が大きい場合は，通常プラス側にピークが出現します．溶出条件によっても異なりますが，t_0 の位置に近いところでソルベントピークという形で出現したり，場合によっては，きちんと保持した位置に出現することがあります．

　また，試料溶解溶媒に複数の溶媒を使用している場合は，これらが分離して各成分に依存したピークが出現することも考えられます．移動相溶媒よりも試料溶解溶媒の吸収が小さい場合は，マイナス側へ出現することがあります．

　同様に，RI 検出器を使用する場合は，試料溶解溶媒に移動相溶媒を使用していないとき，溶媒ピークが出現し，移動相溶媒との屈折率の違いによる溶媒ピークが出現します．

　このように，検出器によって，その影響は異なりますので，検出器の特性を理解しておくことが必要です．

2. ピーク形状への影響

　ピークについては，種々の影響が考えられます．特に移動相溶媒に対して，試料溶解溶媒の溶出力（ピークを移動させる力と考えてよいと思います）の違いで，その現象は異なってきます．

　移動相溶媒よりも試料溶解溶媒の溶出力が強い場合は，試料溶解溶媒にピークの成分が引っ張られる形でピークがブロードになったり，リーディング，またはダブルピークなど形状が悪くなる現象が発生しやすくなります．この現象は，カラムサイズに対して注入量が多いときに顕著に現れますが，少ない注入量でも溶出力の違いが大きい場合には見られることがあります．この現象の原因を確認するためには，試料注入量を少なくしたり，試料の溶解溶媒を移動相や溶出力の弱い溶媒に変更するなどして，ピーク形状が改善されるかどうかでわかります．

　反対に，移動相溶媒よりも試料溶解溶媒の溶出力が弱い場合は，カラム上端部での濃縮効果により，ピークがシャープになることがあります．このような効果が見られる場合は，注入量

を増やすことができ，感度の向上が期待できる場合があります．

　移動相溶媒と試料溶解溶媒の溶出力の違いはイオンペア試薬も影響することがあり，試料溶解溶媒に試薬が入っていない場合，ピーク形状が悪くなることがあります．このような場合は，試料溶解溶媒にイオンペア試薬を添加することによりピーク形状が改善されます．

　以上，説明してきた内容については，一般的に保持時間の短い成分のピークほど影響を受けやすく，保持時間が長い成分の方が影響を受けにくいことが多いです．

Question

31 イオンクロマトグラフィーのグラジエント溶離において，サプレッサーを接続していてもゴーストピークが検出されます．その原因と対策を教えてください．

Answer

　一般に，イオンクロマトグラフィーでは，イオン交換カラムで分離されたイオン成分はサプレッサーを通過して電気伝導度検出器で測定されます．サプレッサーは，溶離液の電気伝導度（N：ノイズやバックグラウンド）を下げ，分析対象種の電気伝導度（S：シグナル強度）を増加させることによって，SN比を改善し，高感度分析をする目的で使用されます．

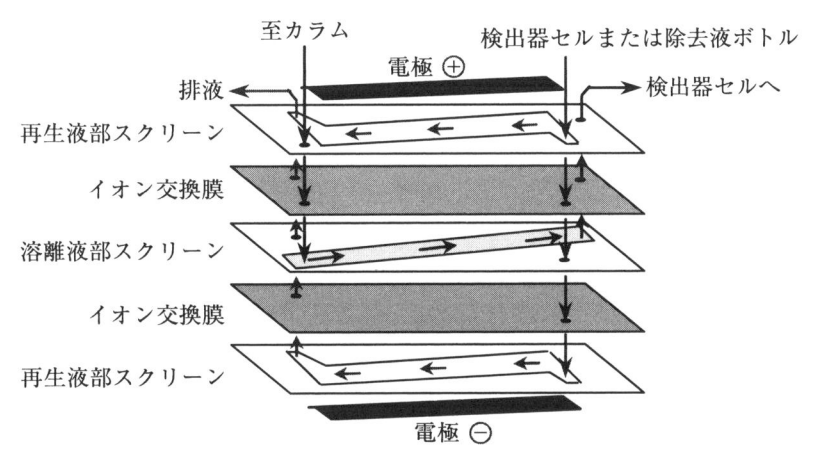

図 1　膜型のサプレッサーの構造

　一般的によく使用される膜型のサプレッサーの構造を，図1に示します．2枚のイオン交換膜を挟み込むように液が流れるスクリーンが配置され，外側のスクリーンには電極が接しています．溶離液と試料成分は中央の溶離液スクリーンを流れ，陰イオン用サプレッサーの場合はナトリウムやカリウムイオンなどが，陽イオンサプレッサーの場合は塩化物イオンや硫化物イオンなどがイオン交換膜を介して，それぞれ水素イオンまたは水酸化物イオンに交換されます．再生液スクリーンでは，供給された水を電気分解して交換に必要な水素イオンや水酸化物イオンを生成しています．

　ここでは，質問にあるグラジエント送液時におけるゴーストピークの原因と，その対処方法について説明します．サプレッサーを用いたイオンクロマトグラフィーについて，ゴーストピークを含めて異常ピークが観察される場合のおもな原因発生箇所は，以下の四つに分けられます．特にグラジエント溶出法において，ゴーストピークの発生原因と考えられるものをそれぞれの箇所に分け，対策方法を表1に示します．

① バルブや接続配管系統
② ガードカラム，分離カラムなどのカラム系統
③ サプレッサー系統
④ 電気伝導度検出器系統

表 1 ゴーストピークの原因発生箇所，原因および対策について

原因発生箇所	原　　因	対　　策
① バルブや接続配管系統	排液ラインの詰まり	排液チューブ類の交換
	溶離液切替えバルブの不良	バルブの分解洗浄
② ガードカラム，分離カラムなどのカラム系統	ガードカラムや分離カラムの汚れ	ガードカラムの交換，分離カラムの洗浄
	インジェクターバルブの汚れ	分解洗浄
	カラムフィルターの汚れ	フィルターの交換
③ サプレッサー系統	サプレッサー接続チューブ類の詰まり	接続チューブの洗浄または新品交換
	再生液の流量不足	再生液送液ポンプの流量確認，配管チューブ類の液漏れ有無の確認
	セル出口チューブの詰まり	チューブ類の交換
	サプレッサーの電流不足	電流値確認，サプレッサーの洗浄
	イオン交換膜の変性，劣化	サプレッサーの洗浄
	イオン交換膜の活性低下	活性化を行う，または新品交換
④ 電気伝導度検出器系統	検出器の不良，温調性能異常など	検出器の基本性能のチェック　セルの交換など
	セルの汚れ，セル内の気泡	セルの洗浄，セルに背圧の付加

Question

32 逆相分配クロマトグラフィーにおける，緩衝液の種類と濃度が分離に及ぼす影響を教えてください．

Answer

表1に，逆相クロマトグラフィーで一般的に使用されている緩衝液を記載しました．イオン性化合物の逆相分配クロマトグラフィーにおける保持は，移動相 pH により大きな影響を受けます．移動相 pH で十分な緩衝能を発揮する緩衝液を，表1から選択して使用してください．なお，同じ pH でも緩衝液の種類により保持が変化することがあります．例えば，分析種と同一のイオンを生成する緩衝液を使用すると，分析種の解離平衡に影響を与え分子型が増えるこ

表 1 逆相クロマトグラフィーで一般的に使用される緩衝液[2]

緩衝液	pK_a	緩衝能範囲	揮発性	使用上の注意点
酢酸(例：アンモニウム塩)	4.76	3.76〜5.76	揮発性	ナトリウム塩およびカリウム塩の場合不揮発性
ギ酸(例：アンモニウム塩)	3.75	2.75〜4.75	揮発性	ナトリウム塩およびカリウム塩の場合不揮発性
リン酸塩1	2.15	1.15〜3.15	非揮発性	最も汎用化している低い pH バッファー UV 検出で低バックグラウンド
リン酸塩2	7.2	6.20〜8.20	非揮発性	カラム劣化を抑えるために，温度と濃度を低くし，ガードカラムを付けること
リン酸塩3	12.3	11.3〜13.3	非揮発性	カラム劣化を抑えるために，温度と濃度を低くし，ガードカラムを付けること
4-メチルモルホリン	8.4	7.4〜9.4	揮発性	
重炭酸アンモニウム	10.3 (HCO_3^-)	9.3〜11.3	揮発性	MS ではイオン源温度150℃以上で使用 炭酸アンモニウム((NH_4)$_2CO_3$)ではなく，重炭酸アンモニウム(NH_4HCO_3)を使用のこと アンモニアまたは酢酸で pH 調整 pH 10 で緩衝能が高い
	9.2 (NH_4^+)	8.2〜10.2	揮発性	
	7.8 (H_2CO_3)	6.8〜8.8	揮発性	
アンモニウム(例：酢酸塩，ギ酸塩)	9.2	8.2〜10.2	揮発性	
ホウ酸	9.2	8.2〜10.2	非揮発性	カラム劣化を抑えるために，温度と濃度を低くし，ガードカラムを付けること
1-メチルピペリジン	10.2	9.3〜11.3	揮発性	
トリエチルアミン	10.7	9.7〜11.7	揮発性	0.1〜1％で使用 酢酸で pH 調整時のみ揮発性
ピロリジン	11.3	10.3〜12.3	揮発性	マイルドなバッファー，長い寿命

とから保持が増大します．また，有機系緩衝液の場合には，イオンペア試薬的な働きをすることもあり，その場合も保持に影響を与えます．

次に，緩衝液の濃度が分離に及ぼす影響ですが，高濃度の緩衝液を使用した場合移動相の表面張力が高まることで，固定相と試験化合物の疎水性相互作用が強まり，保持が増大することがあります．ただし，緩衝液濃度が高いとカラム劣化を促進したり，LC/MSにおける試験化合物の感度低下を引き起こしやすいため，むやみに高濃度の緩衝液を使用することはおすすめできません．緩衝液を表1に記載された緩衝能範囲（各緩衝液の$pK_a \pm 1$範囲）で使用する場合，通常は10 mMで十分な緩衝能を発揮します．

以上からわかるように，緩衝液の種類と濃度が分離に影響を与えることもあるため，分析法の移動相表記にはpHだけではなく，使用した緩衝液の種類と濃度を正確に記載することが必要です．

なお，リン酸バッファー（pH>7）のようにシリカ系パーティクルを極端に劣化させる緩衝液[1]も存在します．緩衝液の選択にあたっては，使用カラムの取扱説明書も併せてご確認ください．

1) H. A. Claessens, M. A. van Straten, J. J. Kirkland, *J. Chromatogr. A*, **728**, 259-270 (1996).
2) ウォーターズ社，"XBridge™ カラム取扱い説明書"．

Question

33 pKa が 4.0 と 5.0 の酸性化合物をリン酸緩衝液（KH₂PO₄, pH 4.5）と有機溶媒の混合系で逆相 HPLC 分離しています．**同一装置，同一カラムを使用しているのに，日によって保持時間および分離度が変動**します．考えられる原因と対策を教えてください．

Answer

HPLC において再現性がとれない原因は数多くあります．最も単純かつ多いのは移動相の調製法に再現性がなく，日によって組成が変化するケースです．もちろん，装置の不調およびカラムの劣化も原因としてあげられます．その場合の対策としては，例えば移動相調製の標準手順書（SOP）を作成する，装置のメンテナンスおよび較正を行う，カラムの洗浄・再生または交換があげられます．

本問のケースにおいて，ほかに考えられる原因には何があるでしょうか．与えられている情報として，対象としている分子種が pK_a 4.0 と 5.0 の酸性化合物であること，移動相 pH が 4.5 であること，使用している緩衝液がリン酸緩衝液（KH₂PO₄, pH 4.5）です．この情報から，下記の二つの原因が推定されます．

1. 原因 1

イオン性化合物の逆相 HPLC における保持能は，イオン化率に影響されます．pK_a 4.0, 5.0 の酸性化合物は，pH 4.5 の溶液中において解離型のものと分子型のものが混在しています．このような場合，pH がほんのわずか変化しただけで，逆相 HPLC への保持能が大きく変化します（図 1）．

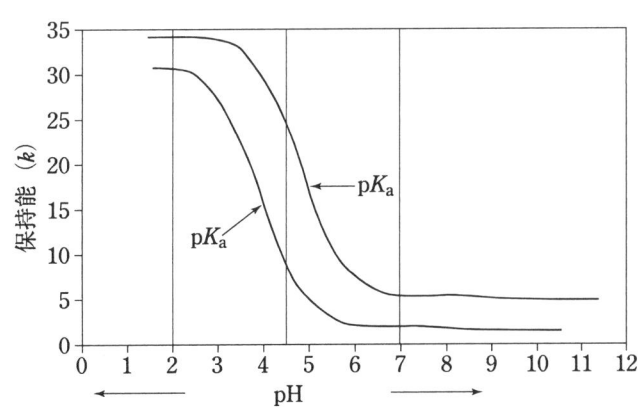

図 1 酸性化合物（pK_a 4.0, 5.0）の逆相カラムへの保持曲線

2. 対策 1

対策としては，pK_a±2 以上離れた pH の移動相を使用するか，または pH メーターのキャリブレーション，緩衝液調製を含めて厳密に移動相 pH を調整することが考えられます．pK_a±

2以上離れたpHの移動相を選択する場合,問のケースではpH 2.0以下またはpH 7.0以上を選択します.この場合,pH 2.0以下で保持が最大,pH 7.0以上で保持が最小となります.なお,これらのpHで分析を行う場合は,カラムの使用pH範囲に注意してください.移動相pHが4.5の必要がある場合は,原因2についても考慮してください.

3. 原 因 2

リン酸緩衝液はpH 4.5では十分な緩衝能を発揮しないため,移動相pHが揺らいでいる可能性があります.一般に,緩衝液はそのpK_aの±1以内のpHで緩衝能を発揮します.リン酸は3塩基酸であるためpK_aは2.15,7.2,12.3の3種があり,そのどれもpH 4.5±1の範囲にはありません.

4. 対 策 2

pH 4.5を変更できない場合は,pH 4.5で十分な緩衝能を発揮する緩衝液を選択します.表1に,逆相HPLCで使用される緩衝液と緩衝能を発揮するpHの関係を示します.例えば,酢酸緩衝液,ギ酸緩衝液などがpH 4.5で十分な緩衝能を発揮します.

表 1 逆相 HPLC で使用される代表的緩衝液

添加剤緩衝液	pK_a	有効緩衝範囲 (±1 pH 単位)	備 考	揮発性	推奨使用条件
トリフルオロ酢酸 (TFA)	<1.0			揮発性	0.02〜0.1%
酢 酸	4.76			揮発性	0.1〜1.0%
ギ 酸	3.75			揮発性	0.1〜1.0%
酢 酸 (NH$_4$, Na, K)	4.76	3.76〜5.76		揮発性 (NH$_4$)	1〜10 mM
ギ 酸 (NH$_4$, Na, K)	3.75	2.75〜4.75		揮発性 (NH$_4$)	1〜10 mM
リン酸1	2.15	1.15〜3.15		不揮発性	1〜10 mM
リン酸2	7.2	6.20〜8.20		不揮発性	1〜10 mM@pH's<7.0(カラム寿命を改善するためには低いカラム温度で使用)
4-メチルモルホリン	〜8.4	7.4〜9.4		揮発性	10 mM
アンモニア	9.2	8.2〜10.2		揮発性	<10 mM@<30°C
重炭酸アンモニウム (NH$_4$HCO$_3$)	10.3 (HCO$_3$〜)	9.3〜11.3	pH 10においてよい緩衝液	揮発性 @>150°C	5〜10 mM(LCMSの場合はイオン源温度を150°C以上にすること) 炭酸アンモニウムは使用しないこと 溶解時pH:8.4,全有効緩衝範囲pH 6.8〜11.3 アンモニアまたは酢酸でpHを調整
	9.2(NH$_4^+$)	8.2〜10.2			
	7.8(H$_2$CO$_3^{2-}$)	6.8〜8.8			
アンモニウム(酢酸)	9.2	8.2〜10.2		揮発性	1〜10 mM
アンモニウム(ギ酸)	9.2	8.2〜10.2		揮発性	1〜10 mM
1-メチルピリジン	10.3	9.3〜11.3		揮発性	

表 1　逆相 HPLC で使用される代表的緩衝液（つづき）

添加剤緩衝液	pK_a	有効緩衝範囲 （±1 pH 単位）	備　考	揮発性	推奨使用条件
トリエチルアミン （酢酸）	10.7	9.7〜11.7	オリゴ DNA 分離において pH 7〜9 でイオンペア試薬として使用	揮発性	0.1〜1％
ピロリドン	11.3	10.3〜12.3		揮発性	
グリシン	9.8	8.8〜10.8			
CAPSO	9.7	8.7〜10.7			1〜10 mM
CAPS	10.5	9.5〜11.5			1〜10 mM

注1）リン酸緩衝液は pH 7 以下で使用することを推奨．pH 7 以上での使用はカラム寿命を低下させる．また，pH 7 付近での使用においてもカラム温度をあまり高くしないことが望ましい．
注2）使用するカラムの使用可能 pH 範囲の緩衝液を選択すること．

　実際には，検出方法との相性（例えば，酢酸緩衝液，ギ酸緩衝液は低波長 UV 検出ではバックグラウンドが高い）などがあり，常に理想的な緩衝液を使えるとは限りませんが，分析メソッド開発時に移動相 pH について十分に考慮することが重要です．なお，中性化合物については移動相 pH の影響を受けませんが，そのまわりにイオン性の夾雑成分が存在する場合は，同様に移動相 pH を考慮する必要があります．

Question

34 H–u 曲線のつくり方をできるだけ具体的に教えてください．

Answer

カラムの効率を表すパラメーターの一つに，理論段高さ（H）があります．この理論段高さ（H）は，カラム長さ（L）を理論段数（N）で割った L/N で計算できます．すなわち，H は，1 理論段当たりのカラムの長さを表します．

カラム内を流れる移動相の線流速（u）による理論段高さの変化を表す式として，van Deemter の式が知られています．一般的には，式（1）で表すことができます．

$$H = A + B/u + Cu \tag{1}$$

この H–u 曲線に関連する解説は，「液クロ犬の巻」Q 19, Q 21, Q 71 に記載されているので，参照してください．ここでは，逆相系カラムを用いて，この H と u の関係を示す H–u 曲線をつくる方法例を記載します．

1. H–u 曲線の作成にあたって

H–u 曲線を作成するためには，そのプロットを行うためのデータを一つずつ測定し，値を得ることになります．すなわち，標準的な試料とその測定条件において，移動相の流速（すなわち線流速の変化）を何段階かに変えて，測定を繰り返したクロマトグラムが必要となります．この標準試料のクロマトグラムから，理論段数を計算します．また，線流速は，カラム内を流れる移動相溶媒の速さを計算し，mm/s や mm/min などの単位で表します．

この計算を行うためには，カラムの t_0 の値（デッドボリュームあるいはボイドボリューム，または，ホールドアップボリュームともよぶことがあります．カラムの空隙体積として利用します）が必要となります．カラムの体積と充塡剤のカラム内の充塡量や充塡率などがわかれば，カラム内の空隙体積をおおよそ計算できますので，このような値から t_0 を計算することができます．しかし，これらの値は充塡剤の細孔径や充塡状態などでも変わるため，計算で求めることは大変めんどうになります．そこで，測定試料の中に，t_0 の位置に溶出されるような成分を一緒に入れておき，標準試料の成分と同時に測定を行うことにより，簡便に t_0 を求めることができます．この t_0 とカラムの長さから線流速（u）＝L/t_0(mm/s) を計算することができます．

2. データの測定と H–u 曲線の作成

実際の測定は，はじめに，H–u 曲線を作成するカラムを用意します．このカラムで測定できる標準的な試料を用意し，その測定条件を設定します．ここでは，具体的に ODS カラムを用いた例を記載します．逆相系カラムの場合は，H–u 曲線をつくるための標準試料溶液に，さらに，その試料溶液中に t_0 を測定するための成分として，ウラシルを含めておきます（t_0 に関し

ては,「液クロ虎の巻」Q5,ウラシルに関しては,「液クロ武の巻」Q5を参照).この試料を用いて測定します.

流量は,順次,段階的に変化させながら,準備した前記標準試料を測定していきます.高い流量領域ではカラムの耐圧性能を超えない程度まで,また,低い流量ではポンプの性能の適切な範囲内で設定して,測定を行います.もちろん,1回の測定時間も適切な範囲としてください.流量をあまりにも低く設定したため,測定時間が何時間もかかるということでは,大変な労力となってしまいます.

では,具体的な測定例として,測定条件と標準試料を記載します(もちろん,この条件にこだわる必要はありません).図1に,典型的なクロマトグラム例を示します.

各流量で測定したクロマトグラムから得られた各標準試料成分のピークの理論段数を計算し,その値とカラム長さから,理論段高さを計算します.さらにカラムの長さ L(mm) と, t_0(sec) から線速度を計算します.

このように計算した値の線速度と理論段高さをプロットすることにより,H-u 曲線を作成することができます.作成した H-u 曲線を,図2に示します.

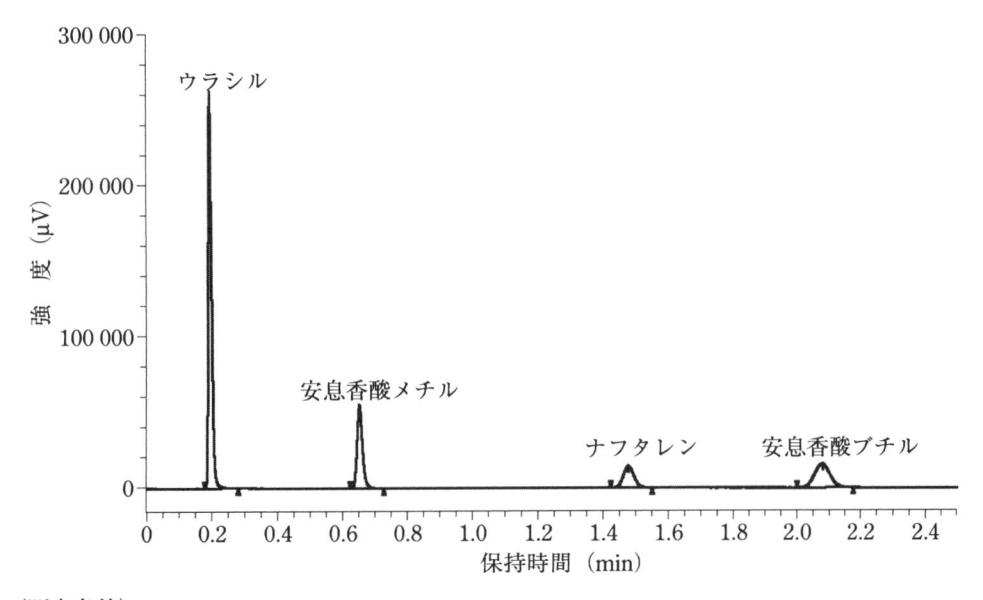

〈測定条件〉
  カラム:ODS カラム
  移動相:CH_3CN/H_2O(60/40)
  流　速:0.1〜1.2 mL/min まで 0.1 mL/min ステップで設定
  注入量:1 μL
  カラム温度:25℃
  検出波長:270 nm
  サンプル:ウラシル 0.02 mg/mL,安息香酸メチル 0.2 mg/mL,ナフタレン 0.02 mg/mL,安息香酸ブチル 0.2 mg/mL

図1　標準試料のクロマトグラム例(流速:0.5 mL/min のクロマトグラム)

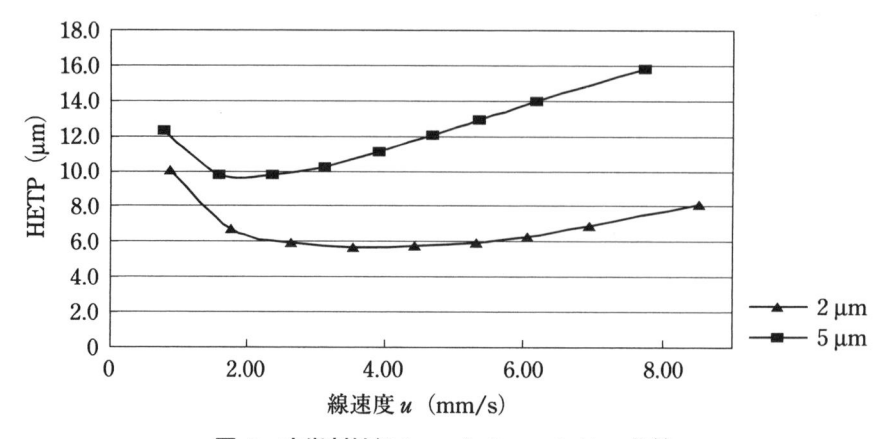

図2　充填剤粒径2μmと5μmのH-u曲線
このH-u曲線を作成した標準試料の成分は，安息香酸ブチルです．

Question

35 最近，疎水性リガンドに親水性基やフッ素などを導入した固定相を充填した逆相カラムが数種類市販されています．それらの使い道あるいは利点と欠点を具体的に教えてください．

Answer

極性基を導入した逆相カラムは多種多様なものが市販されています．ここでは，この利点および欠点を，表にして説明を試みます（表1）．極性基導入型のカラムについて，一般的な特性として次のことがあげられます．

① 固定相の極性基に応じて，さまざまな保持機能が付加されます．このことにより，極性の高い化合物の保持が通常のODSカラムより大きくなる傾向があります．また，極性基の影響で固定相の疎水性は一般的なアルキル鎖固定相よりも小さく，疎水性化合物の保持はアルキル鎖固定相よりも小さい傾向となります．マトリックスとかぶるような極性化合物の保持，分離や，ピークの重なりを見るような化合物の選択的溶出には，大変な効力を発揮するカラムといえましょう．

② 極性基が移動相中の塩や水を引き込む特徴をもちます．ゆえに，水系100％の移動相を用いた際にも，固定相の寝込み現象などは起こりづらいのです．

③ ②に付随する傾向ですが，極性基導入型カラムは塩や水などにより固定相もしくは充填担体が攻撃されやすい環境にあり，通常のODSカラムと比べ，安定性は劣ります．基本的な対処としては，使用後，長期保管に関しては，緩衝液などの塩を完全に除き，有機溶媒の多い系で保管することをすすめます．メーカーによっては，ハイブリッドパーティクルとよばれる特殊担体や，担体表面をポリマー化しているもの，エンドキャップを高密度に行う方法などで安定性を確保することを行っています．

最後に，表1に一般的な極性基導入型カラムについてまとめておきます．使用の目安となれば幸いです．

表 1 一般的な極性基導入型カラム一覧

官能基	結合相	おもな分離モード	おもな対象化合物	おもだった供給メーカー
アミノ基	Si–R–NH$_2$	水素結合（–NH$_2$） アニオン交換（–NH$_3^+$） R の疎水性作用	アニオン性化合物 酸性極性化合物など	ほとんどのメーカーで取扱いあり
シアノ基	Si–R–CN	水素結合 アニオン交換 R の疎水性作用	アニオン性化合物 酸性極性化合物など	ほとんどのメーカーで取扱いあり
アミド結合導入型	Si–R–NH–C(=O)–R	水素結合 R の疎水性作用	一般的な疎水性化合物 極性化合物 フェノール性水酸基，スルホン基などの特異的選択性あり	Sigma-Aldrich
ウレア結合導入型	Si–R–NH–C(=O)–NH–R	水素結合 R の疎水性作用	一般的な疎水性化合物 極性化合物	東ソー
カーバメート結合導入型	Si–R–NH–C(=O)–O–R	水素結合 R の疎水性作用	一般的な疎水性化合物 極性化合物	Waters
非公開極性基導入型	Si–R–GPE–R	水素結合 R の疎水性作用	一般的な疎水性化合物 極性化合物	GL サイエンス
ポリエチレングリコール	Si–R–(CH$_2$CH$_2$O)$_n$*	エーテル酸素の水素結合	フェノール性水酸基，スルホン基などの特異的選択性あり	Sigma-Aldrich
ハロゲン化フェニル基/ハロゲン化芳香族基	Si–R–C$_6$X$_4$	電子欠乏型の π-π 相互作用 ハロゲン(X)の静電気的相互作用	極性塩基性化合物芳香族 極性化合物	Sigma-Aldrich nacalai tesque
複合イオン交換基	Si–R–N$^+$(CH$_2$)$_3$–SO$_3^-$	静電気的相互作用	一般的な疎水性化合物 極性化合物 両性イオン性化合物	SeQuant
シリカゲル		HILIC モード シリカ表面による立体認識	極性化合物	ほとんどのメーカーで取扱いあり

Question

36 同一の粒子径，細孔容量，比表面積のゲルに同じ官能基が導入されている場合，どのメーカーでも同じデータがとれるのでしょうか？また，違いがあるとしたら，その原因は何でしょうか？

Answer

各カラムメーカーが上記スペックを同じにしても，保持時間，分離係数，分離パターン，テーリングファクターなどにおいて，差異が出てくると予測します．下記に，これらの差異が生じる要因をまとめました（表1）．

表1 差異が生じる要因

要　　因	具体的な差異
充填材基材	各メーカーは異なる充填材基材を採用しているので，粒度分布と金属不純物含量に違いが生じます． ・粒度分布：理論段数やカラム圧に影響します． ・金属不純物含量：おもに配位性化合物においてテーリングや吸着の要因となります．
官能基結合法	各メーカーはカラムごとに異なる官能基結合方法を設定しているので，C18などの同じ官能基を使用しても，官能基結合のタイプによって保持や分離パターンに違いが生じてきます．現在，以下の3タイプが普及しており，トリファンクショナルタイプはモノファンクショナルタイプに比較して，分析対象化合物の構造認識能や立体認識能を有します． ・モノファンクショナル，ダイファンクショナル，トリファンクショナル
官能基密度	各メーカーはカラムごとに官能基密度を設定しています．官能基密度が高いカラムは疎水性化合物の保持が高まり，試験試料のロード量がアップします．また，官能基密度が高いほど，残存シラノール基などの充填材基材表面の二次効果が弱まるため，塩基性化合物のテーリングは小さくなる傾向があります[1]．
エンドキャッピング	各メーカーは独自のエンドキャッピング法を確立しているため，残存シラノール基の量も異なってきます．これにより，各カラムごとに塩基性化合物のテーリングや保持時間などに違いが生じてきます．

---

1)　"液クロを上手につかうコツ―誰も教えてくれないノウハウ"，丸善（2004），p.65．

Question

37 各社よりさまざまな機能性をもったODSカラムが販売されていますが，ファーストチョイスとして，どのカラムを購入すべきか迷っています．**どのような機能性に着目して選択すればよいのか教えてください．**

Answer

質問のとおり，各社からさまざまなODSカラムが販売されています．ここでは，ファーストチョイスカラムに適した機能面に特化して解説を試みます．最後に，おもだったメーカーのODSシリーズの物性比較と各社の特徴を載せています．カラム選定の一助となれば，幸いです．

1. 選択のポイント

まず，選択のポイントとして当然あげられるものに，下記の点があります．

① 高理論段数カラム

この点は各カラムメーカーのカタログ，Webなどを通じて公開されている値を比較する必要があります．ただし，各メーカーそれぞれで条件が違うため，いちがいに比較することは難しいです．各メーカーの最新ODSカラムシリーズを用意すれば，大枠「高理論段数カラム」を用意できるものと思われます．

② 塩基性物質などにおいて，テーリングしないカラム

こちらも，各メーカーの最新ODSカラムシリーズを用意すればよいと思われます．ポイントとしては，移動相中性条件での三環系抗うつ薬のAmitriptyline, Imipramine, Desipramineなどの非対称性（A_s, A_F）値が1に近いものがよいでしょう．これは残存シラノールがより少ないカラムを選ぶポイントになります（残存シラノールについての詳細は，「液クロ龍の巻」Q 27参照．塩基性物質のテーリングについての詳細は，「液クロ武の巻」Q 31参照）．

③ 非特異吸着のないカラム

この場合，ポイントが二つあります．一つはシリカゲル中の残存金属量がより少ないカラムを選択することです．もう一つは，上記の残存シラノールの少ないカラムを選択することです．前者は各メーカーの「高純度シリカゲル採用」などのキーワードで選択できます．どのメーカーも，最新カラムシリーズにおいてはある一定のレベルをクリヤーしているものと思われます（残存金属についての詳細は，「液クロ犬の巻」Q 10参照）．

④ 耐久性のあるカラム

耐久性については，ポイントが三つあります．① シリカゲル担体のパッキングの状態，② シリカゲル担体の耐久性，③ 固定相の耐久性です．はじめのパッキングについては，より安定した粒度分布をもつシリカゲル担体を用いた各社の最新ODSカラムであれば，おおむね良好な結果が得られるものと思われるます．なかには，真球状粒子ではなく柱状シリカゲルを担体

としたメルク社のモノリスカラムなどがあります．次に，シリカゲル担体の耐久性については，ゲル表面が塩基により加水分解されるようなケースをできる限り排除することです．この対処法として一般的なことは，トリメチルシラン剤を用いた「エンドキャップ」があげられます．現状，多くのメーカーがこのエンドキャップの仕方に工夫を凝らしています．一般的には，メトキシ剤によるトリメチルシラン剤を複数回導入する方法ですが，ほかには高温シリル化エンドキャッピングによる方法（化学物質評価研究機構[1]），特殊な方法においてトリメチルシラン剤を高密度に導入する方法（シグマアルドリッチ社），ポリマーで被覆する方法（資生堂など），ゲル基材を合成する段階でメチル基を導入したモノマーから合成し，基材耐久性を向上させたハイブリッドタイプ（フェノメネックス社，ウォーターズ社）などがあります（表1）．

固定相の耐久性については，三官能性（Trifunctional）ODS化剤により合成されたODSは一官能性（Monofunctional）のものより加水分解されにくいと報告されています．しかし，合成において固定相が立体的に導入された場合，ロット間差が大きくなりやすいのです．また，十分なエンドキャッピングも固定相の安定性に寄与します．

2．ファーストチョイスに適した機能

次に，ファーストチョイスに適した機能として，次の2点を選択すべきです．

① 未知試料などのより多くの化合物範囲を対象とする場合
② 既知成分などのある程度の化合物範囲を対象とする場合

①の場合，化合物の疎水性レベルは広範にわたるため，ODSの選択としてはより化合物の保持をするカラムを選択しておく必要があります．一般的なポイントとしては，「カーボン含有量」の大きなカラムを選ぶことが重要となります．この点を押さえておけば，化合物の保持は大きくなります．メソッド開発の点においても，水系から高い有機溶媒濃度までのグラジエント分析で，保持時間，分離の状態を制御できます．LC/MS分析を考えている場合においても，高い有機溶媒濃度において高感度分析が実現できます．

②の場合，ある程度の決まった移動相条件を選択することとなります．この場合，「カーボン含有量」の大きさはそれほど問題ではなく，どのカラムがより迅速，分離能が高いかに焦点が集まります．ただ，①の条件を満たすものは，②の条件もある程度満たすことにはなります．

最後に，試料負荷量の問題があります．一般的なポイントとしては，「比表面積」の大きなカラムを選択することになります．おもに分取精製までを見越した分析を行う際，いかにして一度の分析でより多くの試料を負荷できるかがポイントとなります．このため，「比表面積」が大きければ分析種（Analyte）との作用点が広がり，試料をより多く負荷できます．セミミクロ，分析サイズからの検討より，「比表面積」の大きなカラムを選択しておくことは，ファーストチョイスカラムの選定に重要な要素となります（「比表面積」の詳細は本書，Q51参照）．

---

1) Y. Sudo, *J. Chromatogr. A*, **737**, 139 (1996).

表 1 各社のエンドキャップの方法

カラム名	会社名	粒子径 (μm)	ポアサイズ (Å)	比表面積 (m²/g)	カーボン含有量 (%)	エンドキャップ方法 TMS: トリメチルシラン	官能基	Webページ
Acclaim 120 C18	ダイオネクス	3, 5	120	300	18	TMS	非公開	http://www.dionex.co.jp/
Ascentis C18	シグマアルドリッチ	3, 5, 10	100	450	25	TMS-X 特殊TMS試薬 Xは非公開	Monomeric	http://www.sigma-aldrich.co.jp
Capcellpak MG II	資生堂	3, 5	100	300 (3 μm) 260 (5 μm)	15	シリコーンポリマー被膜	Monomeric	http://www.shiseido.co.jp/hplc/
Chemcosorb 5-ODS-UH	ケムコ	5	60	600	30	非公開	Dimeric	http://www.chemco.co.jp/
Chromolith	メルク	モノリスタイプ	130	300	18	非公開	Monomeric	http://jwww.merck.co.jp
Gemini	フェノメネックス	3, 5, 10	110	375	14	"Twin Tech"	Monomeric	https://solutions.shimadzu.co.jp/glc/ http://www.phenomenex.com/
Inertsil ODS 3	GLサイエンス	3, 5	100	450	15	TMS	非公開	http://www.gls.co.jp/
Kaseisorb LC ODS 2000	東京化成工業	3, 5	120	300	17	TMS	Monomeric	http://www.tokyokasei.co.jp/chromato/index.html
L-column	化学物質評価研究機構	3, 5	120	340	17	高温シリル化法	Trifunctional	http://www.cerij.or.jp/06_01_1_column/index.html
Mightysil RP-18 GP	関東化学	5	110~140	325~380	20	TMS	Monomeric	http://www.kanto.co.jp/siyaku/index.html
Navi C18-5	和光純薬	5	120	300	19	TMS	Monomeric	http://www.wako-chem.co.jp/siyaku/index.htm
PEGASIL ODS	センシュー科学	5	120	325	18	MonoMethylSilan	Monomeric	http://www.ssc-jp.com
SUMIPAX ODS A-217	住化分析センター	5	120	300	17	TMS	Monomeric	http://www.scas.co.jp/apparatus/index.html
TSKgel ODS-100 V	東ソー	3, 5	100	450	15	非公開	Monomeric	http://www.tosoh.co.jp/science/hplc
Xbridge C18	ウォーターズ	2.5, 3.5, 5, 10	135	185	18	非公開	Trifunctional	http://www.waters.co.jp/
ZORBAX Eclipse XDB-C18	アジレント	1.8, 3.5, 5	80	180	10	TMS	Monomeric	http://www.chem.agilent.com/

Question

38 ミクロ，セミミクロ流量域で使用できるモノリス型シリカカラムはありますか？

Answer

2000年の発売当初，カラムサイズ4.6 mm i.d.×50 mm，100 mm，C18タイプのみであったモノリス型シリカカラムも，現在では表1に示すとおり，キャピラリーサイズ，分析サイズ，分取サイズが一般に入手可能となっています．

表 1 市販されているモノリス型シリカカラム 一覧（2006年7月現在）

修飾基	サ イ ズ
キャピラリーカラム	
C18	0.03 mm i.d.×100 mm
	0.05 mm i.d.×50，150，250 mm
	0.10 mm i.d.×50，150，250 mm
	0.20 mm i.d.×50，150，250 mm
分析カラム	
C18	3 mm i.d.×100 mm
	4.6 mm i.d.×25 mm，50 mm，100 mm
C8	4.6 mm i.d.×100 mm
順相	4.6 mm i.d.×100 mm
分取カラム	
C18	10 mm i.d.×100 mm
	25 mm i.d.×100 mm
順相	25 mm i.d.×100 mm

なかでも，2006年より内径3 mmのモノリスシリカカラムが発売されたことにより，セミミクロ流量域でも対応可能なカラムが手に入るようになりました（図1）．しかしながら，ミクロ，セミミクロ流量域で最も使用しやすい内径1～2 mm程度のモノリス型シリカカラムは市販されておりません．今後，さらなる技術革新により，これらの流量域で最適な性能を発揮するモノリス型シリカカラムの発売が期待されます．

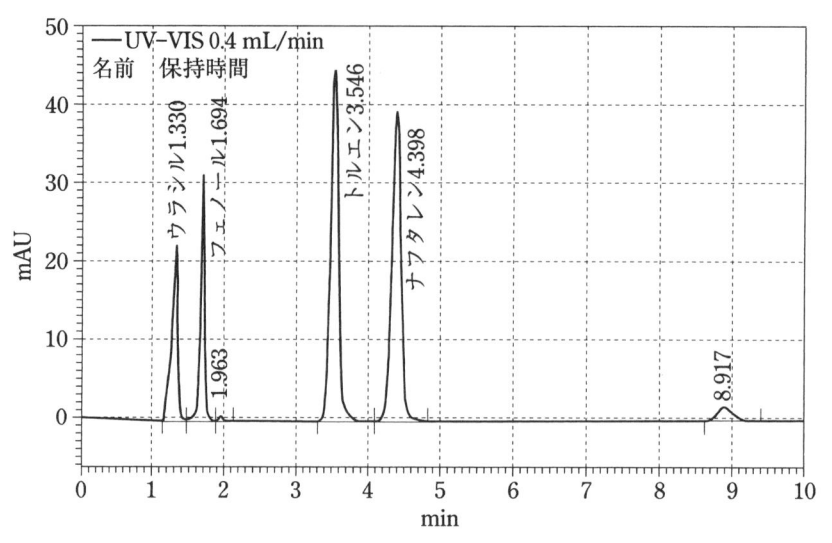

〈分析条件〉
　　カラム：クロモリスパフォーマンス RP-18 e（3 mm i.d.×100 mm）
　　移動相：アセトニトリル-水（55：45, v/v）
　　流　速：0.4 mL/min
　　検出波長：254 nm（ミクロフローセル使用）
　　カラム温度：40℃
　　サンプル：ウラシル 5 μg/mL
　　　　　　　フェノール 80 μg/mL
　　　　　　　トルエン 500 nL/mL
　　　　　　　ナフタレン 50 μg/mL
　　注入量：5 μL

図1　モノリス型シリカカラムを用いた分析例
[株式会社日立ハイテクノロジーズ提供]

Question

39 カラムの交換時期について，指針があれば教えてください．

Answer

　カラムの交換時期は，カラムの寿命と言い換えることができますが，その目安として二つのケースがあります．
　① カラム圧の上昇
　② ピーク形状の変化（ピーク割れ，テーリング，保持時間の減少をともなう場合もある）
　いずれの場合も，カラムの使用開始時に比較（使用開始時には見られなかった現象）しての議論となります．①の現象にともない，②の現象が起こる場合が一般的ですが，これらの現象が認められた場合には，速やかにカラムを交換する方がよいと考えられます．以下に，この原因について述べます．
　① カラム圧の上昇が起こる原因として，
　・試料の前処理が不適切なため，残存した不溶物が詰まる
　・試料溶媒と移動相における溶解度の差（試料溶媒には溶解しているが，移動相には溶けない成分がカラム内で析出）
などがあります．
　② ピーク形状が変化（ピーク割れ，テーリング，保持時間の減少をともなう場合もある）する原因としては，①の原因に起因する場合がほとんどですが，充填剤の充填状態が悪くなり，カラムの入口のエンドフィッティング側の隙間が生じるためと考えられます．
　さて，対策です．上記のような原因を排除できるよう前処理条件，分析条件を設定することが一番ですが，カラム入口のエンドフィッティング側の隙間が生じた場合には，その隙間がわずかであれば，同一の新しい充填剤を詰めることで回復する場合があります．しかし，この回復も一時的なものにすぎません．
　カラムの交換時期かどうか，カラムの寿命かどうかの正確な確認法は，カラム購入時に添付されている試験成績書と同様の条件で試験を行うことです．保持時間，理論段数，ピーク形状などに異常がなければ，カラム性能に変化なく使用可能と考えられます．

Question 40

A社の理論段数10 000段の逆相カラムを使用しています．B社から同じサイズで理論段数15 000段のカラムが出たので購入して使用したところ，思ったほどの分離向上が見られませんでした．これはどうしてですか？

Answer

理論段数（N）はカラムの性能をはかる尺度としてわかりやすくよく使用されますが，この値は各カラムに固有の値ではありません．対象とする分子種と移動相条件によって理論段数は変化します．また同一分子種，同一条件においても，計算方法によって異なる理論段数となります．

理論段数の計算方法において重要なのは，何をもってピーク幅とするかです．

例えば，下の図1において，(a)ではピーク高の50％の高さの部分の幅をピーク幅（$W_{0.5h}$）としています．(b)では，ピーク高の4.4％の高さの幅をピーク幅（$W_{5\sigma}$）としています．

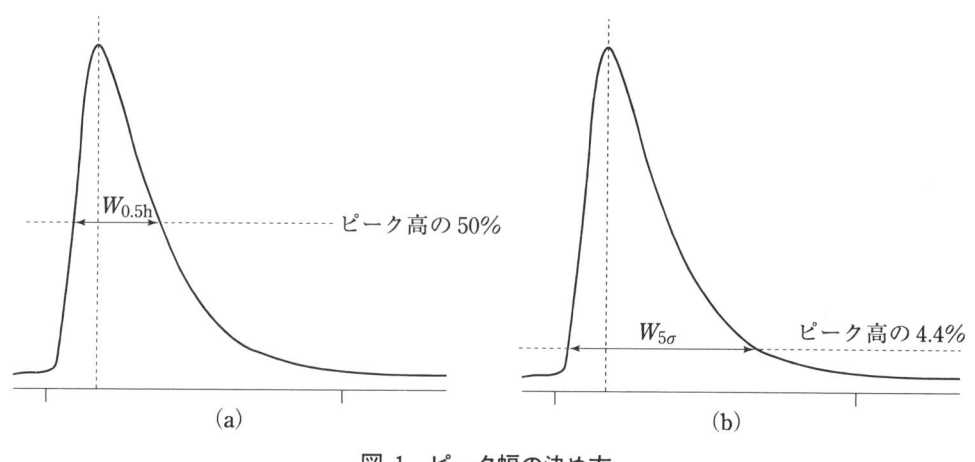

図1 ピーク幅の決め方

$W_{0.5h}$を使用する計算方法を半値幅法といい，下の式(1)で理論段数が計算されます．

$$N = 5.55 \times (t_R / W_{0.5h})^2 \tag{1}$$

ここで，t_R：測定分子種の保持時間．この計算方法は日本薬局方などで使用されています．

一方，$W_{5\sigma}$を使用する計算方法を5σ法といい，下の式(2)で理論段数が計算されます．

$$N = 25(t_R / W_{5\sigma})^2 \tag{2}$$

ここで，t_R：は測定分子種の保持時間．5σ法はよりピーク形状（例えば，ピーク対称性）の情報が反映された計算方法といえます．

例えば，同一分子種を同一条件で測定し，それぞれの値が下記のように与えられた場合，理論段数の計算方法により，以下のような変異が生じます．

t_R =10 min

$W_{0.5h}$ =0.18 min

$W_{5\sigma}$ =0.50 min

式(1)から計算される理論段数は，

$N = 5.55 \times (10/0.18)^2$

$= 17\,157$

式(2)から計算される理論段数は，

$N = 25 \times (10/0.50)^2$

$= 10\,000$

例えば，本問のA社のカラムが式(2)で理論段数が計算され，B社のカラムが式(1)で計算されている場合，A社の理論段数10000段のカラムよりもB社の理論段数15000段のカラムの方が性能が低いことになります．実際には，前述のようにメーカーにより測定分子種も測定条件も異なるため，話はさらに複雑になります．

理想的には，測定分子種および測定方法，さらには理論段数計算方法の標準化を行い，すべてのカラムメーカーが同一の方法で理論段数を表示するとよいわけですが，各社独自の考え方があるため，なかなか実現しないのが現状です．

使用者としてはメーカーの報告する理論段数の数値だけではなく，客観的にカラムの性能を判断する必要があるといえます．なお，理論段数はカラムの性能を表す一つの指標ですが，例えば選択性（α）や塩基性化合物ピークの対称性（シンメトリーファクター：S，あるいはテーリングファクター：T）なども併せて考慮する必要があります．

これらの値も測定分子種および条件などにより変化します．使用者側で同一分子種，同一条件によるカラム評価方法を決め，いつも同一の方法で使用するカラムの評価を行うのが望ましいと考えられます．カラム評価方法は各種発表されています．下に，参考文献[1~5]を記載いたします．

1) Tanaka, *et al.*, *J. Chromatogr. Sci.*, **27**, 721 (1989).
2) Engelhardt, *et al.*, *LC/GC*, **15**, 856 (1997).
3) Barret, *et al.*, *J. Chromatogr. Sci.*, **34**, 146 (1996).
4) Wieland, *et al.*, *LC/GC Int.*, **11**, 74 (1998).
5) Uwe D. Neue, *et al.*, *J. Chromatogr. A*, **849**, 101 (1999).

Question 41

イオン交換カラムにおいて，シリカゲル基材およびポリマー基材では分離や性質にどのような違いがありますか．

Answer

イオン交換カラムは，固定相にイオン交換基をもち，試料のカチオン性またはアニオン性部位との相互作用により保持し，分離が達成されます．試料のカチオン性またはアニオン性部位は，移動相 pH の変動により状態が変化します．例えば，酢酸は $pK_a=4.8$ であり，移動相の pH が 4.8 のとき，解離と非解離が平衡状態となります．

$$\text{酢酸} \quad pK_a=4.8 \quad CH_3COOH \rightleftarrows CH_3COO^- + H^+$$

イオン交換を有効に行うには，酢酸が解離状態である必要があるので，移動相の pH を中性～塩基性側に設定します．このように，イオン交換においては移動相の pH 条件設定が重要となります．

シリカゲルとポリマー各基材では，使用可能 pH 領域が異なります．

・使用可能 pH 領域例（充填剤の種類により多少異なります）

　　　シリカゲル基材　pH 3.0～7.5　　ポリマー基材：pH 1.0～13

pH だけを考えた場合，pH 領域の広いポリマー基材のイオン交換カラムを使用した方が分析条件を優位に設定できます．ただし，ポリマー基材は有機溶媒による膨潤/収縮性があるため，使用可能有機溶媒および濃度に制約があるのが欠点です．シリカゲル基材は pH 領域が狭い反面，さまざまな有機溶媒を使用でき，ポリマー基材よりも硬い材質のため，ピークの切れや理論段数がよくなります．

このように，シリカゲル基材とポリマー基材のイオン交換カラムでは，それぞれ長所/短所がありますので，使用目的に適したカラムを選択します．

例えば，移動相に有機溶媒を使用しないイオンクロマトグラフィー，イオン排除クロマトグラフィーおよび糖分析におけるイオン交換/配位子交換クロマトグラフィーにおいては，多くの場合ポリマー基材のイオン交換カラムが使われています．

Question

42 カラムの保存方法，有効期間について教えてください．

Answer

　カラムは出荷の際，分離度などの性能を確認するために出荷検査が行われます．カラムには，通常このときの分析に使用した溶離液が封入されています．カラムの両端は押しねじなどで密栓がされていますが，時間とともにこの封入溶液が蒸発します．封入液の蒸発が進むと，カラムの充塡状態が変化し，カラムボディ内壁と充塡剤の間に隙間ができたり，カラム内部で充塡剤の偏りが発生したりします．こうなると，本来のカラムの分離能は失われ，分離するはずのピークが分離せず，また1本のピークがダブルピークとして現れたりします．また，保管，取扱いにも細心の注意が必要です．

　カラムの保存方法，有効期間についての注意点を，以下にあげます．

① 開封，使用の期間

　　3ヵ月以内を目安として，購入後できるだけ速やかに開封し，性能を確認する．

② 保管方法，保管場所

　　緩衝液やイオンペア剤などを含む溶離液を使用した場合は，塩を除いた溶離液によって十分洗浄する．カラムの両端は付属のプラグでしっかり密栓をする．温度変化の少ない冷暗所に保管する．床に落としたり，衝撃を与えたりしないこと．

③ 使用歴の記録

　　測定日，移動相の種類，測定試料，検体数などをメモしてカラムの箱に貼り付けるなど，記録に残すとよいでしょう．

　カラムは"生もの"と考え，購入後はできるだけ早く使用し，メンテナンスもこまめにすることが，結果としてカラムを長く，効率よく使うことにつながります．

Question

43 効率的に分析法を開発するための手順を教えてください．

Answer

ジェネリックアプローチ[1]による分析法の開発を推奨します．ジェネリックアプローチとは，ジェネリックメソッド[*1]を適用して保持・選択性を左右するパラメーターを系統的に検討して，最終的な分析法を確立する手法です．頑健性の高い分析メソッドを迅速に確立できる手法として，広く汎用化されています．

具体的な分析法開発例を紹介します．

1．ジェネリックアプローチのストラテジー

はじめに，最終的な分析メソッドに求める目標を定めます(目標値：例；分析時間・分離度・テーリングファクターなど)．具体的な分析メソッド開発は，以下のステップに従って行います．

① Step.1：ジェネリックメソッド設定

各分析条件を設定します．

カラム(カラムブランド，パーティクルサイズ，内径，カラム長)

移動相

グラジエント条件

流　速

温　度

検　出

② Step.2：選択性，保持を変更できる三つのパラメーターを最適化

ジェネリックメソッドを用いて，以下の流れで三つのパラメーターを最適化します．

（1）バッファー pH 選定　（選択性，保持に最も影響を及ぼすパラメーターです．）

　　↓

（2）有機溶媒選定

　　↓

（3）カラム選定

③ Step 3：分析メソッド決定

グラジエント条件，温度，流速などを最適化して，最終分析メソッドを決定します．

2．具体的なジェネリックメソッド事例[*2]

カラム[*3]：4.6×100 mm，3.5 μm

(USP L1 カテゴリーからカラム選択)

XBridge™ C18 ：pH レンジが広いカラム
XBridge™ Shield RP18 ：選択性の異なるカラム
SunFire™ C18 ：保持が強いカラム
Atlantis® T3 C18 ：極性〜疎水性化合物をバランスよく保持するカラム

移動相 A1：200 mM 重炭酸アンモニウム，pH 10
移動相 A2：200 mM ギ酸アンモニウム，pH 3
移動相 B1：メタノール
移動相 B2：アセトニトリル
移動相 C：H_2O
流　速：1.4 mL/min
グラジエント：

時間 (min)	Profile		
	%A	%B	%C
0	10	5	85
15.0	10	90	0

カラム温度：30℃
検　出：UV 254 nm

[*1] ジェネリックメソッドは，さまざまな試験化合物に対応可能な汎用性の高い分析メソッドのことをいいます．分析事例のない化合物に対して，初期の分析メソッドとして有効です．
[*2] 具体的な手法をお知りになりたい方は，各メーカーが開催しているメソッド開発に関するセミナーに参加することも有効です．
[*3] 迅速にメソッドを開発するには，選択性，保持の異なる数種類のカラムを同時に検討することが重要です．
1) ジェネリックアプローチ；http://www.waters.co.jp enter keyword generic.

Question

44 分析時間を短くするとき，グラジエントカーブはどのように変更すればよいですか？

Answer

分析時間の短縮を，カラムの内径を変えずに粒径の小さい充填剤を用いた短いカラムで実現する場合,

単位時間当たりの移動相 B の変化率(カラム 1)×{(カラム 1 の長さ)/(カラム 2 の長さ)}
＝単位時間当たりの移動相 B の変化率(カラム 2)　　　　　　　　　　　　　　　　(1)

で，グラジエントカーブを変換します．例えば，長さ 150 mm のカラムで 0〜90％ B/15 min のとき，長さ 50 mm のカラムなら 0〜90％B/5 min（流速は同じ）となります．

グラジエント分離においては，カラムサイズ，充填剤粒径を変更すると，カラム内のディレイボリュームの補正も必要となりますから，式(1)にもとづいて得られた結果をもとに，グラジエントカーブをさらに修正する場合もあります．また，カラム内径も変更する場合は，カラムの断面積比に応じて流量を補正する必要があります．

　　　カラム 1 の流量×{(カラム 2 の断面積)/(カラム 1 の断面積)}＝カラム 2 の流量　　(2)

同じ製造プロセスで製造され粒径だけが異なるカラムを利用できる場合は，選択性の変化は一般にわずかなので，それほど大きな補正を必要としませんが，充填剤の種類が異なる場合は選択性も大きく変わる可能性があるので，さらに補正が必要になることがあります．

微小粒径充填剤に対応した HPLC 装置のメーカーからは，カラム内のディレイボリュームなどの補正を含めた「メソッド変換ツール」を提供しているところもあるので，それを利用すると簡単にメソッド変換ができます．また，必要な分析時間，分離度に応じた最適な配管の内径や検出器のセル容積をガイドするツールも提供されています．

Question

45 **逆相HPLC条件の検討**をしています．分離が不十分なので，もう少し改良しなければなりません．何から始めたらよいでしょうか？

Answer

　分離を改善させるには，まず移動相の組成などを変化させることが最初の手段として考えられます．「もう少しの改良」とのことなので，現在の移動相組成より水の体積％をやや多くすれば，おそらく分離が達成される方向になると考えられます．ここで注意すべき点は，全体的に保持時間が大きくなるということ，すなわち分析時間が長くなるということです．逆相モードにおいては，水の体積％を増加させると，各物質の保持時間は増加します．そして，この保持時間の増加の割合は，物質の k（保持係数，旧称キャパシティファクター）の対数（log）に関連づけることができます．

　次に，カラム温度を低下させても，分離を達成できる可能性があります．GCに比較してHPLCでは温度による影響は大きくはないのですが，「もう少しの改良」をするために，5℃以上，10℃ぐらい下げてみるのも手です．この場合も，全体的に保持時間が大きくなり，分析時間が長くなります．

　さらには，流速を遅くすることも分離の改善に役立ちます．この場合も，流速に対応して保持時間が大きくなり，分析時間は長くなります．

　これらの手段でも「もう少しの改良」がはかれない場合には，カラムを替えることになります．同じ逆相のカラム（例えば，C18カラム）でも，各メーカーによってわずかずつ異なります．各メーカーのカラム比較の技術資料から，カラム特性の異なるものを使用してみるのもよいかもしれません．

Question

46 分取超臨界流体クロマトグラフィーを利用した分取精製をしたいのですが，どんなことに注意が必要ですか？

Answer

　超臨界流体クロマトグラフィー（SFC）は，有機溶媒の使用量が少なく，高い効率で高速分離ができる分離分析法として，その利用が広がってきています．移動相流体に二酸化炭素を用いる方法では，有機溶媒と比較して，溶媒の廃棄費用なども含めたトータルコストが低減でき，また，分取後の溶媒除去などの操作がほとんど必要ないため（大気圧下では，二酸化炭素は気体となってしまうため），工程の時間短縮，迅速化が実現できる有力な方法として期待できます．

　特に，大量の有機溶媒を使用する分取 HPLC と比較して，分析レベルよりもスケールアップした分取クロマトグラフィーでは，多くの利点があり，有機合成した化学物質，天然物中の有効成分，そして光学異性体の分離精製などにその効果を発揮します．

1. 分取クロマトグラフィーの条件

　一般的に，分取クロマトグラフィーの目標は，目的成分をできるだけ大量に，かつ，高い純度で精製することです．このようなことを実施するためには，通常，以下のようなことを考慮して，システムの構築と分離・分取条件の設定を行っています．

　① 精製したい成分のピークと夾雑成分のピークをできるだけ分離した条件
　② 試料負荷量の大きなカラムの選択
　③ 試料溶解溶媒と移動相溶媒の溶出力の違いを考慮した注入方式と注入量（絶対量と注入容量）
　④ 試料の移動相溶媒への溶解性（溶解度）
　⑤ フラクションを分画するときのコンタミネーション

などです．このような事項は，分取超臨界流体クロマトグラフィー（分取 SFC）においても基本的には同じです．

2. 分取 SFC の注意ポイント

　分取 SFC において，特に注意するポイントは次の二つです．

　一つは，③と④の試料の移動相溶媒への溶解性（溶解度）と試料溶解溶媒，および試料の注入量（絶対量と注入容量）の関係についてです．SFC は超臨界流体に常温常圧下で試料を溶解して，流路に注入することはできませんので，有機溶媒などの液体に溶解した試料を注入用試料とします．しかしながら，超臨界条件下では，溶解度が低下してしまう成分があり，この場合は，形状の悪い，広がったピークとなります（HPLC でも同様のことはあります）．

　このようなときは，① 試料溶解溶媒を影響の少ない溶媒に変更（例えば，メタノールからア

セトンなどへの変更など），② モディファイヤー側の流路から試料を注入，③ 注入方式を変更し，直接カラムの上部へ試料溶液送液ポンプなどを使用して導入（注入）する方法があります．もちろん，試料溶液を適切な濃度に変更することにより，この問題を解決できる場合があります．

　もう一つは，⑤の分画時のコンタミネーションです．SFCシステムとHPLCシステムの異なる点は，流路の出口側に背圧制御弁が接続されていることです．SFCは，背圧制御弁の出口で加圧状態から大気圧下に減圧されるため，試料溶液の噴出・飛散，溶解度の低下による析出などが原因で，コンタミネーションとなってしまうことがあります．

　このような場合は，背圧制御弁の出口にバルブを接続し，ピークごとに流路を切り換えながら分画するSFC用のフラクションコレクタを利用することをおすすめします．

　場合によっては，切換えバルブの下流に噴出を抑制するノズルが接続されているフラクションコレクタ，分画成分をトラップするためのカラムを接続し，捕集後，少量の溶媒にて溶出させる方法，圧力を段階的に減少させて，液体と気体を分離する気液分離装置，遠心力を利用したサイクロン式気液分離装置なども利用することができます．

　このような技術が工夫されているフラクションコレクタなどを使用することにより，コンタミネーションを減らし，高純度，高回収率にフラクションを分画精製することができます．

　なお，SFCや超臨界流体抽出（SFE）については，「液クロ龍の巻」Q 14，Q 89，「液クロ犬の巻」Q 49，「液クロ豹の巻」Q 42 も参照してください．

Question

47 高圧切換えバルブを用いたカラムスイッチング法には，どのような方法があるのか教えてください．流路例もお願いします．

Answer

1. HPLCの分離と検出の方法

HPLCにおける分離と検出のテクニックは，グラジエント溶出法，プレカラム/ポストカラム誘導体化法，リサイクル法など種々の方法がありますが，カラムスイッチング法もこのテクニックの一つになります．

これらのテクニックは，一般的に，次のようなことが必要になったときに利用されています．

① 複雑な成分を含む試料の分析（分析目的成分の分離の向上，分析対象成分の数が多い場合，性質の異なる多成分試料，異なる分離モードを用いての分離など）

② 多検体の迅速分析

③ 微量成分の高感度検出（プレカラム濃縮など）

④ 前処理の簡便化，自動化（除タンパクなど）

⑤ 検出法の切換え

これらの要求を実現するときの手法の一つとして，切換えバルブを用いたカラムスイッチング法があります．よく知られている方法として，2次元クロマトグラフィー（2D）や除タンパクカラムを用いた自動前処理法などもカラムスイッチング法の一つです．

2. カラムスイッチング法のバルブ

カラムスイッチング法に用いられるバルブは，多くの種類が開発，市販されています．

一般的によく利用されているバルブとしては，2流路切換え高圧6方バルブ，リサイクルバルブなどに利用する3方バルブ，そのほかにも，1 in 6 outの切換えバルブ，2流路切換えの8方，10方，12方バルブなど種々のバルブが利用できます．

さらに，これらのバルブは，単独で利用することもありますが，複数のバルブを組み合わせて流路を構築することもあり，複雑なカラムスイッチングシステムの実現も可能となってきています．もちろん，これらのバルブの切換え時間をプログラムできるコントロールソフトなども必要となります．

流路例については，いくつか典型的なものをここで紹介しますが，バルブメーカーのパンフレットや論文[1]などに種々のユニークな流路例なども記載されています．これらを参考に，アイデアを実現してみてください．

3. カラムスイッチング法の流路例

① デュアルカラム分析法（図1）

デュアルカラム分析法は，通常，同じ種類の充填剤を充填した短いカラムと長いカラムの2

本を使用し，保持の大きい成分を短いカラムだけで，保持の小さい成分を短いカラムと長いカラムの2本を使用して分離分析することにより，分析時間を短縮する方法です．同じ溶離液を利用することができ，グラジエント溶出法で必要なカラムのコンディショニング（初期化）などの時間が必要ないため，短時間分析が可能な測定となります．ただし，検出器やポンプは，それぞれ2台が必要となってしまいます．

② バックフラッシュ法（図2）

この方法は，保持の大きく異なる成分が含まれている場合に利用できます．このバックフラッシュ法では，バルブの切換えによりカラム内の溶媒の流れる方向を逆転させ，保持の大きい成分をカラムの入口から溶出させて検出する方法です．この方法では，カラム内に残っている保持の大きな成分は分離せずに，一緒にカラムの入口から溶出されます．

このような試料は，グラジエント溶出法でもステップワイズで移動相溶媒の溶出力を変更することにより実現できますが，デュアルカラム分析法と同じように，カラムのコンディショニングが必要となってしまいます．また，グラジエントが適用できない検出器，例えば，示差屈折計を使用した分析などにも，このカラムスイッチング法は利用することができます．

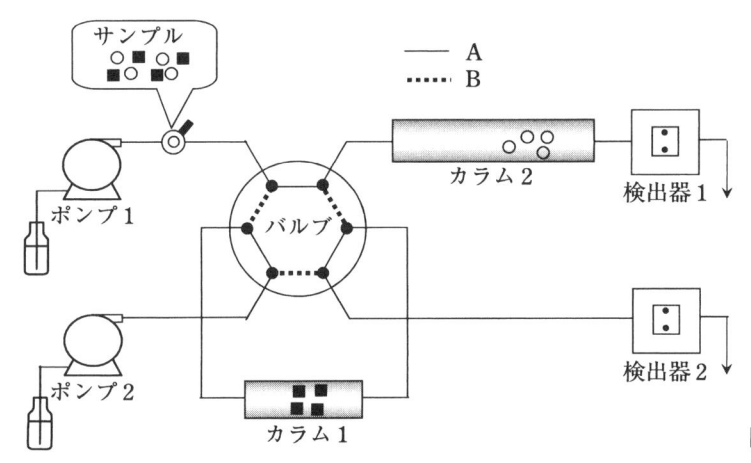

図1 デュアルカラム分析法の流路例

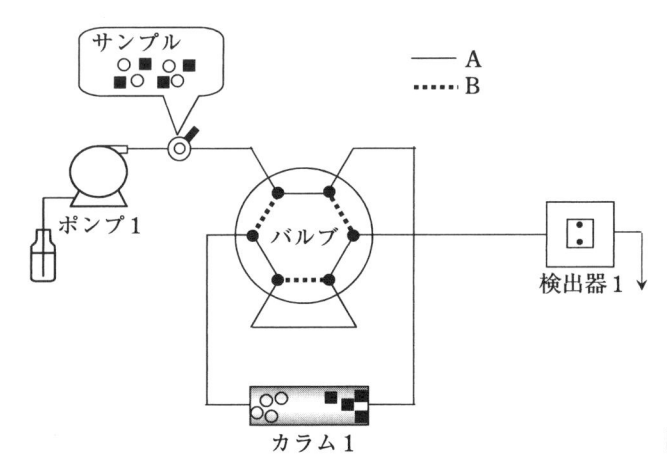

図2 バックフラッシュ法の流路例

③ ハートカット法（図3）

　大きなピークに一部が重なってしまう小さなピーク成分を，その部分だけスイッチングバルブの切換えで，別の分離カラムに導入し，分離を行う測定法です．本方法により，妨害成分の

図3　ハートカット法の流路例

図4　プレカラム濃縮法の流路例

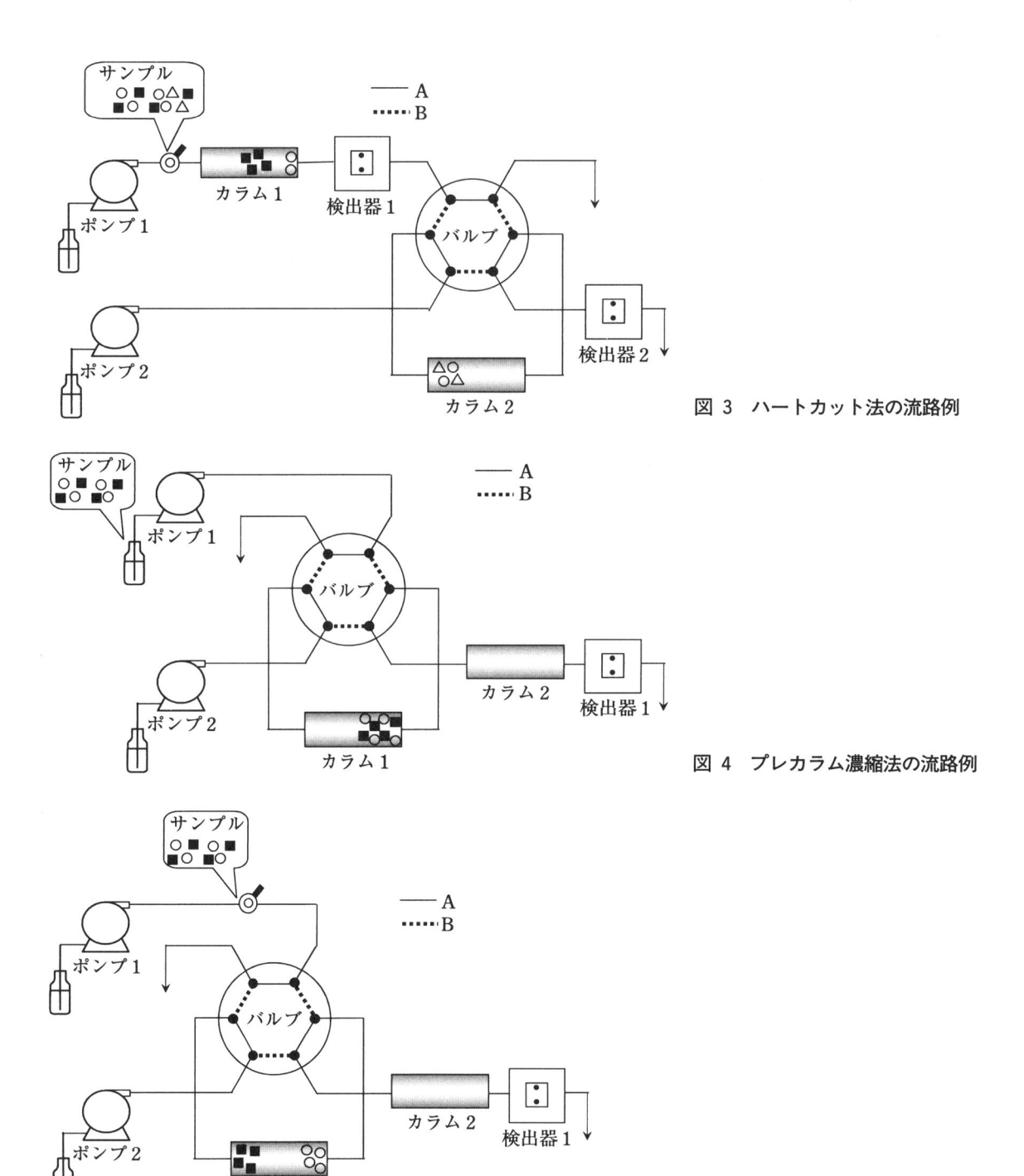

図5　オンライン自動除タンパク前処理

影響を少なくし，目的成分の分離を達成することができます．

④ プレカラム濃縮法（図4）

　希薄な試料をポンプを使用して一定量を濃縮カラム内に送液して濃縮し，スイッチングバルブにて分離カラムに導入し分離する方法です．

⑤ オンライン自動除タンパク前処理（図5）

　除タンパクカラム（カラム1）に血漿などの試料を注入し，薬物などの成分は保持させ，タンパク質は溶出させてしまいます．その後，スイッチングバルブを切換え，分離カラム（カラム2）に薬物などの成分を導入し，分離，検出する方法です．

　以上，紹介した流路例はごく一部です．また，送液ポンプには，グラジエント法や溶媒の切換えができるバルブなどを接続しているシステムもあります．また，今回紹介した流路例は，2流路6方切換えバルブを一つだけ使用した例です．二つ以上のバルブや，8方以上のポートを有するバルブなども利用できます．

　このような流路を考えるのは，パズルを解くような感覚に近いものがあります．流路が完成し，うまく測定ができると大変おもしろいものです．ぜひ，挑戦してみてください．

4. 本シリーズ掲載の関連手法

　なお，本シリーズの「誰にも聞けなかったHPLC　Q＆A」にも，多くのカラムスイッチングに関連する手法が掲載されています．以下に記載しますので，参考にしてください．

① 「虎の巻」

　Q11：カラムスイッチングのときのベースライン変動について，Q72：試料前処理やカラムスイッチングの自動化の具体例

② 「龍の巻」

　Q34：キャピラリーLC，セミミクロLCでの微量試料の注入方法，Q35：キャピラリーLC，ナノLCで試料容量を増加させて分析する方法

③ 「豹の巻」

　Q12：2-Dクロマトグラフィー，Q59：カラムスイッチングによる除タンパク前処理法の条件検討

④ 「犬の巻」

　Q51：リサイクル分取の方法や注意点，Q58：二次元クロマトグラフィーの機器と操作，Q59：カラムスイッチングによる除タンパク前処理法の条件検討手順

⑤ 「武の巻」

　Q40：2次元デュアルリニアグラジエント，Q69：キャピラリー用モノリスカラムを用いて多量試料の導入，Q71：ペプチド類のカラムスイッチング法を用いてのトラップカラムに吸着させる場合の最適な移動相

---

1) K. A. Ramsteiner, *J. Chromatogr.*, **456**, 3 (1988).

Question

48 長年使い込んだお気に入りの逆相カラムを使用して日々分析をしていたのですが，とうとう寿命が来て交換が必要となりました．そこで，同じカラムを新規に購入して使用したのですが，今までとは分離パターンが異なってしまいました．カラム品質のばらつきを疑い製造メーカーに問い合わせたところ，以前使用していたものと同一バッチのゲルを充填した新品カラムを試験用に提供してくれました．ところがそのカラムでも以前の分離パターンは再現しませんでした．どうして，このようなことが起こるのでしょうか？

Answer

　カラムは使用時間にともなって，初期の状態から特性が変化していきます．通常このような現象はカラムの劣化とされますが，場合によってはある程度使用したカラムの方が分離が向上することもあります．例えば，逆相カラムにおいて，ある程度分析に使用したカラムでは，試料中の塩基性化合物が残存シラノール基をマスキングすることによりシラノール基の影響が少なくなり，ピーク形状および分離がよくなることがあります．また，通常逆相カラムでは，使用時間にともなって逆相官能基が加水分解することにより，保持時間が速くなりますが，それにともない選択性もわずかながら変化するため，場合によっては分離度が向上することもあります．このように，分析カラムは使用時間にともなって初期状態から特性が変化していきますが，必ずしも劣化する場合だけではないため，カラムのエージング（aging）とよんだ方が適当であるといえます．

　エージングの進んだカラム，つまり初期状態と特性が変化したカラムで分析方法の開発を行うと，新しいカラムに交換した際に分離が再現しなくなることがあります．カラムメーカーに寄せられる品質再現性の苦情のうちの何割かは，このカラムエージングが原因と思われます．この場合，新品カラムを分析条件を設定したカラムと同じようにエージングすることは困難で，分析条件をつくりなおさなければならない場合もあります．

　医薬品の分析方法としてメソッドバリデーションが必要とされる場合，新たに分析方法を作成すると，メソッドバリデーションもすべてやりなおす必要があり，膨大な時間・経費・労力を要します．このようなトラブルを避けるためには，分析方法開発にはできるだけ新品のカラムを使用し，開発が終了した時点で再度別の新品カラムで分離が再現することを確認することが望ましいといえます．また，その際に異なる製造バッチの充填剤を使用した新品カラム数本（通常3本程度）によりメソッドのバッチ間再現性も確認すると，より頑健性の高いメソッドを得ることができるでしょう．

Question

49 脂肪酸の分離に銀を用いた配位子交換クロマトグラフィーが有効と聞いたのですが，どんな原理ですか？

Answer

1. 銀を用いた配位子交換クロマトグラフィーの原理

銀を用いた配位子交換クロマトグラフィーは，脂質，ステロイドなどの不飽和結合と銀イオンとの錯体形成を利用した相互作用によるクロマトグラフィーです．分離対象となる分子中の二重結合の位置，数，幾何学構造に応じて分離を行います．歴史的には，L. J. Morris[1]，B. Nichols[2] らが原理体系を紹介したのが始めです．特に脂質，脂肪酸関連の分離に関する研究は盛んで，G. Dobson, W. W. Christie, B. Nikolova-Damyanova らによる総説[3] は最も参照となる文献の一つです．応用例としては，1990年代よりプロスタグランジン，ロイコトリエン，ステロイドなどを銀を用いた配位子交換クロマトグラフィーにおいて分離している報告があり，脂質，脂肪酸関連の分離に特化しています．また，その使用範囲も完全分離というわけではなく，HPLCもしくはSPEを用いて不飽和/飽和，*cis/trans*を画分し，GCあるいはGC/MSで分析するのが主流です．*cis/trans*としてはTLC（薄層クロマトグラフィー），SFC（超臨界クロマトグラフィー）としての応用も報告されています．

分離のメカニズムは，遷移金属である銀イオンが有機分子中の不飽和結合と極性電荷移動錯体の形成によります（図1）．

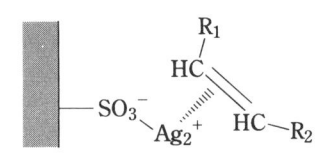

図1 保持メカニズム

2. 脂質の保持の強さに関する経験則

脂質の保持の強さについて，次のことが経験則としてわかっています．

① 非共役ポリエンは二重結合の数が増加するにしたがって，その錯体形成の安定性が増します．その結果，保持強さは増加します．

② 二重結合を介した*cis*体は*trans*体より保持強さは増加します．

*cis*体 ＞ *trans*体

③ 炭素数の増加にともない錯体の安定性は減少し，保持強さは減少します．

④ 非共役ジエンは共役ジエンより保持強さは増加します．

⑤ 同じ個数の場合，二重結合は三重結合より保持の強さは増加します．

⑥ 単一脂質中の二重結合間の距離が離れるにしたがい，保持の強さはある程度までは増加し，距離が極端に離れすぎると減少する傾向があります．

これらの経験則はトリアシルグリセロールには，すべて当てはまっています[4]．

3. HPLCカラムの選択

HPLCカラムの選択としては，硝酸銀を含浸させたタイプと陽イオン交換カラムに銀イオンを固定化したタイプの2種類があります．

① 硝酸銀含浸シリカゲルカラム

簡便かつ安価に作成ができることが利点です．しかし，シリカゲルのグレードとクロマト管への均一な充填方法が確保しづらいこと，硝酸銀が溶媒展開中に溶出してくること，また溶出してきた銀イオンは腐食性が強く，得られた画分が汚染されることが欠点です．よって，HPLCよりもSPEでの使用が適しています．

② 陽イオン交換カラムに銀イオンを固定化したカラム

特別なカラムを用意する必要はなく，ベンゼンスルホン酸交換基を固定化したカラムが使用できます．担体には，シリカゲルもしくはポリマーが選択可能です．遷移金属である銀イオンと陽イオン交換基との配位結合で固定化されているため，HPLCに適しています．シリカゲル担体を使用したカラムの場合，錯体形成の相互作用とは別に，保持担体表面のシラノールと脂肪酸メチルエステルなどのエステル部位が相互作用を起こし，予測され得る保持より強くなる場合もあります．また，ベンゼンスルホン酸を陽イオン交換基とした場合には，フェニル基のπ電子部分との相互作用も考えられます．ポリマー担体を選択した場合，交換容量の大きなカラムを選択でき，さまざまなアプリケーションに応用可能である反面，ポリマーの性質に応じて移動相溶媒の制限とそれにともなうケアが必要になります．

全般には，減少してくる銀イオンを硝酸銀水溶液などで洗浄し，再度，銀イオンをドーピングするなどの再生により，カラム寿命を延ばすことができます．

ほかにも，通常の逆相カラムに銀イオンをドーピングさせたアプリケーションの報告もあります．すべては実験にもとづく経験則であり，筆者も理解し難い点が多いため，後述の文献を参照してください．

---

1) L. J. Morris, *J. Lipid Res.*, **7**, 717 (1966).
2) L. J. Morris and B. Nichols, in A. Niederwieser (Editor), "Progress in Thin Layer Chromatography, Related Methods", Ann Arbor-Humphrey Sci. Publ. (1972), p. 74.
3) G. Dobson, W. W. Christie, B. Nikolova-Damyanova, *J. Chromatogr. B*, **671**, 197-222 (1995).
4) V. Serres, B. Benjelloun-Mlayah, M. Delmas, *Rev. Fr. Corps. Gras.*, **41**, 3 (1994).
5) W. W. Christie, "Gas Chromatography and Lipids. A Practical Guide", Oily Press (1989).
6) M. G. M. De Ruyter and A. P. De Leenheer, *Anal. Chem.*, **51**, 43 (1979).
7) "ちょっと詳しい液クロのコツ ～分離編～"，丸善 (2006), S 1-13.

Question

50 有機酸の分離には,どのようなモードを選べばよいのでしょうか?

Answer

　有機酸は疎水性基であるアルキル鎖と,酸解離を起こす極性カルボキシル基からなります.HPLCで分離を行う際,アルキル鎖の疎水性度,およびカルボキシル基の酸性度に注目します.

　アルキル鎖の疎水性度により分離する場合,C18シリカゲルカラムによる逆相系分離モードでの分離が可能です.この場合,有機酸のカルボキシル基の酸解離を抑えるような酸性の移動相を選択します.欠点として,硫酸,リン酸などの強酸性移動相を用いることが多く,著しくカラムの固定相劣化が起こる場合があります.

　加えて,カルボキシル基の酸性度も考慮した方法として,イオン排除と疎水性相互作用を併行して採用した方法を紹介します.市販されている代表的なカラムとしては,充填担体にスチレン/ジビニルベンゼン共重合体,固定相にスルホン酸基を配したものがあります.移動相としてはリン酸などを使用し,有機溶媒を使用しない環境負荷の少ない方法です.また,上記,C18シリカゲルカラムによる方法に比べると,低分子量の有機酸においても保持が大きい傾向があり,強酸性移動相に対するカラムの耐性も高くなります.食品中の有機酸の測定に適しています.図1は,その一例です.

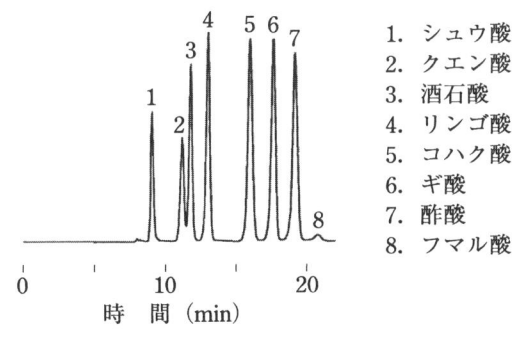

1. シュウ酸
2. クエン酸
3. 酒石酸
4. リンゴ酸
5. コハク酸
6. ギ酸
7. 酢酸
8. フマル酸

カラム:スルホン酸基固定のスチレン/ジビニルベンゼン共重合体担体
　　　　7.8 mm i.d.×30 cm, 9 μm
移動相:0.1%リン酸水溶液
流　速:0.5 mL/min, 温　度:30℃, 検出器:UV 210 nm

図1　有機酸の分離(イオン排除と疎水性相互作用の複合モード)

Question

51 分取精製に有効なカラムはどう選べばよいですか？

Answer

　分取精製において最も大事な要因は，試料負荷容量を大きくとれることです．単純に，より操作回数を少なくし，効率よく多くの試料を精製するためです．カラムとしては比表面積の大きなカラムを選択することになります．図1，および図2に，シリカカラムにおける比表面積と試料負荷容量の関係を示します．表面積が大きいほど，負荷できる試料重量が多いことがわかります．

　ただし，シリカゲルの構造として，ミクロポア（20Å以下の孔）は極力なくしたものを用意する必要があります．20Å以下のミクロポアを増やせば，いくらでも表面積を上げることは可能です．しかし，実際に分析種（Analyte）が相互作用し，クロマト分離されるのはミクロポアを除いたシリカゲル表面，もしくはそこに存在する固定相との相互作用によります．ただ，カラムメーカーのカタログ上には，「ミクロポアはこのくらいあります」とは記載されておりません．実際には，表面積が大きく，ポア容量の大きなシリカゲルを用いた，最新のカラムシリーズを選択することが重要です．また，分析の初期検討から分取の検討までできるよう，サイズバリエーションの豊富なカラムを選択することも重要です．

　分取精製を行う際に，得られる画分がより高純度であることは大変重要です．仮に，初期検討の分析サイズで目的ピークとその他，不純物ピークが近傍していたなら，分取精製へのス

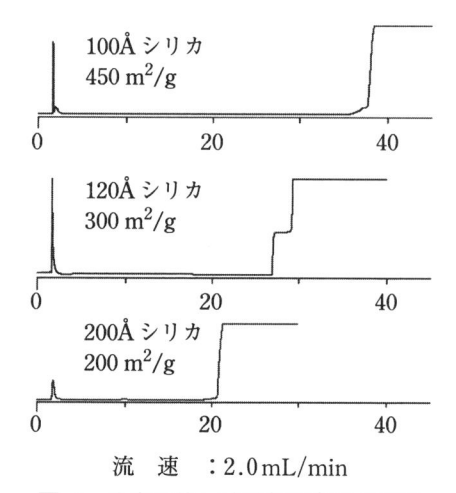

図1 比表面積と試料負荷容量の関係
流速：2.0 mL/min
移動相にジフェニルヒドラミンを1 mg/mLとなるように添加し，カラムからの負荷をモニターしたクロマトグラム．

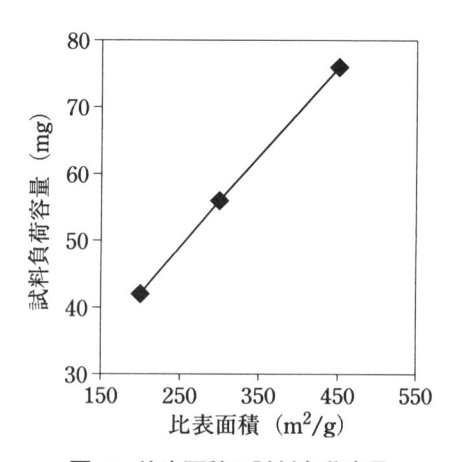

図2 比表面積と試料負荷容量

ケールアップにおいて，次のようなことが起こります．分取 HPLC においては，過負荷のサンプル重量，容量を載せるので，分離度が低下し，目的画分の純度が落ちます．これを避けるため，負荷量を下げると，操作回数が倍増します．そこで，カラムそのものの選択性を変え，分離を改善することが重要と考えられます．最後に，オレイン酸とステアリン酸の逆相系分取精製の検討を，実例として紹介します．

オレイン酸とステアリン酸の分取精製を検討する際，第一段階として分析サイズのカラムでの検討を行います（図3）．ここで，C 18 カラムより，RP-Amide カラムにおいて分離度が向上しました．このため，移行の検討は RP-Amide で行うこととしました．

次に，実サンプルからのオレイン酸の精製を行います（図4，オレイン酸：約97％，ステアリン酸：約3％）．分取精製は過負荷な状態で行う操作のため，ピークとピークをいかにして離すかが重要であることがわかります．

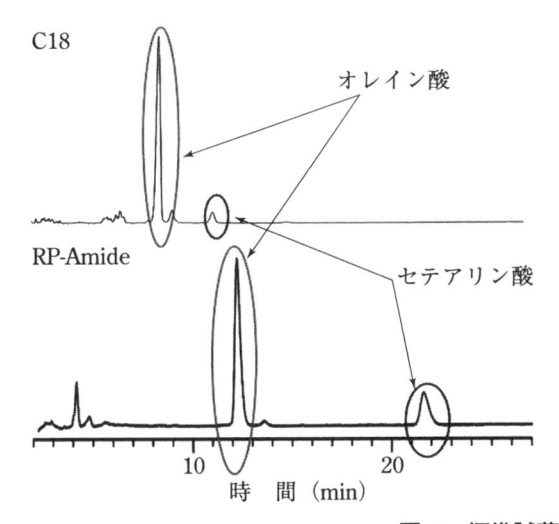

カラム：C 18, RP-Amide（逆相系カラム），
　　　　4.6 mm i.d.×150 mm, 5 μm, 450 m²/g
移動相：0.1％ギ酸水溶液/アセトニトリル
　　　　(5：95, v/v)
流　速：1.0 mL/min
温　度：室温
検出器：UV 215 nm
試　料：オレイン酸（4 mg/mL），ステアリン酸
　　　　（8 mg/mL），メタノール溶液

図 3　標準試薬による初期検討

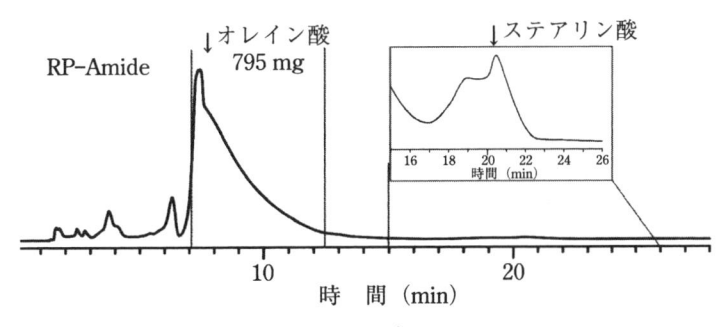

7.2～12.5 分の画分をオレイン酸として回収
　カラム：RP-Amide（逆相系カラム），21.2 mm i.d.×150 mm, 5 μm, 450 m²/g
　流　速：21.0 mL/min
　他条件は図3と同じ．

図 4　実試料の分取精製

Question

52 タンパク質キラル固定相とペプチドキラル固定相は,どちらもキラル分離に有効ですが,その違いは何ですか.

Answer

　タンパク質とペプチドは,それぞれキラル分離用固定相として応用されています.タンパク質とペプチドの違いは分子の大きさが異なる点ですが,キラル認識メカニズムはどちらも基本的に似ています.すなわち,それぞれキラル認識のための相互作用点として,① 水素結合部位(おもに固定相のアミド結合部位),② イオン交換部位(固定相のアニオン性またはカチオン性部位),③ ホスト-ゲスト相互作用部位などがあり,これらすべての相互作用が試料にはたらき,キラル分離が達成されます.

　タンパク質固定相とペプチド固定相の最も大きな違いは,キラル相互作用における分子内環境が異なる点です.

　図1はタンパク質固定相,図2はペプチド固定相(大環状グリコペプチドタイプ)を示したものです.タンパク質固定相では,キラル認識に有効な部分が分子のごく一部分です.一方,ペプチド固定相では,その分子全体がバスケット形状をしており,試料分子が収まりやすく

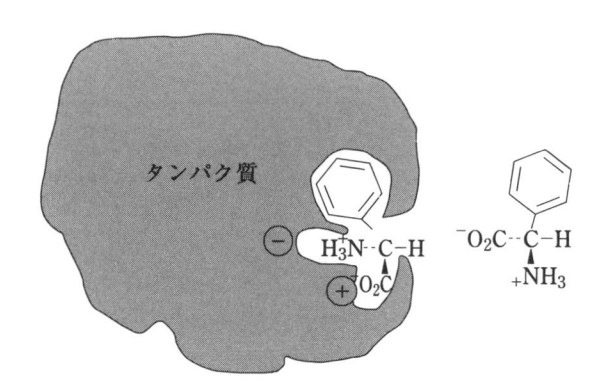

図1 タンパク質固定相
[C. E. Dalgiesh, *J. Chem. Soc.*, **137**, 3940 (1952)]

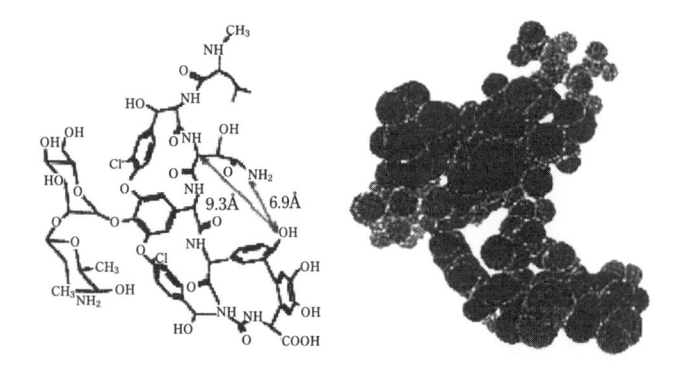

図2 ペプチド固定相
[D. W. Armstrong, *Anal. Chem.*, **68**, 2501 (1996)]

なっています．そのため，キラル認識効率が高くなり，試料負荷量も多くなります．固定相の安定性では，タンパク質固定相は変性による劣化がありますが，ペプチド固定相は酸，塩基，各種有機溶媒において安定であり，高耐久性です．このように，ペプチド固定相はタンパク質固定相に比べ優れた点が多く，最近ではタンパク質固定相に変わり，多く用いられるようになっています．

　タンパク質固定相およびペプチド固定相のキラル認識部位は，上記のように，① 水素結合，② イオン交換，③ ホスト–ゲスト相互作用などです．これらに有効な分析対象試料として，「水素結合性を有する部位と，アニオン性またはカチオン性部位をもつ化合物」が考えられます．実際，多くの化合物はこの条件を満たすため，タンパク質およびペプチド固定相は適用範囲の広い，優れたキラル固定相といえます．

Question

53 高速分析におけるカラムの選び方や注意点を教えてください．

Answer

　HPLCで分析時間を短縮するには，カラムの長さを短くする，あるいは移動相流速を速くすることになりますが，単純にこれだけでは，カラム効率が低下するため分離が損なわれる場合があります．これは，粒子径以外の充填剤特性が同じであるとすると，充填剤の粒子径により，分離性能を最も発揮できる適当な流速（最適移動相線速度）などの諸条件はある程度決まってしまうからです．

1. 理論段高さと移動相速度

　理論段高さ（HETP：H）と粒子径（d_p），線速度（v）は，van Deemter式（式(1)）によって示されます．

$$H = A \cdot d_p + \frac{B}{v} + C \cdot d_p^2 \cdot v \tag{1}$$

A，B，Cは，粒子径，線速度によらない定数．

　ここで，理論段高さとは，一理論段に相当するカラム長さであり，この値が低いほど短いカラム長さで高い理論段が得られる，すなわち，高分離能カラムが実現できるということを意味しています．この式(1)を図1のようなグラフに描くと，粒子径が小さいほど理論段高さを小さくできることがわかります．

　さて，それぞれの粒子径に対応する最適線速度，言い換えると理論段高さ（H）を最小にす

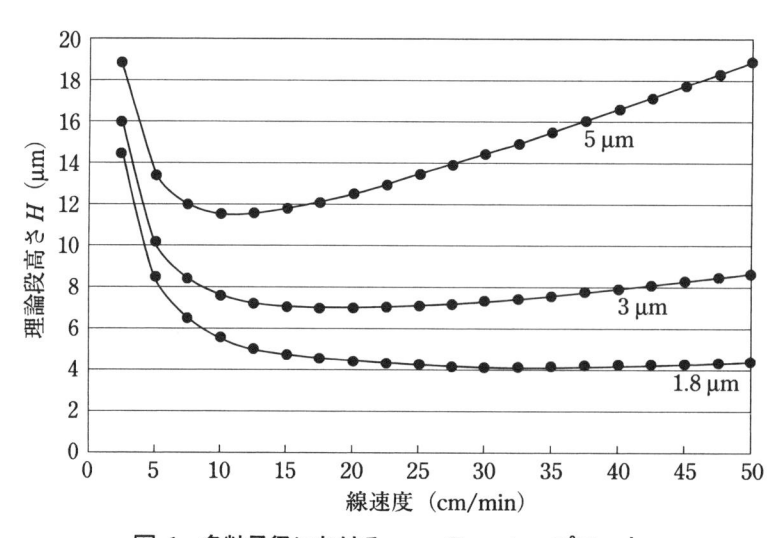

図1　各粒子径における van Deemter プロット

る線速度を求めてみます．式 (1) を，v について微分し，その値が 0 に等しいときが，理論段高さを最小にする最適線速度に対応するので，

$$\frac{dH}{dv} = \frac{B}{v^2} + C \cdot d_p^2 = 0$$

すなわち，次の式 (2) が最適線速度となり，

$$v_{opt} = \sqrt{\frac{B}{C}} \cdot \frac{1}{d_p} \tag{2}$$

そのとき，式 (3) のような最小理論段高さとなります．

$$H_{min} = (A + 2\sqrt{B \cdot C}) \cdot d_p \tag{3}$$

式 (3) が示すように，小さい粒子径 (d_p) では，その値に比例して理論段高さを小さくすることはできる一方で，同時に最適線速度は反比例して大きくする必要があることがわかります．

2．カラムの圧力損失

一方，カラムにおける圧力損失 (P) は，式 (4) で示されます．

$$P = k \frac{\eta \cdot L \cdot v}{d_p^2} \tag{4}$$

ここで，L：カラム長さ，η：移動相粘性，k：定数．

理論段数 (N) は，$N = L/H$ なので，これに加えて，v に式 (2) の v_{opt}，H に式 (3) の H_{min} を代入すると，最適移動相線速度における圧力損失は式 (5) で表されます．

$$P = \frac{k \cdot \eta \cdot (A + 2\sqrt{B \cdot C}) \cdot N \cdot \sqrt{B/C}}{d_p^2} \tag{5}$$

式 (5) によると，充填剤粒子径が小さくなった場合，もとと同じ理論段数 (N) であるとすれば，圧力損失が充填剤の粒子径の 2 乗に反比例して増加することがわかります．

3．超高速分析用のカラム選択

これらを参考にすれば，超高速分析のためのカラムを選ぶ場合，以下の項目のバランスを考える必要があることがわかります．

① 充填剤粒子径が小さい方が，粒子径比に比例して達成可能な理論段高さを小さくできます．すなわち，同じ長さのカラムであれば，それだけ理論段数は増加するので高分離能なカラムということになります．

② 粒子径が小さくなると，粒子径比に反比例して最適な移動相線速度は大きくなります．線速度を高めることは圧力損失の増加につながり，もしカラム内径が同じであれば，移動相流量は増えることとなります．言い換えると，移動相流速を抑えるためには内径を細くする必要が生じます．

③ 粒子径が小さくなると，最適線速度での圧力損失は粒子径比の 2 乗に反比例して増加し

ます.このため,カラム長さには限界が生じ,また耐圧性を高めた特殊なHPLC装置が必要となります.

では,少し具体的な例を考えてみましょう.今,一般的な5μm粒子径,内径4.6mm,長さ150mmのカラムを1.0mL/minの流速で使用し,そのときの圧力損失が5MPaであったと仮定します.このとき,粒子径を小さくし,最小理論段高さを小さくすることで高分離能なカラムが実現できるとします.この場合,理論段数が同等の分離を期待し,圧力を30MPaとすると,③により,粒子径比率は,$1/\sqrt{6}$ すなわち2.1μm粒子径の充塡剤が使用できることになります. さらに①,②から,この装置,および2.1μm粒子径で実現可能な理論段高さは,5μm粒子径の$1/\sqrt{6}$倍,最適線速度は$\sqrt{6}$倍となることがわかります.つまり,カラム長さは約61mm,同じカラム内径であれば移動相流速は2.45mL/minとなり,短いカラム,高流速により

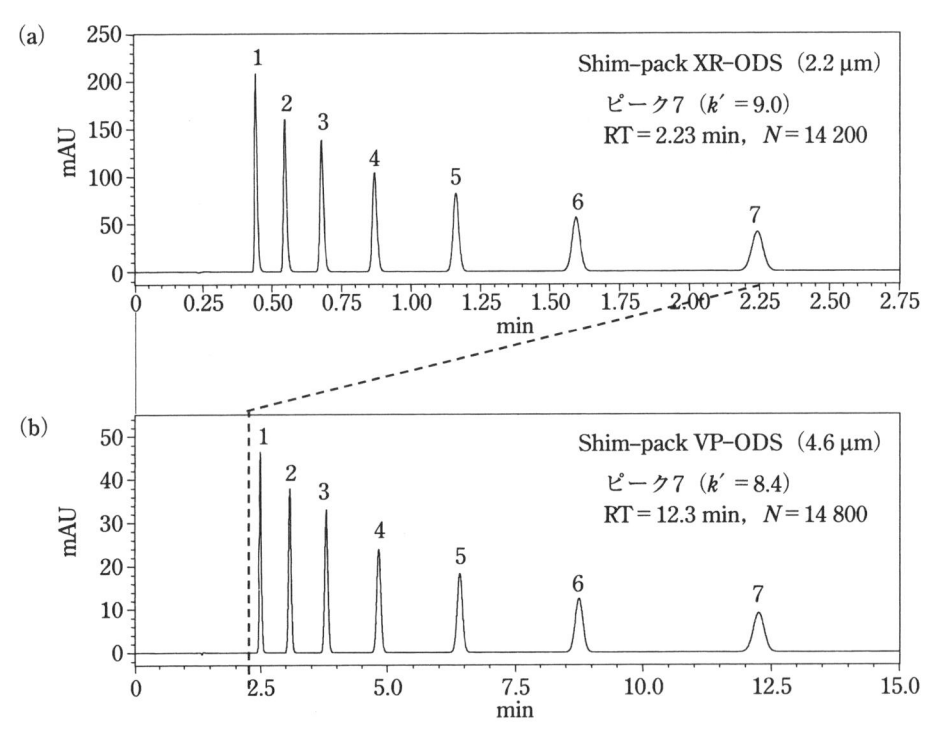

〈分析条件〉
カラム:Shim-pack XR-ODS (3.0 mm i.d.×75 mm, 2.2 μm)
　　　　Shim-pack VP-ODS (4.6 mm i.d.×150 mm, 4.6 μm)
移動相:水/アセトニトリル=3/7 (v/v)
流　速:1.2 mL/min (XR-ODS)
　　　:1.0 mL/min (VP-ODS)
温　度:40℃
検　出:UV 245 nm
成　分:1. アセトフェノン, 2. プロピオフェノン, 3. ブチロフェノン, 4. バレロフェノン,
　　　　5. ヘキサノフェノン, 6. ヘプタノフェノン 7. オクタノフェノン

図2　粒子径2.2 μmと4.6 μmでの比較

高速化がはかれることがわかります．

　図2に，粒子径2.2 μm（Shim-pack XR-ODS）と4.6 μm（Shim-pack VP-ODS）のODSシリカカラムを用いた比較例を示します．粒子径2.2 μmでは，線速度を粒子径4.6 μmの約3倍に高めて分析することにより，高分離を保ちつつ1サイクルの分析時間を1/5以上短縮でき，かつ圧力損失は28 MPa程度ですみます．このとき，オクタフェノンの理論段数は，両カラムで同等の結果となっています．

Question 54 逆相系における高温条件下での分析について，その効果を教えてください．

Answer

カラムの分離性能は，理論段数（N）で表されますが，これではカラム長さが異なると比較ができないため，通常は理論段高さを用いて評価を行います．この理論段高さが低い方が分離性能はよいということになります．理論段高さ（H）と粒子径（d_p），線速度（v）は，式（1）のvan Deemter式によって示されることが知られています．

$$H = A \cdot d_p + \frac{B}{v} + C \cdot d_p^2 \cdot v \tag{1}$$

ここで，A，B，Cは，粒子径，線速度によらない定数．

ここで，C項をさらにくわしく見ると，移動相の拡散係数をD_{mob}として$C = c/D_{mob}$（c：定数）と表されるので，移動相の拡散係数が大きいほどC項の効果は小さく，すなわち理論段高さ（H）を小さくすることができます．さらに，拡散係数Dは，液相拡散におけるWilke-Chang式から式（2）のように示されるので，温度が高いほど拡散係数は大きくなります．すなわち，理論段高さを小さくできることがわかります．

$$D = k_T \frac{\alpha \cdot M_2 \cdot T}{\eta \cdot k} \tag{2}$$

ここで，α：溶媒の会合因子，M_2：溶媒の分子量，η：溶媒の粘性，V：溶質のモル体積，T：温度，k_1：定数．

図1に，40℃，60℃，80℃におけるvan Deemterプロットを示していますが，このグラフからも，温度が高いほど理論段高さ（H）を低くできることがわかります．

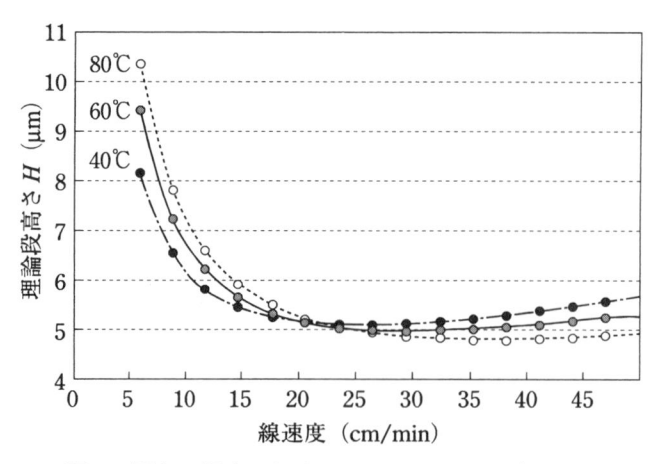

図1 異なる温度における van Deemter プロット

一方，カラムの圧力損失は式 (3) で示されます．

$$P = k_2 \frac{\eta \cdot L \cdot v}{d_p^2} \tag{3}$$

ここで，L：カラム長さ，η：移動相粘性，k_2：定数，d_p^2：充填剤粒子径，v：線速度．

　これによれば，カラムの圧力損失は移動相粘性（η）に比例するため，温度を上げることにより移動相粘性を下げると，圧力損失も下がることがわかります．

　以上まとめますと，温度を上げて，流速を増加することにより，理論段高さを減少させることができ（結果的に同じカラム長さであれば，理論段数は向上する），かつ温度上昇により移動相粘性も低下するので，流速増加が可能，結果として効果的に分析時間を短縮可能であることが示唆されます．

　充填剤の最高使用温度は，その充填剤の基材，化学結合相の構造，表面処理の方法などにより大きく異なります．酸性領域での化学結合相の加水分解も，アルカリ領域でのシリカゲルの溶解も温度が高くなれば促進されますので，高い温度でも安定性を維持できる充填剤を選ぶ必要があります．例えば，よく使用されるODSでも，結合相として一般的な $Si(CH_3)_2C_{18}$，$Si(C(CH_3)_3)_2C_{18}$ を導入し，適切な表面処理を施したODSでは，高いカラム温度でも加水分解による化学結合相の脱落が小さいため，100℃での使用が可能です．

　ただし，あまり温度を上げすぎると，気泡の発生による検出への影響に注意が必要です．また，分析対象成分によっては，温度を変えることにより対象成分の分解，変性，あるいは溶出パターンの変化が生じる場合も少なくないため，この点にも配慮する必要があります．

Question

55 カラムの温度を高い温度で使用する場合，通常の LC システムで使用しても問題はありませんか？

Answer

　カラムの温度を上げるメリットとしては，選択性が変わり分離のパターンが変化するため，不分離ピークの改善が期待できることや，移動相の粘度が下がりカラムの背圧が下がるなどのメリットがあります．カラム温度を高くして分析を行う場合，高い温度でも温度安定性に優れたカラム恒温槽が必要です．検出を UV 検出で行う場合は，少ない容積で熱交換効率のよい予熱管と，カラムからの溶出液を冷却して UV 検出器でのノイズを低減させるためのポストカラム冷却管も必要となります．最近では，プレカラムヒーター，ポストカラムクーラーの付いたカラムコンパートメントモジュールも市販されているので，既存の LC システムに追加することが利用可能です（図1）．

　実際に，冷却の有無によるベースラインノイズの違いを，図2に示します．

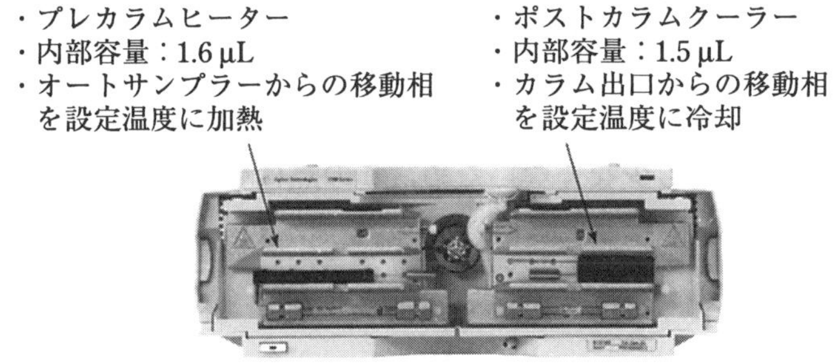

- プレカラムヒーター
- 内部容量：1.6 μL
- オートサンプラーからの移動相を設定温度に加熱

- ポストカラムクーラー
- 内部容量：1.5 μL
- カラム出口からの移動相を設定温度に冷却

図1　市販のプレカラムヒーター，ポストカラムクーラーの付いたカラムコンパートメント例

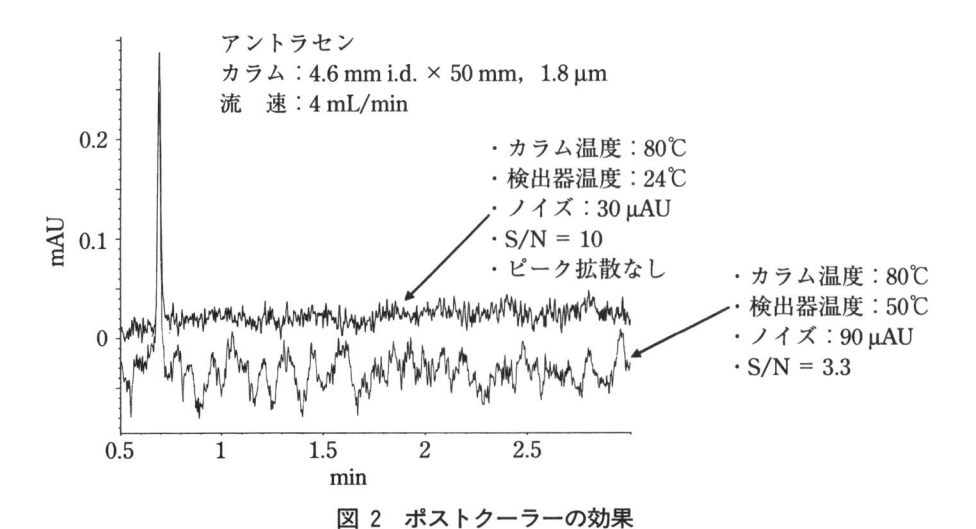

アントラセン
カラム：4.6 mm i.d. × 50 mm，1.8 μm
流　速：4 mL/min

- カラム温度：80℃
- 検出器温度：24℃
- ノイズ：30 μAU
- S/N = 10
- ピーク拡散なし

- カラム温度：80℃
- 検出器温度：50℃
- ノイズ：90 μAU
- S/N = 3.3

図2　ポストクーラーの効果

Question

56 高速分析をするときのHPLC装置で, 注意することは何でしょうか？

Answer

　最近では, 高速分析を「微小粒径充填剤を充填した短いカラム」で実現するようになってきています. 特に, 粒径2μm以下の充填剤のカラムでは, HETPの線流速依存性が非常に小さくなるため, カラム効率をあまり落とさずに流速を上げることによる高速化をはかることができます. ただし, 微小粒径の充填剤を充填したカラムではカラムの圧損も大きくなるので, 従来よりも高い耐圧のHPLCシステムが必要になります.

　また,「微小粒径充填剤を充填した短いカラム」で高速化をはかった場合, カラムで分離されたピークのピーク幅は非常に狭くなるので, 検出器のサンプリングレートとピークのカラム外拡散に注意しなければなりません.

　カラム外拡散は, 検出器セルのボリュームや配管の容積（内径, 長さ）を, 得られるピーク幅に応じて最適なものにする必要があります. 図1はカラム外拡散の影響を示します. 分離カラムの後に, 20μLの配管を追加した例です. ピークがブロードになり, 分離が悪くなることが確認できます.

　検出器のサンプリングレートの影響については, 本書Q58を参照してください.

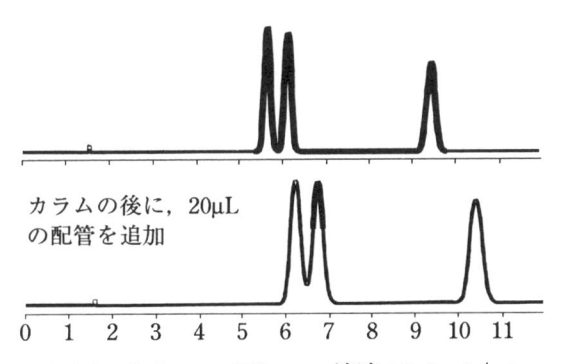

カラム：2.1mm×150mm, 流速：0.2mL/min
図1　カラム外の拡散の例

Question 57

現在使用している一般的な充填剤の粒子径は5μmですが、**高速分離のために小さい充填剤の使用**を考えています。どの程度まで小さい充填剤が市販されていますか？

Answer

現在では粒子径2.0μm前後の充填剤が市販されています（表1）。このような微小粒径の充填剤はカラムの圧損が大きくなります。また、圧損がどの程度になるかは、カラムメーカーにより異なります。使用するHPLC装置の耐圧に合わせて、使用条件を設定してください。

表1 市販されている粒子径2.0μm前後の充填剤を用いたカラム一覧

カラム名	メーカー名	粒径	備考
NPS ODS-I	Eprogen	1.5μm	ノンポーラスシリカゲル使用（代理店：東京化成工業）
Acquity™ BEH	ウォーターズ	1.7μm	耐圧140MPa，UPLC用カラム
ZORBAX RRHT カラム	Agilent	1.8μm	耐圧100MPa（常用60MPa），C18, C8, CNあり
X-PressPak C18 S	日本分光	2.0μm	2.1mm i.d.×50mm
TSKgel Super-ODS	東ソー	2.0μm	
YMC-UltraHT Pro C18	YMC	2.0μm	耐圧50MPa（2.0mm i.d.×50mmの場合）
Shim-pack XR-ODS	島津製作所	2.2μm	

[2006年8月現在，LC研究懇談会調べ]

Question

58 高速分析の場合，ピークが高速に出現すると思いますが，**検出器の応答速度はどの程度必要**でしょうか？

Answer

　高速分析においては，検出器のサンプリングレートが重要になります．サンプリングレートだけを変えて，ほかは同一条件でとった高速HPLC分析のクロマトグラムを，図1に示します．

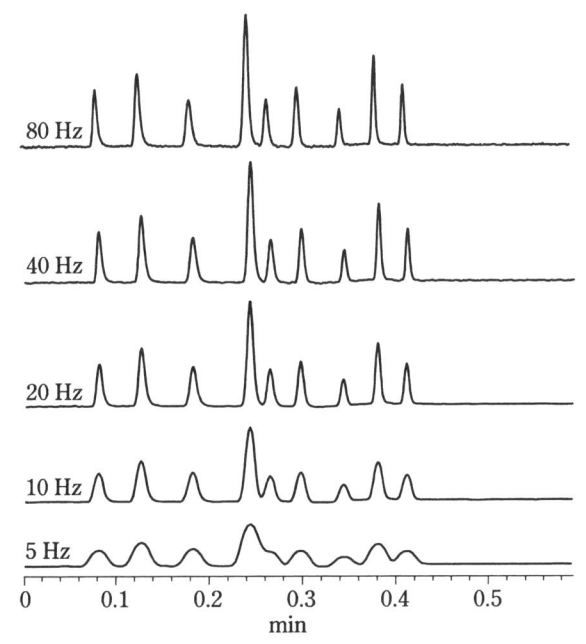

カラム：Zorbax SB-C18, 4.6 mm i.d.×30 mm, 流速：5.0 mL/min
図1　検出器のサンプリングレートとピーク形状

　各サンプリングレートで，ピーク幅，分離度，ピークキャパシティがどのように変化するのかを，図2に示します．

　図2から，高速分析，特に粒径2 μm以下の充填剤を用いる超高速HPLC分析においては，50 Hz以上，できれば80 Hz程度のサンプリングレートが必要なことがわかります．高速分析だけでなく，粒径2 μm以下の充填剤を用いる高分解能HPLC分析においても同様です．

　ただし，一般に高いサンプリングレートではノイズが大きくなるので，高いサンプリングレートで使用したときのノイズレベルを確認しておくことが重要です．また，PDAのようにクロマトグラムデータだけでなく，スペクトルデータも同時採取するような場合は，スペクトルデータも高いサンプリングレートで採取できることが必要となります．

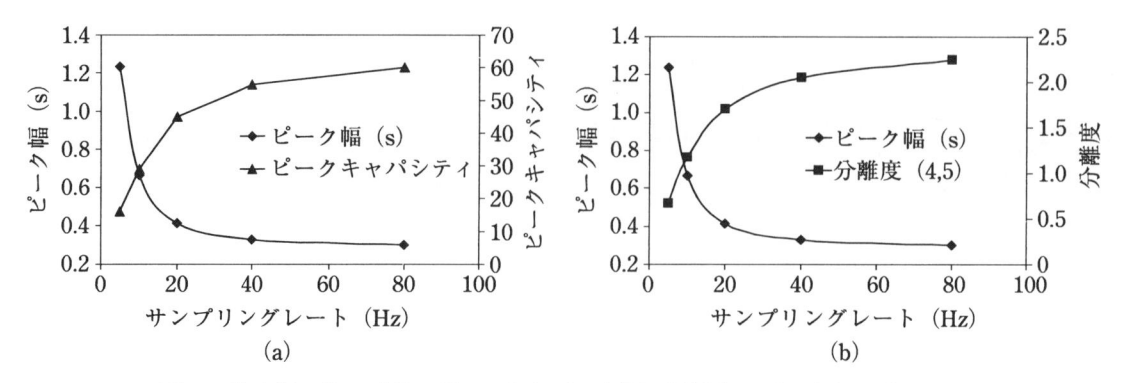

図 2　検出器のサンプリングレートとピーク幅，分離度，ピークキャパシティ

Question

59 分析の高速化を行う場合，実際にはカラム洗浄と再平衡化に時間がかかるため，思ったほどには高速化できません．さらに高速化するためには，どうしたらよいでしょうか？

Answer

分析の高速化を行う場合，分析メソッドとしてグラジエント条件で分析している場合は，カラムの洗浄，再平衡化時間の短縮を考えなければなりません．このような場合，自動切換えバルブを利用して，2本のカラムを交互に分析に使用する方法をうまく利用することで，高速化が可能になります．

図1は2本のカラムで交互分析する例です．カラム1で分析（ポジション1）している間に，カラム2はカラム再生用ポンプで洗浄（再平衡化）を行います．また，カラム2で分析中（ポジション2）はカラム1の洗浄（再平衡化）を行います．このように2本の分析カラムを使用し，分析の高速化を可能にすることができます．バルブを切り替えるタイミングとして，分析時間以内に洗浄（再平衡化）時間を設定することが必要です（図2）．

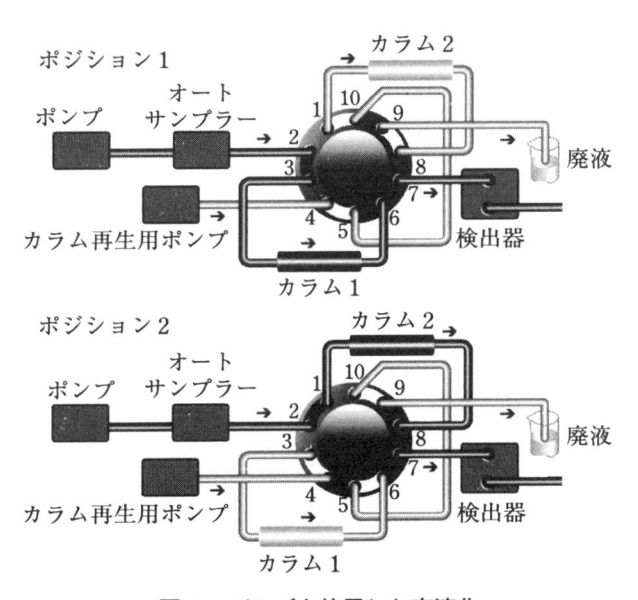

図1 バルブを使用した高速化

図2 バルブ切替えのタイミング

Q : ODSカラムにおいて移動相に低pH溶媒を使用すると，理論上トリメチルシリル基やODS基が徐々にはずれるといわれています．UVや（ESI-MS）で検出する限り，これらの脱離基は検出されず見逃しているように思えますが，実際はどうでしょうか？

A : シリカ系粒子はpH 2以下の移動相下では，下記のとおり官能基の加水分解が起こります．この反応は高温下において反応速度が増します．この加水分解反応により官能基が脱離すると，測定化合物の保持時間が減少するなどの問題点が発生します．

$$\text{Substrate}-\text{Si}-\text{O}-\text{Si}-\text{R}+\text{HX} \longrightarrow \text{Substrate}-\text{Si}-\text{OH}+\text{X}-\text{Si}-\text{R}$$

ただし，低pH移動相でアイソクラテックで分析している場合，測定化合物の保持時間に変化が見られないこともあります．これは，加水分解した官能基が粒子表面に存在するために，保持挙動などに変化が見られないためです．グラジエントや洗浄などによって有機溶媒をリッチにした場合，加水分解した官能基がカラムから脱離しやすくなるため，劣化が促進します．低pH移動相での加水分解を抑えるには，官能基を3本の結合で充塡材基材に固定することにより，加水分解耐性を高めたトリファンクションタイプのC18カラムの使用を推奨します．

Q : TLC（薄層クロマトグラフィー）とHPLC（高速液体クロマトグラフィー）の分離は，条件が同じなら同じと考えてよいでしょうか？

A : 基本的には同じと考えて間違いではありません．ただし，シリカゲルにしろ逆相担体にしろ，HPLCで用いられているモノに比べ種類が少ないという現実があります．シリカですと，細孔系が異なると分離挙動が異なることがあります．また，オクタデシルシラン（ODS）を化学結合させた逆相系では，HPLC，TLC双方の担体のエンドキャッピングの有無などはカタログ上で調べて使う必要があります．

後，忘れてはいけないのは，TLCではシリカなどの担体をガラス板の上に固定する固着剤が使われており，ときとしてこれらが分離に関与して，HPLCとは異なるパターンになってしまうことがあります．固着剤にはシリカでは硫酸カルシウム（セッコウ）が使われ，逆相TLCでは酢酸ビニル系の高分子が使われています．このため，含水率の高い移動相を用いた場合，固定層がはく離してうまく展開されないことがまれにありますので，注意が必要です．

いろいろの制限がありますが，HPLCでは，その移動相によって目的物が本当に溶出されているか否かわからないという欠点があります．目的物と思ったピークが実は不純物で，目的物はカラムの先端に保持されたままであるということもあります．この点，TLCは原点に残っていることが視認できるという利点があります．HPLCで分離条件を設定したときは，TLCを併用してチェックしておくとより確実な条件設定ができます．

Q： 海外でも，同じブランドのカラムを容易に入手できますか？
A： ほとんどのメーカーのカラムは，地域にもよりますが，まず問題なく入手可能です．各カラムメーカーは，世界中に，契約代理店や現地法人などの販売網をもっていますので，それらを通して，簡単に購入することができます．海外では，「あまり有名でない」と思われるようなカラムでもたいていのものは入手可能ですので，まず心配はありません．

　ただ，欧米各国や中国，インドなど主要国は問題ありませんが，紛争地域などの特定の国では入手困難な場合もあります．また，国によっては，関税が高額になることもありますので，不明な場合は，事前に，各メーカーに問い合わせておくのがよいと思います．

Q： 高速分析のときに流速を上げると思いますが，カラムの耐圧はどの程度でしょうか？
A： 一般的に，カラムの耐圧を考えるときには，充填剤自体の耐圧能力と，液漏れなどのカラムジョイントの耐圧能力を考える必要があります．また，カラムのピーク分離がどの程度変化したかが判断基準となります．

　高圧送液によるカラム液漏れだけを考えれば，カラム耐圧はカラムメーカーがテストしているカラム使用最高圧力が限界となります．

　分離状態を考えると，カラムはステンレス管などに詰められており，各メーカーによるカラム使用圧力以内では分離は問題ないと考えられます．

　カラムに詰められている充填剤自体の耐圧性能はおよそ 100 MPa といわれております．一般的に使用されているカラム耐圧は 40 MPa が限界とされてきましたが，現在 60 MPa の高耐圧カラムが一般的な HPLC で使用できるカラムとして市販されています．また，特殊な高圧システム専用カラムでは，耐圧 140 MPa のものが市販されています．

　なお，これらの耐圧カラムを使用する際には，使用装置の耐圧を越えないように注意が必要です．

3章 検出編

Question

60 HPLCの分析における検量線用溶液調製方法，検量線の作成方法を教えてください．

Answer

　検量線法には，内標準法と絶対検量線法があります．内標準法では，目的物質になるべく近い保持時間を有し，試料中の他の成分と完全に分離する安定な物質を内標準物質として選択します（内標準物質の選定方法については，「液クロ虎の巻」Q10参照）．目的物質の分解があらかじめ予想される場合には，目的物質より保持時間の大きい内標準物質を選ぶとよいと考えられます．

1. 標準溶液の調製

　次に，HPLCに注入する段階では，正確な定量を行うためには検量線用標準溶液も試料溶液同様に移動相と同程度の溶出力の溶媒で希釈されていることが，ピークの形状，リテンションタイムの同一を保ち，正確な定量を行ううえで重要です．このため，医薬品分析では移動相で希釈していくことが好ましいとされています．ただし，標準品の中には直接移動相には溶けないもの，移動相中では長時間の安定性が得られないものもあります．このような場合は，安定性に問題がなくよく溶かす溶媒で原液を調製し，使用の直前に段階的に希釈し，最終的に移動相で希釈するということも，標準溶液作製上のノウハウです．正確な定量を行うときは，試料溶液の調製を行う際にさまざまな前処理を行い，最終的に移動相で希釈，あるいは移動相組成に近い組成の溶媒に溶かした溶液にすることと同じように，標準溶液の調製にも工夫が必要とされる場合があります．

2. 検量線の作成

　次に，検量線をつくる際に，どの程度の濃度水準でつくればよいかということです．ある分野では10水準，別の分野では1水準で作成されています．基本的にはレスポンスの直線性，測定する試料中の予想される濃度，必要とされる正確さを考慮して決めます．医薬品では，有効成分量が一般的に処方量の90％から110％の範囲内で高い精度と正確さで管理される必要があるため，有効成分の試料溶液中の濃度の80％，90％，100％，110％および120％の5点の標準溶液を調製して検量線を作成します．

　得られたクロマトグラムから具体的に検量線を求めるためには，次の操作を行います．絶対検量線法では，検量線用標準溶液を調製し，これらの一定量を正確に注入します．ここで得られたクロマトグラムからピーク面積あるいはピーク高さを縦軸に，目的物質の濃度を横軸にとり，検量線を作成します．

　内標準法では得られたクロマトグラムから，内標準物質と目的物質のピーク面積比（もしくはピーク高さ比）を求めます．この比を縦軸に，目的物質の各濃度を横軸にとり，検量線を作

成します．
　昔は，値をグラフ用紙にプロットして目視で傾きと切片を求め，検量線としておりました．今日では，回帰分析を行い，統計的に処理し回帰式を求める方法が基本です．ただし，実際的には，表計算ソフトウェアのグラフ機能に含まれる単回帰の機能を利用して作成されることが多いようです．

Question

61 HPLCでは定性分析の経験しかないのですが，定量分析を行うことになりました．どのような点に注意すればよいでしょうか？

Answer

　試験法どおりに分析を行う場合でも，試験法に出てくる用語の定義，操作の意味合いなどを理解しないままでは適切に試験を行うことができません．例えば，日本薬局方ではこのような情報は「通則」などにまとめて記載されており，この「通則」を十分に理解しないと，定量分析に限らずすべての試験を適切に実施することができません．ここでは，日本薬局方での事例を踏まえながら，HPLCで定量分析を行ううえでの注意点を何点かご紹介します．

1．試料および標準品の秤量

　定量分析の場合，定量値は数値として表されます．そのため，試料，標準品を秤量する場合は有効桁を考慮しないといけません．例えば，4桁数値の結果が必要であるのに，秤量値が2桁では，計算上では数値が出ても，その数値に十分な精度があるとはいえません．また，天秤の種類の選択も重要です．天秤は種類によって最小表示値が異なります（例えば，「化学はかり」は0.1 mg，「セミミクロ化学はかり」は0.01 mg）．結果の算出に必要な桁数と指示された秤量値に応じて，適切に使い分けることが重要です．

　なお，日本薬局方の定量法では，「約10 mgを精密に量る」といった表記がされています．これは10 mgをピッタリ10 mgとしてはかることが困難であることから，10 mgに対して±10％の範囲内で（「約」），はかるべき最小位を考慮し，0.1 mg，0.01 mgまたは0.001 mgまではかる（「精密に量る」）ことを意味しています．また，「精密に量る」と「正確に量る」とでは，意味が異なりますので注意してください．

2．溶液の希釈および定容に使用する器具

　溶液をはかりとる器具として，メスピペット，全量ピペット（ホールピペット），プッシュボタン式液体用微量体積計などがあり，また，溶液を一定量に合わせる際に使用する器具には，メスシリンダーおよびメスフラスコなどがあります．しかし，定量分析のように正確さが求められる場合には，どれを用いてもよいわけではなく，各器具の精度が重要となってきます．例えば，日本薬局方にて「5 mLを正確に量る」，「正確に100 mLとする」のように「正確に」と指定されている場合は，全量ピペットおよびメスフラスコを使用します．

　なお，これらの器具の規格は日本工業規格に示されています．ガラス製体積計の場合，器具表面に「A」，「B」といった表示によりグレード分けされている場合がありますが，「A」は「B」よりも精度が高くなっています．試験に必要な精度の器具を選択することが重要です．

3．注入溶液の濾過

　HPLCに溶液を注入する際，ラインの詰まりを防止するため，溶液を孔径0.45 μmのシリン

ジフィルターなどで沪過する場合が多いと思います．しかし，このフィルターに溶液中の目的成分が吸着して，沪液（実際の注入試料）中の目的成分濃度が低下してしまう場合があります．この吸着現象は，フィルターの材質（PTFE，PVDFなど），および同一材質でもメーカーによって異なることが知られています．そのため，あらかじめ使用するフィルターの沪過が定量値に与える影響を検討しておきましょう．多くの場合，はじめの沪液を数 mL 程度捨てることによって，この吸着現象は解決されると思います．また，試験法において材質，製品名，あるいははじめに捨てる沪液量が指定されている場合は，その指定に従って操作することが肝心です．

4．HPLC のシステム適合性

定量分析に限ったことではありませんが，HPLC で分析を行う前に，これから使用する HPLC システムに信頼性があることを確認することが重要です．そのため，日本薬局方では，HPLC の条件の中に「システム適合性」といった項目があり，その中の「システムの性能」および「システムの再現性」に書かれた条件を満たすことを確認してから分析を実施します．その指標としては，ピークの溶出順，目的物質と他成分のピークの分離度および注入再現性などがあります．

5．数値の丸め方

クロマトグラムの波形処理により，ピーク面積値あるいはピーク高さが得られて定量値を算出するのですが，その後の平均値などの算出においては，切捨て，四捨五入を適切に行わなければいけません．特に表計算ソフトを使用する場合，見えないところで四捨五入が繰り返されている可能性がありますので注意しましょう．日本薬局方では，通則において適切な数値の丸め方が指示されています．

さて，このように操作を正確に行うことと同時に，分析を行う前には，目的物質や共存成分の化学構造，分子量，物性値（pK_a，溶解性）などを確認しておくことも大事です．分析上，何らかのトラブルに遭遇した際でも，解決策を考えるうえでの重要な手がかりとなります．化学構造，分子量，pK_a，溶解性などは固定相，移動相に対する選択性に影響を与えています．また，試料溶液の調製時に配慮しなければならない，文章に書いていない「常識」をはたらかせるうえでも重要です．これらの情報は，日本薬局方やメルクインデックス，NIST Chemistry Webbook などで入手することができます．

医薬品の定量に限らず，定量操作は対象とする分野でのルールを遵守し，常識を駆使して細心の注意を払いながら行う必要があります．

Question

62 ポストカラム誘導体化法の種類，内容について教えてください．

Answer

ポストカラム誘導体化は，試料の分離後に反応試薬を添加して試料を誘導体化する手法です．試料に含まれるマトリックスが反応効率に影響を及ぼさないため，定量性，再現性に優れた手法です．ここでは，アミノ酸や糖の分析を中心に述べます．

1. アミノ酸分析のためのポストカラム誘導体化試薬

ポストカラム誘導体化法の試薬として，ニンヒドリン（NIN），オルトフタルアルデヒド（OPA），フェニルイソチオシアナート（PITC）などがあります．ニンヒドリン法は，アミノ酸のアミノ基とニンヒドリンの反応生成物が紫色する性質を利用し（ルーエマンパープル），可視吸収（570 nm）を測定します．また，オルトフタルアルデヒド法は，アミノ酸とオルトフタルアルデヒドが反応し，蛍光物質ができることを利用して，励起波長 340 nm，蛍光波長 450 nm で測定します．また，フェニルイソチオシアナート法では，フェニルイソチオシアナートとアミノ酸との反応で生成したフェニルチオカルバミル（PTC）アミノ酸を，紫外吸収（254 nm）または蛍光検出器で測定します．

2. 糖分析のためのポストカラム誘導体化試薬

還元糖に対する試薬として，2-エタノールアミン（紫外吸収（310 nm）），アルギニン（蛍光検出（Ex 320 nm, Em 430 nm））などがあります．これらの試薬では，誘導体化はアルカリあるいは中性条件下で加熱することにより行われます．フェニルヒドラジン（蛍光検出（Ex 330 nm, Em 470 nm）），グアニジン（蛍光検出（Ex 325 nm, Em 420 nm））は還元糖，非還元糖とも反応します．

3. ポストカラム誘導体化試薬のその他の例

③ N-メチルカルバメート系農薬

食品中残留農薬として規制されている N-メチルカルバメート系農薬（アルジカルブ，カルバリルなど）の分析にも，オルトフタルアルデヒド（OPA）が使われます（厚生労働省食品衛生検査指針に準拠した分析法）．N-メチルカルバメート系農薬は，アルカリ条件下での加水分解でメチルアミンを生成します．このメチルアミンとオルトフタルアルデヒド（OPA）と反応させることにより，アミノ酸と同様に蛍光検出（Ex 339 nm, Em 445 nm）ができます．

② シアン

平成 15 年 5 月 30 日付け厚生労働省令第 101 号により，新しい水質基準が定められています．シアン，塩化シアンをイオン排除クロマトグラフィーで分離したのち，4-ピリジンカルボン酸-ピラゾロン法によるポストカラム誘導体化法により誘導体化され，可視吸収（638 nm）で検出します．

Question

63 プレカラム誘導体化法では，どのような方法が有効でしょうか．

Answer

　プレカラム誘導体化は，試料を注入する前に試料を反応試薬と反応させて誘導体化し，生成物を分離，検出する手法です．反応系を小さく設計できるために試薬の消費量を小さく抑えることができ，比較的高価な試薬も使用できること，また，未反応の試薬もカラムで分離されるので，検出には影響が少ない利点があります．一方，試料マトリックスが試薬との反応に影響を及ぼすため，反応条件，反応時間の最適化などの作業が必要です．適切な前処理が必要になる場合があります．また，オートサンプラーの中に試料吸引，試薬との反応，試料注入までのプロセスをプログラミングし専用機化すれば，ポストカラム誘導体化と同じように効率的で再現性のよいデータが得られます（図1に，アミノ酸分析の測定例を示します）．

　ここでは，アミノ酸分析のためのプレカラム誘導体化試薬について説明します．オルトフタルアルデヒド法，1-フルオロ-2,4-ジニトロベンゼン法（DNP法），ダンシルクロリド法（DNS-Cl法），フェニルチオカルバミル法，FDAA法（Marfey試薬）などが知られています．各誘導体化の反応式を，図2に示します．プレラベル誘導体化を行った場合には，疎水性の高い官能基を修飾できるため，逆相系カラムを使った迅速な分離ができる場合や，光学異性体の分離が可能な場合があります（FDAA法など）．「液クロ虎の巻」Q55にもプレカラム誘導体化の解説がありますので，そちらも参照してください．

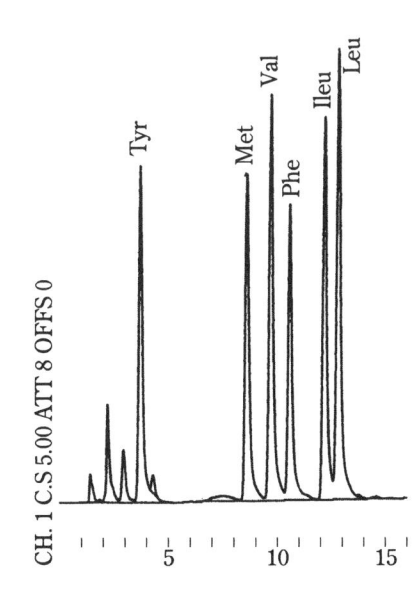

〈HPLC条件〉
カラム：WH-C18（4.6 mm i.d.×100 mm，5 μm，日立）
カラム温度：40℃
移 動 相：A；エタノール/クエン酸緩衝液＝10/90，B；エタノール/クエン酸緩衝液＝45/55
＊クエン酸緩衝液：3.5 mL，1 M クエン酸緩衝液（pH 6.0）/1 L 精製水
（50％A, B（0 min）→100％B（10 min）→100％B（12 min）→50％A, B（12.1 min）→50％A, B（20 min））
流　速：1.0 mL/min
プレカラム誘導体化試薬：OPA試薬
検出器：蛍光検出器（Ex 340 nm, Em 450 nm）

図1　プレカラム，オートサンプラー内OPA反応による標準アミノ酸（Tyr, Met, Val, Phe, Ileu, Leu）の測定例

① オルトフタルアルデヒド法（OPA試薬）の反応[1]

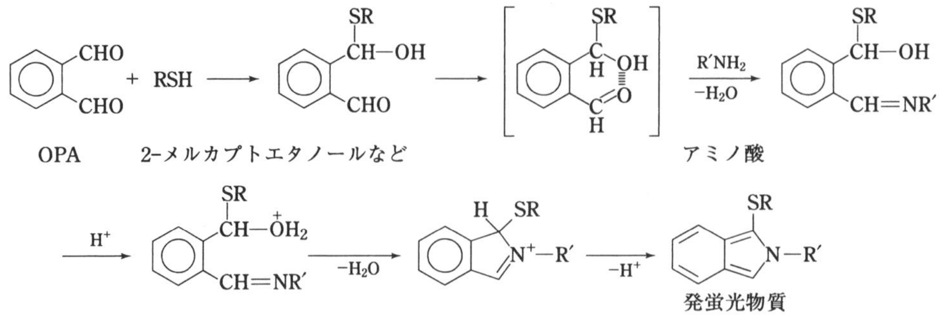

OPA　　　2-メルカプトエタノールなど　　　　　　　　　　アミノ酸

発蛍光物質

② DNP法の反応

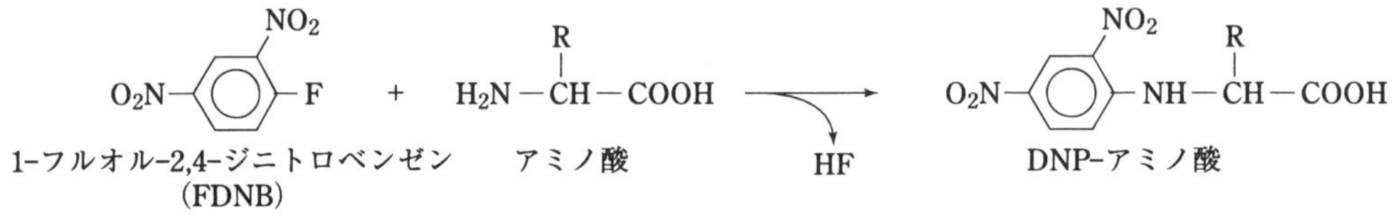

1-フルオル-2,4-ジニトロベンゼン　　アミノ酸　　　　　　DNP-アミノ酸
（FDNB）

③ DNS-Cl法の反応

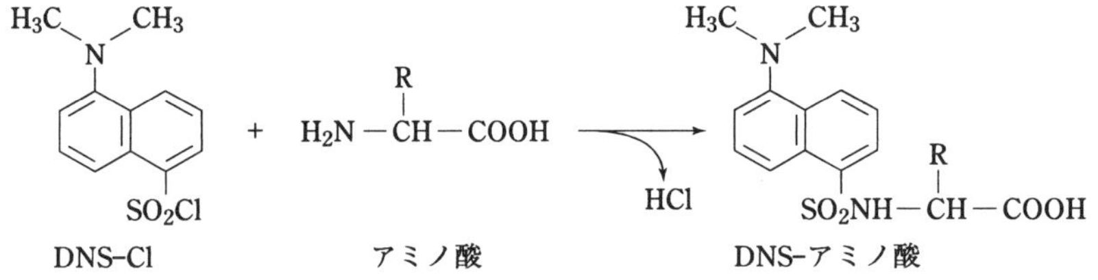

DNS-Cl　　　　　　　アミノ酸　　　　　　　　DNS-アミノ酸

④ フェニルチオカルバミル法の反応

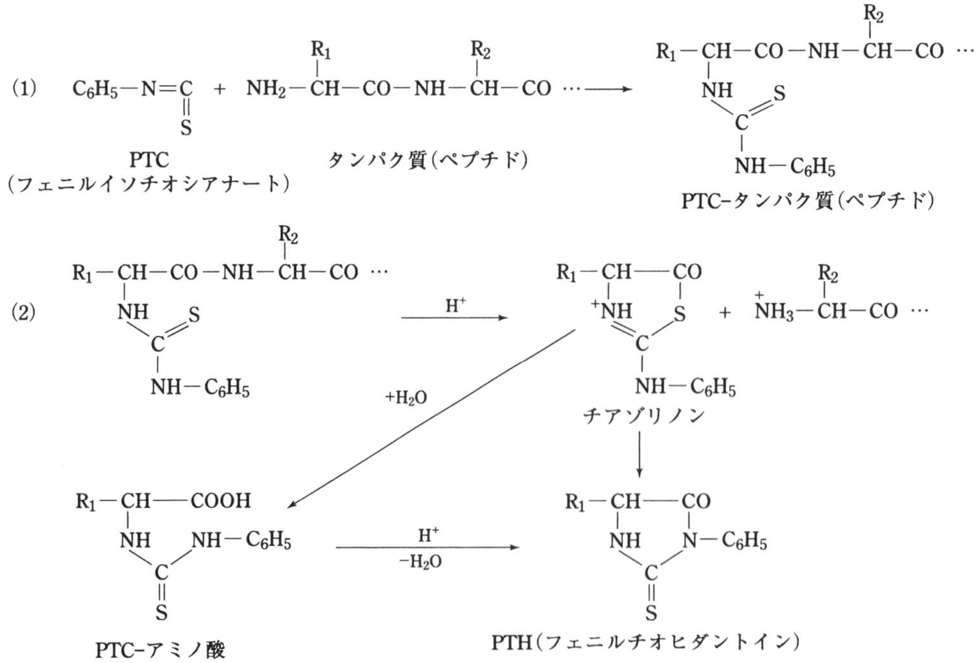

(1)　PTC（フェニルイソチオシアナート）　＋　タンパク質（ペプチド）　→　PTC-タンパク質（ペプチド）

(2)　チアゾリノン

PTC-アミノ酸　　　　　　　　　　PTH（フェニルチオヒダントイン）

図2　プレカラム誘導体化の反応式

⑤ FDAA 法（Marfey 試薬）の反応（DL アミノ酸との反応）

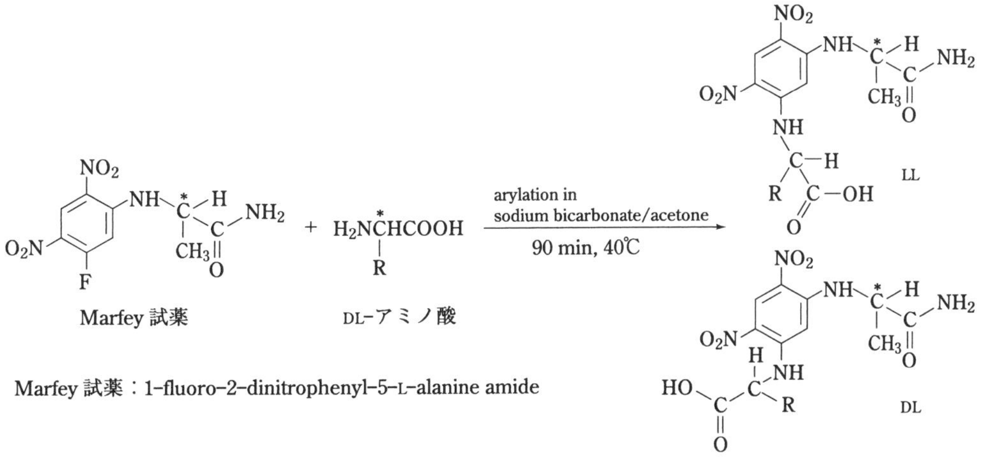

Marfey 試薬：1-fluoro-2-dinitrophenyl-5-L-alanine amide

図 2　プレカラム誘導体化の反応式（続き）

---

1) "タンパク質・ペプチドの高速液体クロマトグラフィー", 化学同人 (1984).

Question 64

初心者で，HPLCの消耗品を注文する場合やメンテナンスの相談などの場合に，部品の名称がわからなくて困っています．フェラル，押しねじ，ユニオン，プランジャーシールって何ですか？

Answer

HPLC装置を最初に使用する場合に，よく用いる部品を写真で掲載しました．メーカーによりさまざまな形状のものが販売されていますが，代表的なものを示しました．

図1はステンレス（SUS）製の押しねじとフェラルで，おもにHPLC装置とカラムの接続やカラム同士を配管で接続する場合に用います．フェラルは配管の先端部分に装着し，押しねじで後方から締めてフィッテングさせます．ワンリングフェラルとダブルリングフェラルの二つのタイプがありますが，性能としては大きな違いはありません．

図2はPEEK製の押しねじで，図ではわかりにくいですが，ベージュ色をした樹脂製です．用途は前述のステンレス製の押しねじ・フェラルと同じで，PEEK製の場合は市販されているものはワンリングフェラルのみです．

図3はユニオンで配管同士の連結に用い，PEEK製とステンレス製があり，デッドボリュームが少なくなるように設計されています．

図4は配管でチューブともいい，一般に外径1/16インチのものを用います．インジェクター出口から検出器入口に至る部分は内径の細いものを，他の部分には内径が比較的太いものを使います．配管は押しねじ・フェラルとともに用い，おもにHPLC装置とカラムの接続やカラム同士の接続に用います．配管もPEEK製とステンレス製があり，必要な長さに切断して用います．PEEK製の切断にはカッターナイフを使用しますが，ステンレス製は専用のチューブカッターを使用します．

図5はプランジャーシールとプランジャーで，ポンプのヘッドの中を往復するピストンがプランジャーで，この部分からの液漏れを防ぐための部品がプランジャーシー

図1　ステンレス製押しねじ(a)とフェラル(b)
左側はワンリングフェラルタイプ，右側はダブルリングフェラルタイプ．

図2　PEEK製押しねじ

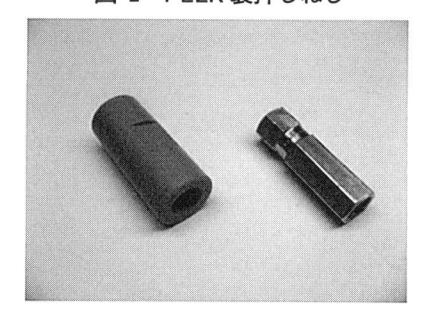

図3　ユニオン
左がPEEK製（ベージュ色），右がステンレス製．

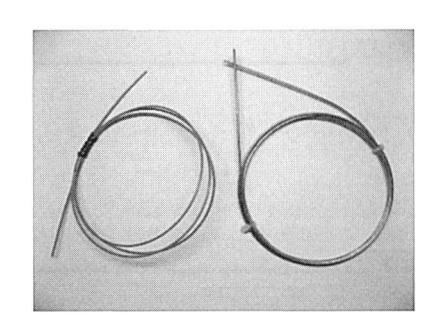

図4 配 管
左がPEEK製（ベージュ色），
右がステンレス製．

図5 プランジャーシール(左)と
プランジャー(右)

ルです．プランジャーシールは摩耗しやすいため定期的に交換する必要があります．メーカーや機種により指定されたものを用います．用途により，複数の材質のものが用意されている場合もあります．

　ここではよく使用する部品を示しましたが，HPLCではほかにも多種多様の部品が使用されています．メーカーの部品カタログおよびメンテナンスマニュアルなどを参考にして，名称を確認するとよいと思います．

Question

65 プランジャーやバルブの洗浄・交換のポイントについて教えてください．

Answer

　ポンプの圧力変動が通常より大きく，送液が不安定な場合には，ポンプのプランジャーおよびチェックバルブ（バルブ）など部品の洗浄・交換を行います．多くの場合，圧力変動はポンプのプランジャーシール，インレットおよびアウトレットのチェックバルブ，プランジャーなどポンプ部品の不具合が原因で起きます．このようなトラブルの場合には，最初にプランジャーシールの交換，次にチェックバルブの洗浄または交換を行い，ポンプの圧力変動を確認するとよいでしょう．

1. プランジャーシールの交換

　プランジャーシールは摩耗劣化している場合が多いため，交換するのが一般的です．交換方法は，ポンプからポンプヘッドをはずし，付いているプランジャーシールをはずします．ポンプヘッドを水やイソプロパノールなどを用いて超音波洗浄器により洗浄してから，新しいプランジャーシールをセットします．プランジャーシールの取扱いは，金属製ピンセットを用いると傷つけるので避けてください．

2. チェックバルブの洗浄・交換

　チェックバルブをポンプヘッドからはずし，チェックバルブを分解洗浄します．洗浄は部品をビーカーなどに入れ，水やイソプロパノールなどに浸し超音波で洗浄します．

　メーカーによってはチェックバルブが複雑な部品で，ユーザー自身で分解洗浄するのが困難な場合があります．この場合は，チェックバルブ部品を新しいものと交換する方がよいと思います．

3. プランジャーの洗浄・交換

　プランジャーをポンプヘッドからはずして洗浄します．プランジャーは棒状であるので，はずすとき折らないように注意します．水やイソプロパノールなどに浸し超音波で洗浄します．超音波洗浄でも汚れが落ちない場合は，柔らかな布などで擦ってみるとよいでしょう．硬い素材（サンドペーパーなど）で擦らないでください．それでも改善しない場合は，プランジャー部が損傷や摩耗をしていることが考えられるため，新しいプランジャーと交換することをおすすめします．

　類似の Question が，「液クロ武の巻」Q 38 にも記載されているので参照ください．

Question

66 HPLCの配管(チューブの種類や長さなど)のときに,気をつけることは何でしょうか?

Answer

　一般のHPLCの配管は,ステンレス(SUS)製もしくはPEEK製で外径1/16インチが使用されており,内径は装置の使用する部分によって選択します.

　試料注入部からカラム入口間およびカラム出口から検出器間では,試料の拡散によるピークの広がりを防止するため,できるだけ内径が細く,なおかつ短い配管にする必要があります.汎用型のHPLCでは,内径0.13〜0.25 mmの配管を用いるのが適当です.

　配管の長さのピークの広がり(理論段数)への影響を調べた例を,表1に示します.この表は,試料注入部からカラム入口間,カラム出口から検出器間の配管容量(デットボリューム)の違いによる理論段数への影響をまとめたものです.配管の容量が大きくなれば,理論段数が低くなることがわかります.

表 1　配管容量の理論段数への影響

(a) 試料注入部—カラム入口間の配管容量の違いによる理論段数への影響

配管容量 (μL)	理論段数 (TP/30 cm)
5	22 000
10	21 500
20	20 000
50	15 000

(b) カラム出口—検出器間の配管容量の違いによる理論段数への影響

配管容量 (μL)	理論段数 (TP/30 cm)
20	22 500
35	21 500
100	20 500

　カラム:TSKgel G2000HxL,試料:ベンゼン,配管内径0.2 mmを用い長さを変えて測定した.15 cm(5 μL)〜320 cm(100 μL)[データは,東ソー(株),"ナベさんの液クロ便利帳"より転載]

　移動相と異なる溶液組成の試料を分析する場合など,試料によっては配管が細いために目詰まりする場合もあるので,適当な内径を選択して用いることが必要です.また,検出器の出口など背圧がかからないようにする場合は,内径を1 mmほど太くします.

　ステンレス製はPEEK製に比べて耐圧および耐熱性に優れていますが,配管から金属イオンが溶出し,タンパク質などの試料では悪影響を与えることがあります.PEEK製はカッターよる切断で容易に断面を直角にできるため,ジョイント部分のデッドボリュームを小さくできますし,扱いも簡単です.しかし,PEEK製はジクロロメタン,THFなどの有機溶媒に弱いこと,曲げなど機械的強度が弱いなどの短所があります.

Question 67

カラムの連結方法について教えてください．カラムの連結は，違う種類のカラムをつないでもよいのでしょうか，また適用例がありましたら教えてください．

Answer

　カラム連結法としては，単純にカラムを直列に連結する場合と，カラムスイッチングシステムなどを用いて流路を切り替えて，複数のカラムを接続する方法があります．カラムスイッチング法は，おもに，除タンパクや不純物の除去，試料濃縮の目的で用いられており，本シリーズでもすでにいくつか解説されています[1]．ここでは，カラムを単純に直列に連結する方法について述べます．

　まず，同じカラムを2本以上接続して測定する場合は，1本のカラムでは分離不十分な場合に，カラム長を長くすることにより，理論段数を向上させ，分離能を向上させることが目的です．カラム連結時の注意点としては，ジョイント部分をなるべく短くし，ピークバンドの広がりが起こらないようにします．ジョイントは，配管とフィッティングを用いて自分で簡単に作製できますが，専用のジョイントやユニオンなどが市販されていますので，それらを使用するのもよいと思います．また，カラムを連結すると，全体のカラム圧が上昇し装置や配管系に負荷がかかるので，カラム圧をチェックし，液のリークがないか確認しておきます．カラム圧が高い場合は，流速を下げて測定することもあります．

　図1に，不斉点を2ヵ所有する化合物の光学異性体を，同じキラル分離カラムを2本接続して分離した例を示します[2]．

　次に，違う種類のカラムを接続し，異なる分離能を発揮させることもあります．例えば，光学異性体を分離する際，複数の異性体が存在する場合や，試料中に構造類縁体が存在している

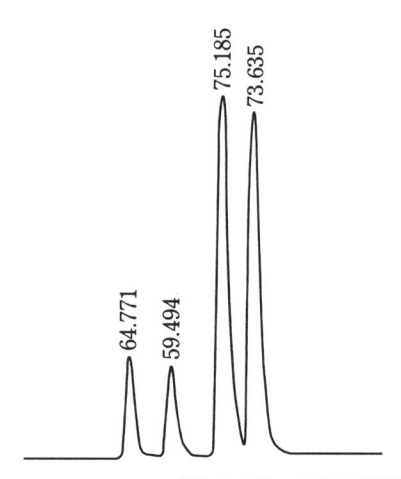

カラム：SUMICHIRAL OA-2000（4.6 mm i.d.×250 mm，2本）
移動相：ヘキサン/1,2-ジクロロエタン/エタノール（500：45：0.3）
流　速：1.0 mL/min
検　出：UV 230 nm

図1　同一カラム連結法による殺虫剤（Phthalthrin）の光学異性体の分離例

場合に，シリカゲルなどの一般カラムとキラル分離カラムを接続して複数の成分を分離させようとする例が考えられます．ただ，このような場合，それぞれのカラムで分離性能を発揮する最適の移動相が異なるため，条件設定は難しいことが多く，それほど多用されているとはいえないようです．

---

1) 液体クロマトグラフィー研究懇談会 編，"誰にも聞けなかった HPLC Q&A 液クロ虎の巻"，Q 72，筑波出版会（2001）；同，"液クロ彪の巻"，Q 72，筑波出版会（2003）；同，"液クロ犬の巻"，Q 59，筑波出版会（2004）；その他．
2) 住化分析センター，技術資料より引用．

Question

68 スタティックミキサーを使いたいのですが，どの容量を選んでよいのかわかりません．そもそも，**スタティックミキサーとは何ですか？**

Answer

グラジエントやポストカラム誘導体化検出を行う場合は，HPLCの流路内で2液を混ぜる必要が生じます．2液をT字の接続管でつなげばお互いに混じり合いそうですが，それほど簡単には混ざらないのが実際です．十分に混ざり合った液を素早くつくるには，ミキサーが用いられます．このミキサーには二つの方式があります．一つは，ダイナミックミキサーとよばれる内部に撹拌子などを入れてかき混ぜるタイプのもの．もう一つが，質問にあるスタティックミキサーです．

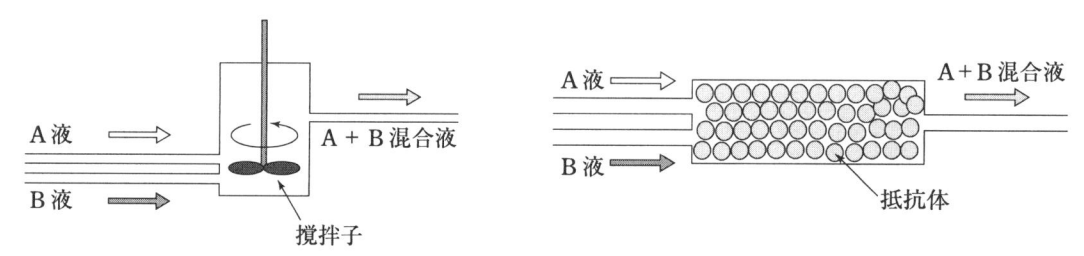

図1　ダイナミックミキサー　　　　図2　スタティックミキサー

1. スタティックミキサーの選定

スタティックミキサーは静止混合機ともよばれ，内部にさまざまな流路障害（抵抗体）が入れてあり，液体が継続的に進行方向の変化，拡散，分割を細かく繰り返して乱流を生成し，液体が混合されます．両タイプのミキサーの特徴については「液クロ犬の巻」の"3章　試料の前処理"のQ81にくわしく記載されていますので，参照されることをおすすめします．

スタティックミキサーは2～1000 μLの内部容量（入口から出口の内部間隙体積）のものが市販されています．ミキシングノイズの低減，グラジエント応答性および再現性に留意して，適切なミキサーサイズを選択します．グラジエント分離を行うためのミキサーは装置の一部となるため，どのタイプのミキサーを使うにしろ，まずはメーカー純正品を選ぶことをおすすめします（購入後に変更すると補償の対象になりませんので，用途に合わせ十分調査してサイズを導入することが必要です）．メーカーによってはさまざまな流量でグラジエントを行えるように，流路系を切り替え，スタティックミキサーの容量を切り替えられるものもあります．島津製作所のグラジエント仕様の装置では，ミキサー内部容量が0.5, 1.7, 2.6 mLに切り替え可能な「ミキシングブロック」が装備されています．セミミクロ流量域用には「セミミクロミキサー：0.1 mL」が用意されているとのことです[2]．

スタティックミキサーの具体的選定基準については，さまざまなサイズの製品を供給しているASI社が示している選定基準を引用させてもらいます[1]．

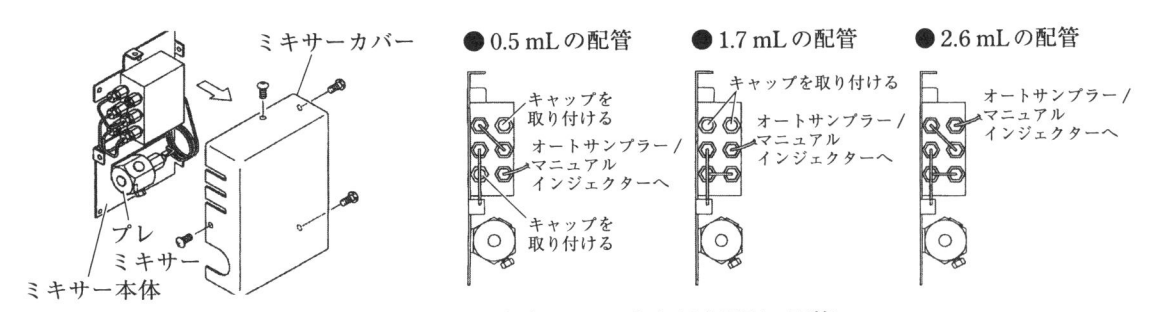

図 3 ミキシングブロックと各内部容量別の配管

2. マルチポンプ―高圧グラジエントシステムの場合

① ステップグラジエント

　流速と同じか，もしくはより小さなミキシングボリュームを選択する必要があります．これは，グラジエントの応答性と再現性をよくし，さらにベースラインノイズを最小にするためです．例えば，流速が $25\,\mu L/min$ なら $10\,\mu L$ のミキシングボリュームを使用します．

② リニアグラジエント

　ミキシングボリュームを大きくしますと，流速の変化とは無関係にノイズは小さくなります．ミキシングボリュームの上限は，許容されるディレイタイムによって決まり，グラジエントの最初と最後に現れるテーリング現象を考慮することによって決まります．ミキシングボリュームの下限は，許容されるノイズレベルによって決まります．

③ 2液混合/3液混合グラジエント

　通常はディレイボリュームが許容範囲に収まることを前提にしたうえで，最大ボリュームのミキサーを選択します．一般的には，ミキシングボリュームを大きくすればミキシングは向上します．ほとんどの HPLC ポンプでは，$150\,\mu L$ カートリッジによって適切なミキシングが得られます．

3. シングルポンプ―低圧グラジエントシステムの場合

① ステップグラジエント

　ステップグラジエントの場合，必要となるミキシングボリュームは，入口側でプロポーションバルブが供給する溶媒の流速と精度により決まります．ミキサーボリュームは流速と同じものをおすすめします（流速 $50\,\mu L/min$ に対し，ミキサーボリューム $50\,\mu L$）．もし，ノイズが大きいようなら，ワンランク大きなサイズのミキサーカートリッジを使用してください．

② リニアグラジエント

　リニア低圧グラジエントでは，一般に高圧グラジエントシステムよりも，より大きなミキシングボリュームが必要です．低圧グラジエントシステムでは，ポンプのストロークボリューム分だけ1回吸引されます．多くのポンプのストロークボリュームは $100\,\mu L$ であり，その約3倍のボリュームが必要となります．少なくとも，$350\,\mu L$ のミキシングボリュームをおすすめします．混合しにくい溶媒系の場合は，さらに大きなミキシングボリュームのミキサーを使用してください．

③ 2液混合/3液混合グラジエント

通常はディレイボリュームが許容範囲に収まることを前提にしたうえで，最大ボリュームのミキサーを選択します．一般的には，ミキシングボリュームを大きくすればミキシングは向上します．多くのアプリケーションに対して，少なくとも350 μLにしてください．

表1 ポンプ流量―ミキサーカートリッジボリューム対照表

(a) 低圧ステップグラジエント

流速(μL/min)	ミキサーカートリッジ容量(μL)
0〜25	25
25〜50	50
50〜150	150
150〜500	250 または 350
500 以上	500

(b) 高圧ステップグラジエント

流速(μL/min)	ミキサーカートリッジ容量(μL)
0〜7	2
7〜15	5
15〜35	10
35〜50	25
50〜150	50
150〜500	150
500 以上	250

(c) 高圧リニアグラジエント

流速(μL/min)	ミキサーカートリッジ容量(μL)
0〜5	5
5〜10	10
10〜20	25
20〜150	50
150〜500	150
500 以上	250

分析法研究のためオリジナルな装置を組むのであれば，容量約70 μL程度の低容量のダイナミックミキサーと低ボリュームスタティックミキサー用カートリッジを一体化したミキサーを使うことも一策です．高感度分析時のベースラインがよりいっそう安定し，再現性のある結果が期待できます．混ざりにくい溶離液を用いて低波長領域でグラジエントを行うペプチド・タンパクなどの分析にも，メーカーは有効とのことです[3]．

内部容量（カートリッジ容量）	推奨流量範囲
120 μL（ 50 μL）	10〜100 μL/min
220 μL（150 μL）	50〜1.0 μL/min
320 μL（250 μL）	500〜3.0 μL/min

図4 ダイナミックミキサーとコントローラ

ポストラベル化反応に用いるミキサーは反応の再現性，ピークの広がりの抑制，ミキシングノイズの低減に留意し，最小のサイズのものを選定する必要があります．粘度や比重が大きく異なる系で溶離液と反応試液が混ざりにくい場合には，先に述べた小容量のダイナミックミキサーを用いることも一策です．

---

1) "島津GLC総合カタログ"，60号，p.296.
2) 島津製作所，"島津高速液体クロマトグラフ用送液ユニットLC-20 AD取扱説明書"，pp.9-26.
3) ジーエルサイエンス株式会社HP,
   http://www.gls.co.jp/product/catalog-28/05/121.html

第3章 検 出 編 135

Question

69 HPLCの移動相の流量をはかる便利な器具があったら教えてください．

Answer

　装置のキャリブレーションの一つに，分析時の実際の移動相流量の測定があります．多くの場合メスシリンダーやメスフラスコを使い，ストップウォッチで所定の量までたまる時間をはかり，これから流量を計算していることが多いと思います．この方法では，メニスカスが標線を通過する瞬間を見逃さない精神的集中力，タイムラグなくストップウォッチを押す敏捷性が必須です．特に少ない流量をはかるときは，測定時間も長くなり一苦労です．さらに，揮発性の溶媒を用いた移動相では蒸発する分もあり，この方法で正確な流量を求めることは困難です．このため，自動的に流量を計測するさまざまな装置が市販されています．

　液体クロマトグラフィーでは，トレーサー方式の流量計がよく使われます．トレーサー方式というのは流体に何らかの目印を付けて，その目印の移動速度から流速を求める方法です．ガスの流量をセッケン膜の移動速度ではかるように，移動相に入れた気泡や，局所的に過熱してそのつくられた熱塊の移動速度をセンサーにより感知し，流量を求めます．以下，実際に市販されている，あるいはかつて市販されていた流量計を紹介します．

1．サイフォン管を用いて気液界面を繰り返しつくり，断続的に流量を表示する流量計

　界面のメニスカスが2点を通過する時間を屈折率の変化を利用してはかり，流量を計測する装置です．移動相が図1(b)の矢印の位置から入り，液面が上昇し光電管の光をさえぎることによる透過光の変化を2点で測定し，通過時間から速度をはかって流量を求める方式です．液が上の方のU字管部分に達すると移動相がオーバーフローして，サイフォン管の原理で管内の液を排出します．流れ込んでくる移動相がこの過程を繰り返すたびに，そのときの流量が表示さ

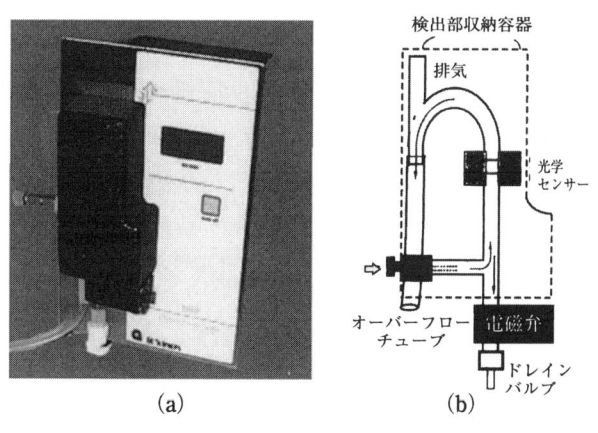

図1　HPLCデジタル流量計

れる仕組みです．この装置は比較的太い管を用いるため，毎分 0.1～10 mL 程度の流量をはかるのには適しています．

2. 移動相に発生させた熱塊を検出する方式の流量計

一方，最近の LC/MS などでは，移動相流量は μL から nL レベルになり，図 1 の流量計では計測のサイクルが非常に長くなってしまいます．毎分マイクロリットル，ナノリットル，ピコリットルの流量測定を行うための装置が市販されています（図 2）．この装置はレーザー光を用いて移動相に微少の熱塊をつくり，キャピラリー管の 2 点で熱塊による屈折率の変化を光電管センサーで検知し，熱塊の移動時間から流量を求めるものです．光電管センサー間の距離，キャピラリー管の内径を調整することにより，毎分マイクロリットル，ナノリットル，ピコリットルの流量測定を連続的に行うことが可能です．

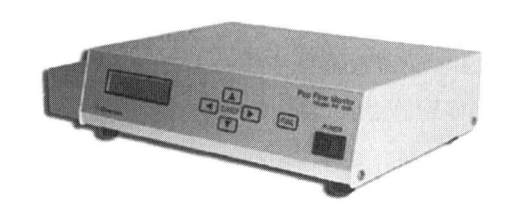

図 2 ピコフローモニター PF-04A
[株式会社ケムコ（CHEMCO SCIENTIFIC CO., LTD.）ホームページより]

3. 移動相に導入した気泡を検出する方式の流量計

市販の校正されたマイクロシリンジを用い，小さな気泡を流路内に入れ，液と気泡の界面がつくるメニスカスの移動時間を二つの LED により検出し，流量をはかる装置です．この装置では，現在 2～200 μL/min の流量測定が可能です．マイクロシリンジを変えることにより，これ以下の流量も原理的には計測可能ですが，試作品の段階です．

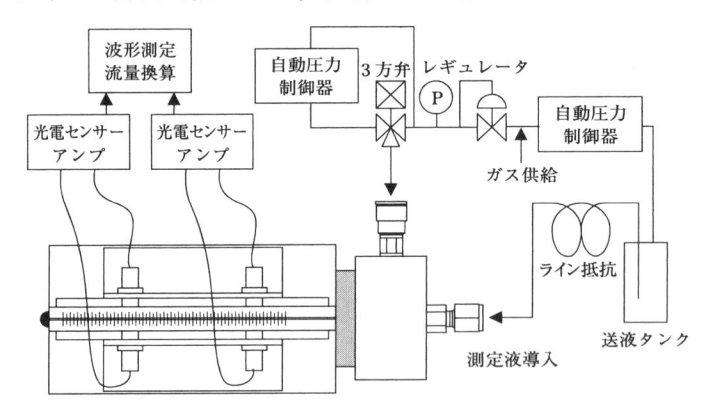

図 3 移動相の気泡を検出する流量計
[石川亨一，三平 博，トレーサー方式に基づいた液体微小流量計，第 193 回液体クロマトグラフィー研究懇談会，より]

Question

70 ELSD を初めて使います．使用にあたって，**ELSD 特有の注意点**を教えてください．

Answer

　ELSD（Evaporative Light Scattering Detector，蒸発光散乱検出器）は，溶出液を噴霧して移動相を蒸発させることにより，生じた目的物質の微粒子による光散乱を測定する検出器です（図1参照）．ELSD は，移動相の蒸発温度で蒸発または分解しない化合物であれば，原理的にすべて検出できるという汎用性に加え，検出感度が化合物の物性によらずほぼ一定であるという特長があります．

　ELSD については，「液クロ虎の巻」Q 54，「液クロ彪の巻」Q 61，Q 62 に，原理，溶媒選択，パラメーター設定などについて解説がありますが，ここでは ELSD の使用にあたって，その特有の注意点についてまとめることにします．

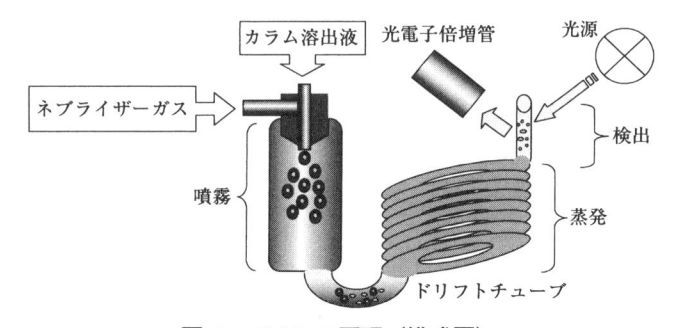

図 1　ELSD の原理（模式図）

1．ネブライザーガス

　ELSD では，溶出液を噴霧，蒸発させるネブライザーガスが必要です．ネブライザーガスとして用いられるのは，窒素もしくは空気ですが，よほど酸化されやすい物質でない限り，どちらを用いても大きな違いはありません．

　それぞれのガスの供給源としては，窒素では窒素ボンベあるいは窒素ジェネレーター，空気ではエアコンプレッサーが一般に使用されます．消費量と使用頻度から，ランニングコストも考えて選んでください．いずれの場合も，注意すべきことは，ネブライザーガス由来の微粒子が ELSD に入らないようにすることです．通常，装置入口にはフィルターが付いていますので，定期的にチェックしてください．

2．移動相

　ELSD では，蒸発しない移動相は使うことができません．特に，酸・塩基・塩類・イオンペア剤の使用においては十分な注意が必要で，基本的には LC/MS と同様に考えてください．く

わしくは，「液クロ彪の巻」Q 61 をご覧ください．なお，移動相の調製にあたっては，ガラス器具や移動相容器に不揮発性物質（例えば，前に使ったリン酸緩衝液や洗剤）が残存しないように注意してください．

3. カ ラ ム

ELSDで使用するカラムは，できる限り専用化してください．例えば，逆相カラムでリン酸緩衝液の使用履歴がある場合，ベースラインの安定に相当な時間を要します．また，知らずに使ってネブライザーを詰まらせることもありますので注意してください．

その他，シリカ系充填剤においては，移動相pHによりシリカが溶解し，これが原因でノイズが上昇することがあります．NH_2固定相を用いて，糖をアセトニトリル/水移動相で分離する場合には，ポリマーベースの充填剤を用いることをおすすめします．

4. 装 置 流 路

ELSD用の移動相を調製し，ELSD専用カラムを用いて，いざ分析開始……と思っても，ノイズが高く，なかなかベースラインが安定しないことがあります．この場合，装置流路の汚れが考えられますので，特に，前にリン酸緩衝液を使用したときには十分な水洗が必要です．

また，夾雑物として不揮発性物質を多く含む試料を分析した場合，ネブライザーやドリフトチューブが汚染され，ノイズ上昇，ベースラインドリフトの原因になることもあります．このような場合には，使用しているELSDの取扱説明書に従って洗浄を行う必要があります．

5. 排　　気

ELSDには排気チューブが付いていますが，この排気チューブを排気口に取り付ける場合，吸引力が強すぎるとドリフトチューブ内における溶媒の蒸発効率が低下し，ノイズ上昇の原因になることがあります．製品の設置要綱書にもとづき，適切に設置してください．

また，排気チューブ中に液滴が滞留したり，チューブ内に詰まりが生じた場合も，ノイズ上昇や負ピーク出現の原因になることがあります．排気チューブの折れ曲がりやよじれにも注意が必要です．

Question

71 PDA検出器で確認試験と定量試験をかねる場合の正しい運用方法を教えてください．

Answer

　液体クロマトグラフィーで用いられるPDA（Photo Diode Array）検出器は，クロマトグラムと可視・紫外域のスペクトルが同時に得られる大変便利な検出器です．このため，確認方法と定量方法は原則として「原理的に異なる方法で行う」ことが求められており，医薬品の品質管理の分野で多用されています．また，多成分を含む医薬品では個々の成分の極大吸収で測定すると測定が煩雑になるため，多くの対象成分が強い吸収をもつ205〜220 nmで測定することが増えてきています．これは不純物の少ない溶媒が入手できるようになり，この波長領域でのバックグラウンドが低下したことに支えられています．このような背景から，高感度で安定した結果を得るために，「対象物質の極大吸収」で検出するという基本は過去のモノとなっています．

　筆者が相談を受けた分析法は，PDAを用いて220 nmのクロマトグラムで定量を行い，同時に得られたスペクトルで確認を行った方法です．よく見ると，そのうちのいくつかの成分が「200〜230 nmのスペクトルパターンが標準と一致する」ことで，成分を確認することとしてありました．筆者はこれに対し，「対象物の構造に由来する極大吸収」のスペクトルで行うべきで，「確認方法」は不適当としました．担当者はPDAで特異な極大吸収が得られないため，このように設定したといいました．

　紫外部の200〜230 nm付近は必ずしも構造に由来して吸収が生じる領域ではないため，多くの化合物がこの付近に吸収をもちます．カルボニル基をもつ長鎖の脂肪酸も，この領域では吸収をもちます．このため，「構造に由来する吸収」とはいいがたいことが一つです．また，PDAに限らず，今日の分光光度計はデジタル処理を行うため，透過率がゼロに近い領域でも演算により「スペクトル」を表示します．このため，確実性は必ずしも高くありません．このような理由から，筆者は「不適」と考えました．この領域にしか吸収をもたないのであれば，別の化学的手段で確認を行う必要があると思います．

　このときは，定量用の試料溶液では濃度がうすく，本来270 nm付近に出る極大吸収がPDAではきちんと読み取れなかったということが真相です．別に確認試験用の高濃度の試料溶液を調製して，「構造に由来する極大吸収」を採取することにより確認することとしました．

　医薬品などで多成分同時分析を行ううえでPDAは非常に便利な検出器ですが，対象成分の量比を考えると，いつでもすべての成分の定性と定量を同時に行えるとは限らない点を，心の隅でキチンと抑えておく必要があります．

　参考のために，化学構造と基本的な紫外部の吸収帯について，表1にまとめます．

表 1　対象化合物と紫外部吸収帯

原子団	化合物例	λ_{max}/nm	ε_{max}	溶媒
RCH=CHR′	エチレン	165, 193	15 000, 10 000	気体
RC≡CR′	アセチレン	173	6 000	気体
RR′−C=O	アセトン	192, 271	900, 12	エタノール
RHC=O	アセトアルデヒド	293	12	エタノール
−COOH	酢酸	204	60	水
>C=N	アセトオキシム	190	5 000	水
−N=N−	ジアゾメタン	～410～	～1 200	気体
−N=O	ニトロソブタン	300, 665	100, 20	ジエチルエーテル
−NO$_2$	ニトロメタン	271	19	エタノール
−ONO$_2$	硝酸エチル	270	12	ジオキサン
−ONO	亜硝酸オクチル	230, 370	2 200, 55	ヘキサン
>C=S	チオベンゾフェノン	620	70	ジエチルエーテル
>S→O	シクロヘキシルメチルスルホキシド	210	1 500	エタノール

["分析化学実験ハンドブック"，丸善]

Q：　HPLC装置が高く積み上がっています．よい地震対策はないでしょうか？

A：　実験室のスペースの関係で，装置を2段重ねなどにするのは仕方がないことかもしれません．一般に重いユニット（ポンプなど）は下に，検出器やデガッサーなどはポンプの上に置きます．

　　　地震対策としては，各ユニット同士を互いに固定し，さらに一番下に置くユニットは実験台と固定することが有効と考えられます．最近では，ゲル剤を用いた耐震グッズやストッパーにより各ユニットを固定する耐震グッズが市販（URL, http://www.lintec21.com）されています．

4章　LC/MS編

Question

72 LC/MS インターフェイスの種類，選択のコツを教えてください．

Answer

　1980年ころから開始されたLC/MSの研究とともに，LCとMSのインターフェイスとなるさまざまなイオン化法の開発が行われています．タンパク質などの生体高分子化合物に有効なイオン化法であるESI法，MALDI法を含めて，現在までに10種以上イオン化法が開発されてきました．測定対象化合物の範囲も大きく拡げられていますが，いまだにすべての化合物や溶離法に適した万能のインターフェイスはなく，化合物の特性，移動相の種類・流量，グラジエントの可否，連続分析の必要性などから適するものを選択し，使い分けを行います．

　現在汎用されているLC/MSインターフェイスの共通の特徴として，ソフトなイオン化であることが第一にあげられます．ソフトなイオン化の特徴を簡単に説明します．

　① 液体の噴霧とイオン-分子反応を利用

　液体を微細な液滴に霧化（単分子への気化ではなく），溶媒と試料分子の間でイオンや電荷移動を行い，試料分子をイオン化します．

　② 霧化のために気化熱を利用

　霧化のための加熱は気化熱に使われます．また，プロトン移動反応は低エネルギーです．分子イオンが壊されずに検出されやすくなります．

　③ プロトン移動反応

　プロトン移動反応の熱力学的な背景を，下式で簡単に示します．LC/MSでは，溶媒：B_1，試料：B_2とします．

　最初に，溶媒間のプロトン移動反応によってB_1H^+が生成します．

　B_1H^+と試料分子との反応によって，プロトン化された試料分子が生成します．

$$B_1H^+ + B_2 = B_1 + B_2H^+$$

$$\text{平衡定数 } K = [B_1][B_2H^+] / [B_1H^+][B_2]$$

$$\Delta G = -RT\ln K$$

プロトン親和力：PAとすると，$\Delta H = PA(B_1) - PA(B_2)$，$\Delta G \fallingdotseq \Delta H$

　発熱反応の場合，イオン-分子反応が速く進みます．：$\Delta H < 0$

　試料のプロトン親和力の方が溶媒のプロトン親和力より大きい場合に，溶媒から試料へのプロトン移動反応が起きます．この性質を利用すれば，プロトン親和力の大きい官能基をもつ成分や極性の高い成分の検出に有利です．

　おもなLC/MSインターフェイスと測定対象物質の関係を，図1に示します．

　現在最もよく使用されているインターフェイスは，大気圧化学イオン化法（APCI）とエレク

トロスプレーイオン化法（ESI）で，いずれも大気圧下でイオンが生成することから，大気圧イオン化法（API）と総称されます．また，その他のAPIとして，大気圧光イオン化法（APPI）やソニックスプレーイオン化法（SSI），コールドスプレーイオン化法（CSI）が実用化されています．さらに，サーモスプレー（TSP），パーティクルビーム（PB），FRIT/FABなど最近ではあまり使われていませんが，それぞれに特長をもつイオン化法もあります．以下，今後注目されるイオン化法（必ずしもLC/MS用としては開発されていないものも含む）も合わせて，簡単に説明します．

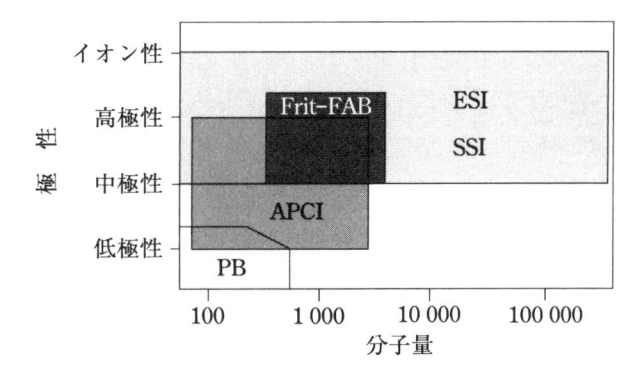

図1　各種LC/MSインターフェイスと測定対象物質の関係

① ESI

溶離液中で電離している化合物を大気中に抽出するソフトなイオン化法です（図2）．正イオン検出ではH^+付加，またはNa^+付加の擬分子イオンを生成します．染料，抗生物質，生体関連物質などの中～高極性，イオン性化合物の分析に適しています．特に，ペプチド，タンパク質にこれを適用し正イオン検出した場合，構成アミノ酸中の塩基性アミノ酸の数+1に相当する価数の多価イオンを生成することにより，大きな分子量の化合物を低いm/z領域にて検出することができます．イオン化に大きな熱が介在しないため，熱不安定な化合物の測定に適しています．

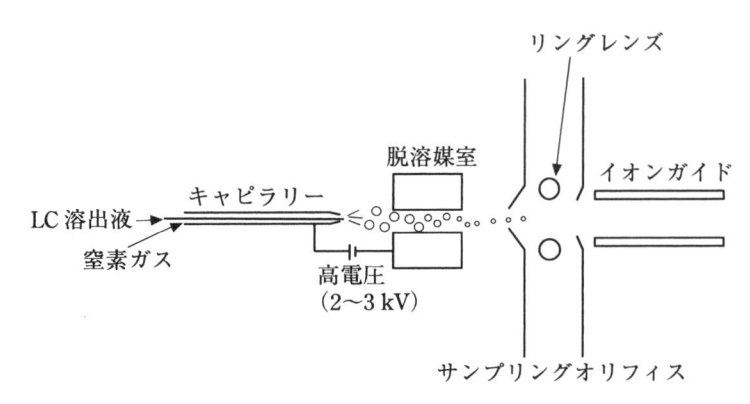

図2　ESIイオン源の概念図

② APCI

コロナ放電を用いて，LC の溶媒を試薬イオンとしたソフトなイオン化法です（図3）．APCI には ESI とほぼ同じインターフェイスが用いられますが，相違点は液滴噴霧後コロナ放電領域に導入し，移動相溶媒との化学イオン化にてイオン化を行う点で，正イオン検出では溶媒は試料に対して酸として作用し $(M+H)^+$ を，負イオン検出では溶媒は塩基として作用し $(M-H)^-$ を擬分子イオンとして観測できます．ステロイド，アミノ酸，農薬などの化合物の分析に適しています．一般的には，ESI よりも極性の低い化合物に適しているといわれています．また，化学イオン化と同様多量の反応イオン種が必要となるため，移動相流量は 1 mL/min 程度が要求されます．液滴の乾燥のために高温での加熱が必要で，熱不安的物質の分析にはやや難があります．

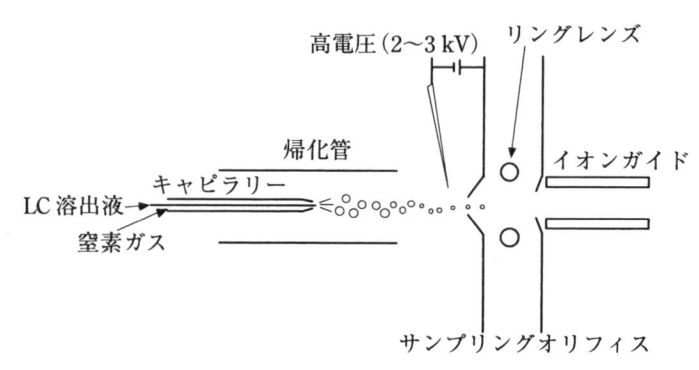

図 3　APCI イオン源の概念図

③ SSI

キャピラリーへ試料溶液を導入し，音速領域の窒素ガスを利用して試料をスプレーします．このとき，液滴表面において電荷の分布に偏りが生じると，液滴が分裂し電荷をもつ液滴が生成されます．この液滴から溶媒が蒸発することにより，イオンを生成させる方法です．高電圧，熱を使用しないソフトなイオン化です．ESI 同様，高極性化合物の分析に有効です．

④ APPI

高圧窒素ガスにより噴霧された試料成分に光を照射し，光子のエネルギーで試料成分分子を

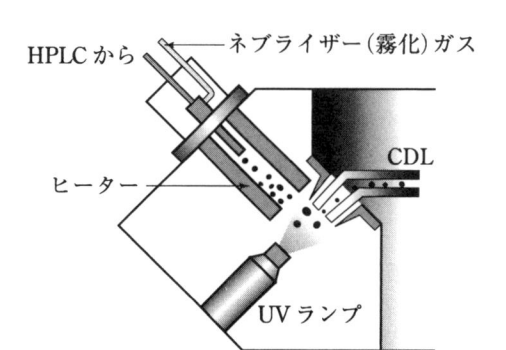

図 4　APPI イオン源の概念図
［株式会社島津製作所ホームページより］

イオン化する方法です(図4).使用している光の波長を吸収する構造を有する化合物ほど,イオン化されやすいという特徴をもちます.一般的には,芳香族系の低極性化合物の分析に適しているといわれています.

⑤ TSP

加熱ネブライザーにより噴霧・気化された試料成分を,低真空下,コロナ放電によってイオン化する方法です(図5).コンベンショナルHPLCとの直結を初めて可能にしたインターフェイスとして,一世を風靡した感のあるインターフェイスです.APCIと構造,イオン化の方式は非常によく似ています.APCIが汎用的に使用されるようになってからは,あまり用いられていません.

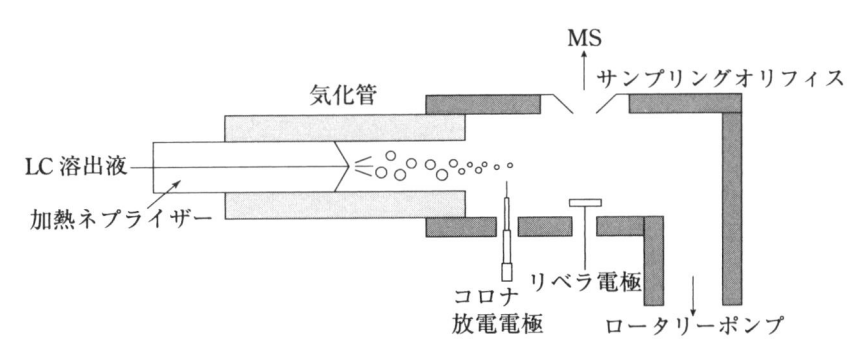

図5 TSPインターフェイスの概念図

⑥ PB

LCからの溶出液を高圧のHeガスによって噴霧し,スキマーを通過する際にHeや低分子の移動相溶媒分子などがロータリーポンプによって排気され,試料成分分子が電子衝撃(EI)イオン源に導入されて,イオン化されます(図6).NISTやWileyなどのデータベースに登録されているスペクトルと同じEIでイオン化されるため,これらのデータベースを用いた検索が可能です.

LC分離が必要でかつEIで効率よくイオン化される化合物が多くないため,あまり使用されていませんが,一部農薬分析などに有効です.

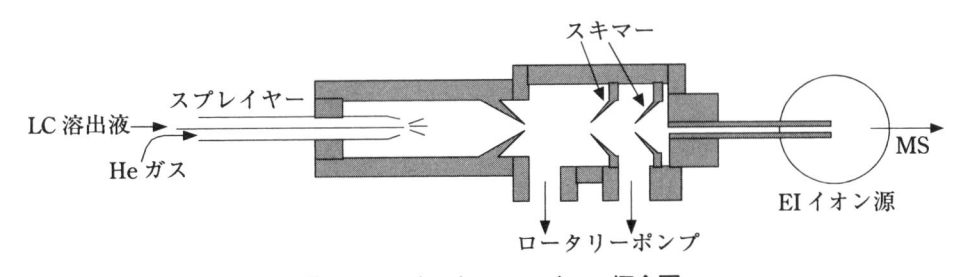

図6 PBインターフェイスの概念図

⑦ FRIT/FAB

高速原子衝撃(FAB)イオン化を利用したインターフェイスです（図7）.

LCからの溶出液をマトリックスとよばれるイオン化促進剤と混合し，プローブを解してイオン源に導入し，Fritとよばれるステンレスメッシュに染み出させて，高速Xe粒子を衝突(FAB)によってイオン化させる方式．ESIやAPCIでイオン化されないあるいは解析困難なスペクトルが得られるような試料に対して，よりよい結果を与える可能性があります．真空中に直接液体を導入するため，導入量に制限があります（～数μL/min）．

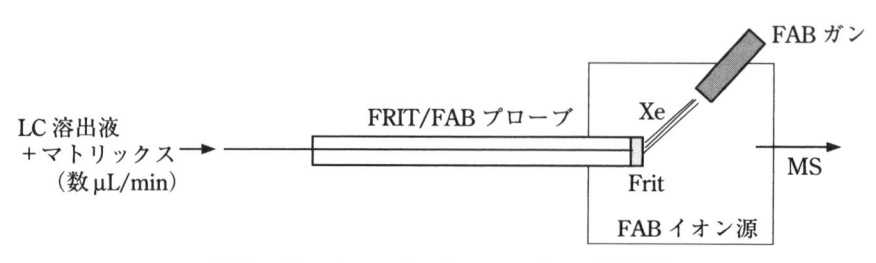

図7 FRIT/FABインターフェイスの概念図

⑧ CSI[1]

操作上，低温下で起こるエレクトロスプレーともいえるイオン化ですが，イオン化のメカニズムはESIと異なり，溶媒和によるイオン解離であるとされています．イオン源の構造はESIに類似しており，ネブライジングガスを液体窒素などで冷却して用います（図8）．ESIで必要な高電界は必要としません．低温でのイオン化が可能であるため，金属錯体を中心とした，配位結合などの非常に弱いエネルギーで結合している分子を壊さずにイオン化することができます．現在のところ，LCを接続したオンライン分析の例はあまり知られていません．

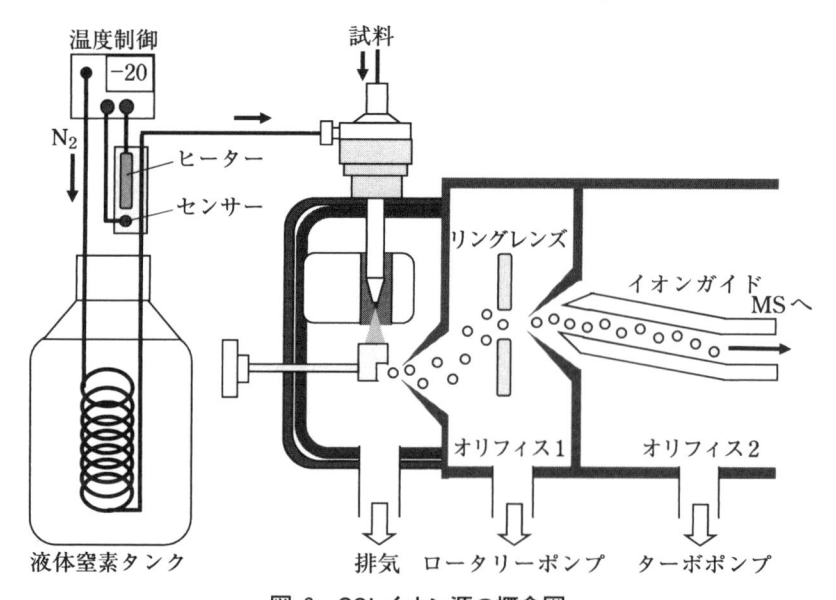

図8 CSIイオン源の概念図

⑨ MALDI (Matrix-Assisted Laser Desorption Ionization)

　ターゲット上の試料をパルスレーザーにてイオン化する手法で，対象化合物が使用するレーザーの波長を吸光する性質をもっていない場合は，吸光能をもったマトリックスが必要となります．一般に，マトリックスを用いない手法をレーザーデソープション，マトリックスを用いる場合をMALDIとよんでいます．一般的市販の装置では，窒素レーザーが用いられています．特に，数万を超える生体高分子の高感度分析に用いられます．最近では，キャピラリーLCによって分離された成分溶液にマトリックス溶液を混合し，連続的にターゲット上にスポティングあるいは塗布して分析する，いわゆるオフラインLC/MSとして用いられることがあります．

⑩ DART™ (Direct Analysis in Real Time)

　大気圧イオン源の一種で，試料の前処理をいっさい必要としない質量分析の手法（装置）として最近注目されています．Heガスをコロナ放電のエネルギーで励起し，サンプリングオリフィスに吹き付けます．励起Heが大気中の水分子と衝突することで水クラスターイオンが生成します．励起He流に試料をかざすと，生成した水クラスターイオンが試料に衝突し，試料中の揮発性成分がイオン化され，サンプリングオリフィスより質量分析計に導入されます．液体，固体，気体，試料の状態や形状を問わず，直接分析することが可能です．そのため，化学合成反応の in situ での追跡，錠剤の品質確認などへの応用，さらには，TLC (Thin Layer Chromatography) プレート上に展開された試料成分を直接分析することが可能なので，TLC-MSとしての応用が期待できます．

⑪ DESI (Desorption Electrospray Ionization)[2]

　DART同様，試料の前処理をいっさい必要としない大気圧イオン源です．メタノールなどの溶媒をエレクトロスプレーし，スプレーを試料に衝突させることで試料中の（固形試料の場合は表面の）成分がイオン化されます．期待される用途は，基本的にDARTと同じです．ESIという名前が含まれてはいますが，試料を帯電液滴としてイオン化する訳ではないので，タンパク質の分析などに用いることはできません．

---

1) K. Yamaguchi, *J. Mass Spectrom.*, **38**, 473 (2003).
2) Z. Takats, J. M. Wiseman, B. Gologan, R. G. Cooks, *Science*, **306**, 471 (2004).

Question

73 モノアイソトピック質量とは何ですか？

Answer

通常，私たちが使用している分子量は平均質量といわれるものです．平均質量は，各元素の相対原子質量（原子量）を用いて計算されます．相対原子質量は，元素の天然同位体存在度を考慮し，算出された平均値です．

一方，モノアイソトピック質量は，各元素の単一同位体の精密質量を用いて計算されます．通常，天然同位体存在度が最大の主同位体の精密質量を用います．モノアイソトピック質量は，おもに質量分析で用いられる質量です．

表1 おもな元素の安定同位体の質量および存在度

元素記号	原子量	核　種	質　量（u）	天然同位体存在度（%）
H	1.00794(7)	^{1}H	1.0078250319	99.9885
		^{2}H	2.0141017779	0.0115
C	12.0107(8)	^{12}C	12	98.93
		^{13}C	13.003354838	1.07
N	14.0067(2)	^{14}N	14.0030740074	99.632
		^{15}N	15.000108973	0.368
O	15.9994(3)	^{16}O	15.9949146223	99.757
		^{17}O	16.99913150	0.038
		^{18}O	17.9991604	0.205
S	32.065(5)	^{32}S	31.97207073	94.93
		^{33}S	32.97145854	0.76
		^{34}S	33.96786687	4.29
		^{36}S	35.96708088	0.02
Cl	35.453(2)	^{35}Cl	34.96885271	75.78
		^{37}Cl	36.96590260	24.22
Br	79.904(1)	^{79}Br	78.9183379	50.69
		^{81}Br	80.916291	49.31
I	126.90447(3)	^{127}I	126.904468	100

数値の後の（　）内の数字は最後の桁の値に対する不確かさを示す．

例として，寄生虫駆除剤ニトロキシニルとオキシクロザニドの平均質量とモノアイソトピック質量を計算しました．ニトロキシニル（分子式：$C_7H_3IN_2O_3$）の場合，平均質量およびモノアイソトピック質量は，それぞれ290.0148，289.9188となります．一方，構成元素に塩素を含むオキシクロザニド（分子式：$C_{13}H_6Cl_5NO_3$）では，平均質量が401.4566，モノアイソトピック質量が398.8790と，両者の値に差があります．図1，図2に，ニトロキシニルとオキシクロザ

ニドのESIマススペクトルをそれぞれ示しました．平均質量とモノアイソトピック質量との値にあまり差がないニトロキシニルのESIマススペクトルでは，脱プロトン化分子 [M－H]$^-$ のピークと同位体イオンの小さいピークが認められます．それに対して，平均質量とモノアイソトピック質量との値に差があるオキシクロザニドのESIマススペクトルでは，脱プロトン化分子 [M－H]$^-$ のピークと複数のイオン強度の高い同位体イオンのピークが認められます．

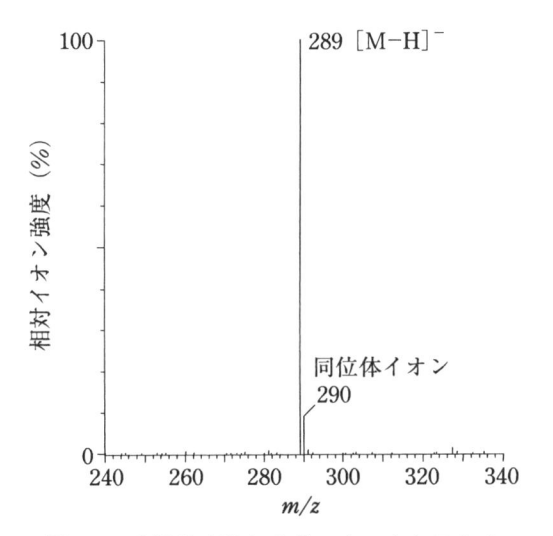

図1　LC/ESI-MSによるニトロキシニルのマススペクトル

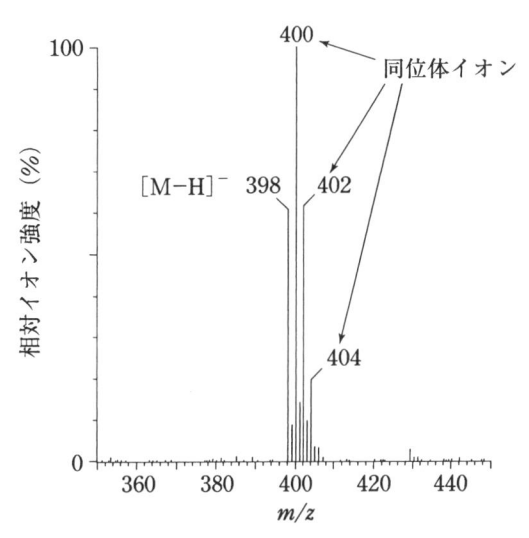

図2　LC/ESI-MSによるオキシクロザニドのマススペクトル

Question

74 LC/MS と GC/MS で得られるフラグメンテーションが異なる理由は何ですか？

Answer

　ある物質を LC/MS と GC/MS で分析する場合，もとの構造が同一でも生成したイオンの構造は異なります．通常，有機分子は中性の状態では偶数の電子をもっています．
　GC/MS でよく用いられるイオン化法である EI では，もとの分子構造を維持したイオンとして，通常 $M^+ \cdot$（分子から電子が一つとれたイオン（分子イオン））が得られます．そして，余剰の内部エネルギーをもった分子イオンが開裂（フラグメンテーション）して，フラグメントイオンが得られます．
　一方，LC/MS で汎用的に用いられているイオン化法である ESI や APCI では，EI で得られる分子イオンとは異なり，通常 $[M+H]^+$（分子にプロトンが付加したイオン（プロトン化分子））や $[M-H]^-$（分子からプロトンが脱離したイオン（脱プロトン化分子））が得られます．ソフトイオン化であるために，イオン化の際分子に印加されるエネルギーではフラグメンテーションはほとんど起こらず，In-source CID や MS/MS における CID でフラグメンテーションが起きます．
　前述したように，EI で得られる分子イオンは，中性分子から電子が一つとれた状態なので奇数個の電子をもち，ESI や APCI で得られるプロトン化分子や脱プロトン化分子は，中性分子から電子数の変更はありませんから，偶数個の電子をもちます．もともと同じ構造の物質でありながら，GC/MS と LC/MS でフラグメンテーションが異なるのは，この電子状態の違いによるところが大きいといえます．
　また，EI で得られる分子イオンは，分子の最外核電子群の一つがはじき飛ばされることによって電荷をもつため，電荷の位置は非局在化しています．一方，ESI や APCI では，プロトンを引き付けやすい官能基へのプロトン付加，プロトンを放出しやすい官能基からのプロトン脱離によってイオンが生成するため，電荷の位置はそれらの官能基に局在化しています．GC/MS と LC/MS でフラグメンテーションが異なるのは，この違いに起因することも考えられます．

Question

75 LC/MS(/MS)によって得られる分子関連イオン以外のフラグメントイオンの帰属は，どのような点に注意して解析すればよいですか？

Answer

　Q 74 の回答にもありますが，通常 LC/MS で得られる試料分子の構造を最も反映したイオンは，[M+H]$^+$（プロトン化分子）や [M−H]$^-$（脱プロトン化分子）です．プロトン化分子における電荷の位置は，プロトンが付加しやすい官能基に局在化しており，フラグメンテーションは，その電荷を維持しながら起こります．一方，GC/MS で得られる分子イオン（M$^+$）では，電荷の位置は非局在化していますから，電荷の位置に関係なく，結合エネルギーの弱い結合から順番に開裂が起こります．

　GC/MS で用いられている EI のイオン化電圧は通常 70 eV，LC/MS における In-source CID のフラグメンター電圧は数十 V です．フラグメンテーションにおける印加電圧は同程度なので，同じ位置の結合が開裂する可能性が高いということになります．

　前述したような，電荷状態の違いからくるフラグメンテーションの様式の違いはあるものの，GC/MS で得られる分子イオンのフラグメンテーションは，LC/MS で得られるプロトン化分子や脱プロトン化分子（偶数電子イオン）のフラグメンテーションを解析するうえで参考になり得ます．

　以下の論文[1] は，偶数電子の有機分子のフラグメンテーションについて書かれたものです．参考にしてください．

---

1) 中田尚男, *J. Mass Spectrom. Soc. Jpn.*, **54**(4), (2002).

Question

76 LC/MS におけるデータのサンプリング速度とスペクトルやクロマトグラムとの関係はどうなっていますか？

Answer

　LC/MS では，LC によって分離された試料成分を連続的に順次 MS に導入しながら，一定時間ごとにマススペクトルを測定し記録します．横軸に時間をとり，縦軸に1枚1枚のマススペクトルの全イオン強度変化をとり，それらの関係をプロットしたのが，トータルイオンクロマトグラム（TIC）であり，特定質量イオンの強度変化をプロットしたものをマスクロマトグラム（MC）といいます．1枚1枚のマススペクトルを記録する時間を長くとることで，検出器に飛び込んでくるイオン量は多くなりますので，マススペクトル強度は，記録時間が短いときに比べると大きくなりますし，S/N も向上します．また，TIC や MC の S/N も大きくなります．このことは，マススペクトルを記録する測定以外にも，特定質量イオンだけを選択的に記録しクロマトグラムデータのみを得る測定法（選択イオン検出法（SIM）や選択反応検出法（SRM あるいは MRM））にもあてはまります．

　一方，LC で分離された試料成分は，限られた時間のみ MS に導入されますので（数秒〜数十秒間），マススペクトル記録時間を長くとりすぎると，イオン強度変化をプロットする際，クロマトグラムの形状を正しく表すことができなくなるという問題が発生します．このような条件は，LC/MS を定量分析に用いる際には適していないといえます．通常の LC/MS 測定条件では，クロマトグラムピークに対して 10〜20 ポイント程度データがとれるようなマススペクトル記録時間を設定するとよいでしょう．

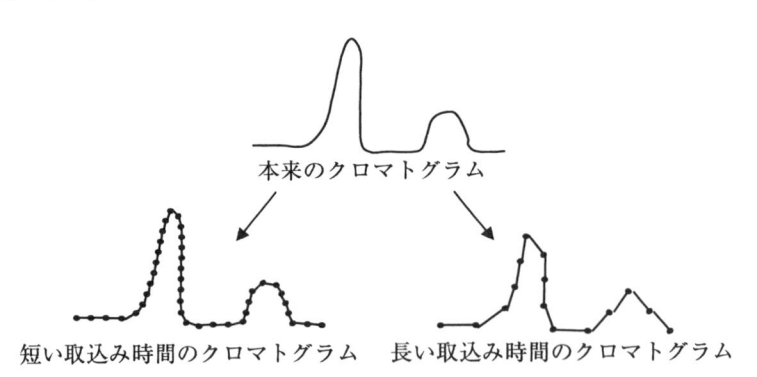

図 1　適切なマススペクトル記録時間の設定

Question

77 未知試料をLC/MSで分析する際に推奨されるMS条件設定の手順を教えてください．

Answer

　未知試料とは，試料に含まれている成分が未知な場合と，試料成分の濃度が未知な場合があると思います．ここでは，前者の未知試料を想定して説明します．

1．イオン化モードの選択

　成分未知の試料をLC/MS分析する場合，まず適切なイオン化モードを選択することが重要です．イオン化モードとは，イオン源種類と極性を合わせたもので，正イオンESI（ESI＋）や負イオンAPCI（APCI－）などといいます．複数種類のイオン源があるときは，まず試料溶媒からイオン源を選択します．ESIは高〜中極性，APCIは中〜低極性，APPIは低極性*の化合物のイオン化に適しているといわれていますので，測定試料が溶解している溶媒の極性からイオン源を選択するのが常套手段です．例えば，水やメタノール，アセトニトリルが溶媒の場合はESI，クロロホルムや酢酸エチルが溶媒の場合はAPCIがよいでしょう．ただし，これらはあくまでも目安であり，例外もあることは承知しておいてください．次に極性の選択ですが，イオンペア試薬を用いた移動相条件がわかっている場合を除き，両方の極性で分析することを推奨します．

　また，試料をループインジェクションでMSに導入し，そのマススペクトルから適したイオン化モードを探す方法も実用的です．通常のLC/MSの装置条件で，LCカラムの代わりにユニオンを接続します．その状態で試料を注入すると，注入後数秒で（移動相流量や装置構成に依存），試料は混合物のままLC/MSに導入されます．当然複雑なマススペクトルが得られますが，試料由来のイオンが最も多く検出されているイオン化モードを選択します．一度の測定は30秒程度で終了しますから，ESI/APCI，＋／－を切り替えても，イオン源条件が安定する時間を含めて30分程度で適したイオン化モードを選択することができます．

2．イオン源のパラメーターの決定

　次に，イオン源の各種パラメーターを決定します．イオン源の各種パラメーターの名称は，メーカーによって異なりますので，図1を参考にしてお使いの機種に対応させてください．通常の分析でユーザーが操作するイオン源パラメーターはそれほど多くありません．代表的なものは以下です．

　① オリフィス電圧（コーン電圧，キャピラリー電圧ともよぶ）

＊ APPIは光照射によるイオン化法なので，使用する波長の光を吸収し励起される物質がイオン化されます．一般的には，芳香族化合物などの低極性化合物の分析に適しているといわれています．

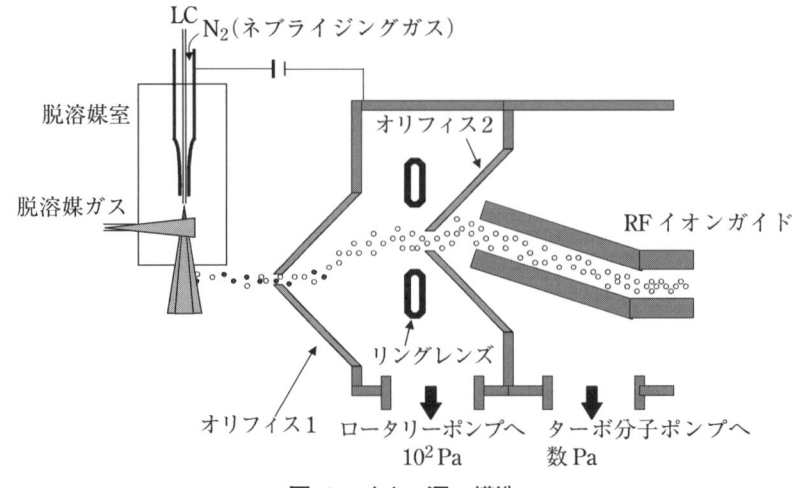

図 1 イオン源の構造

② イオンガイド RF（Radio Frequency）電圧
③ 脱溶媒温度

　オリフィス電圧はスペクトルパターンに影響を与えるパラメーターです．ESI や APCI はソフトなイオン化法で，通常フラグメントイオンは生成しにくいといわれていますが，オリフィス電圧を高く設定することで，フラグメントイオンを生成させることができます（In-source CID，「液クロ虎の巻」Q 83 参照）．目的に応じて電圧値を設定してください．メーカー推奨の標準電圧を参考にするとよいでしょう．

　イオンガイド RF 電圧は，イオンガイドを通過させるイオンの質量に応じて変化させるパラメーターです．イオンガイドは，4～8 本の円柱電極から構成される LC/MS インターフェイスの主要ユニットで，RF 電圧を設定することで，検出したいイオンの質量領域を選択できます．マススペクトルの取込みに連動して RF 電圧を走引できる装置もあるので，活用すると便利でしょう．

　脱溶媒温度は，移動相流量，移動相中の水の割合，試料成分の熱安定性などを目安に設定します．移動相流量が多いほどまた移動相中の水の割合が多いほど，脱溶媒温度を高めに設定すると安定した分析が可能になります．ただし，試料成分が熱的に不安定な化合物の場合にはこの限りではありません．

　LC 条件の設定については，Q 78 で説明します．

　その他のイオン源パラメーター条件，MS 本体の各種パラメーター条件，マススペクトルの取込みに関する条件など，LC/MS では実に多くの条件設定が必要になりますが，前述した以外のパラメーターは，通常標準的な設定を変える必要が少ないので，ここでは省略します．

　ただし，マススペクトル取込みスピード（データサンプリングスピード）は，感度や定量精度に影響を与えるパラメーターです．くわしくは，Q 76 を参照してください．

Question

78 未知試料をLC/MSで分析する際に推奨されるLC条件設定の手順を教えてください．

Answer

LC/MSのLC条件（特に，移動相条件）設定において，重要なことがいくつかあります．
① 不揮発性移動相は基本的に使用できない．
② APCIとESIで最適な移動相流量が異なる．
③ 移動相中の水の割合が多くなると，イオン化効率は低下する．

これらのことを考慮し，LC/MS分析におけるLCの条件設定をするとよいでしょう．以下，上記の項目について順に説明します．

① これからLC/MS分析を行う試料に対して，すでに不揮発性の緩衝液やイオンペア試薬を用いて条件設定が終了している場合，それら不揮発性の移動相を，LC/MSで使用可能な揮発性の移動相に変更する必要があります．LC/MSで使用可能な緩衝液については，「液クロ犬の巻」Q 95 を，イオンペア試薬については「液クロ彪の巻」Q 92 をご参照ください．

② APCIイオン源の最適な移動相流量は，通常1 mL/minです．いわゆるコンベンショナルなカラムを使い，移動相を直接イオン源に導入することが可能です．一方，ESIイオン源の最適移動相流量は，APCIよりも低いのが一般的です．ESIイオン源の種類にもよりますが，通常数十 μL～数百 μL/min 程度でしょう．カラムの内径では，1.0～3.0 mm，いわゆるセミミクロカラムとなります．APCIとESIでLC条件を共有したい場合，多少の感度低下には目をつぶって，1 mL/minの移動相をESIイオン源の手前で数分の一程度にスプリットするか，セミミクロ条件でそのままAPCIイオン源に導入するかを選択することになります．

③ 水溶性の高い化合物を逆相クロマトグラフィーで分離する場合，C 30などアルキル鎖の長い固定相を選択しても，水の多い移動相条件で分離することになります．水の多い移動相条件では，特にESIにおいて液滴の乾燥が遅くなり，イオン化効率が低下します．HILLICモードを使用することで，有機溶媒の多い移動相条件で水溶性化合物を分離することができ，イオン化効率を増大させることが可能になります．

また，順相クロマトグラフィーでヘキサンなどの低極性溶媒の割合が多くなると，イオン化効率は低下します．

LC/MSにおいては，LCでの分離が不十分でも質量分離が可能になる場合が多いので，LC分離条件検討は，UVなどを検出器に用いた場合に比べるとラフに行ってもよいといえます．急勾配のグラジェント条件から，分離条件検討を始めるとよいでしょう．

その他のLC条件で，LC/MS分析に特化したものはありません．

Question 79

LC/MS/MS，MRM での多成分同時微量分析で，特定の成分のみがばらつきますが，その原因にはどんなことが考えられますか．実試料だけでなく標準試料の分析でも観察され，UV 検出器では観察されません．解決方法も教えてください．

Answer

このような問題を引き起こす主要因として，夾雑物質共存による，分析種のイオンサプレッション，イオンエンハンスメントとよばれる現象が考えられます．MS 特有の現象で，その代表的な原因は，以下のとおりです．

① 分析種と未分離で溶出するサンプルマトリックス成分
② 移動相の汚染
③ 移動相中の酸，アルカリ，緩衝液
④ 分析カラムの汚染
⑤ 分析カラムの結合相脱離
⑥ サンプルバイアルの汚染

本問の場合，実試料だけでなく標準試料でもばらつきが観察されていることから，上記①が原因でないことがわかります．次に，移動相中の酸，アルカリおよび緩衝液が原因である場合，一定条件であれば，通常，同じ性質の分析種について同様のイオンサプレッションもしくはエンハンスメントが起こるので，これも本問の原因である可能性が低いと思われます．

この二つ以外の要因について，以下に解説いたします．

1. 移動相の汚染

グラジエント送液法において，移動相 A がまったく有機溶媒を含んでいない場合は，時間がたつとバクテリアが繁殖し汚染源となることがあります．移動相 A 中の汚染成分は，グラジエント溶離の平衡時にカラムに濃縮され，グラジエントによって溶出し特定ピークに重なることがあります．「グラジエント平衡化時間を変えることによりサプレッションの度合いが変化する」，「移動相を新しく調製しなおすことにより解決する」のであれば，移動相の汚染が原因として疑われます．

バクテリアの繁殖は単なる汚染でとどまらず，分析カラムを詰まらせる原因となります．新鮮な移動相を使用することが最大の解決法ですが，移動相Aに 5% 程度の有機溶媒をあらかじめ添加することもバクテリア繁殖を抑えるのに効果的です．

2. 分析カラムの汚染

分析カラムの汚染は，前述の移動相の汚染や後述するサンプルバイアルの汚染などがカラムに蓄積，または以前の分析のキャリオーバーがカラムに残存することで起こり，それらの溶出

が対象分析種の溶出に重なると，イオンサプレッションまたはエンハンスメントを起こす可能性があります．

使用しているカラムの取扱説明書に従い，カラムの洗浄，再生を行ってください．また，ガードカラムを使用してそれを定期的に交換することにより，分析カラムの汚染を未然に防ぐことも効果的です．

3．分析カラムの結合相脱離

分析カラムの結合相が加水分解され，カラムから溶出すると，それがイオンサプレッションの原因となる場合があります．このような現象はカラムブリードともよばれ，使用カラムによりLC/MS，LC/MS/MS のレスポンスに差が出る場合があります．図1に，その例を示します．

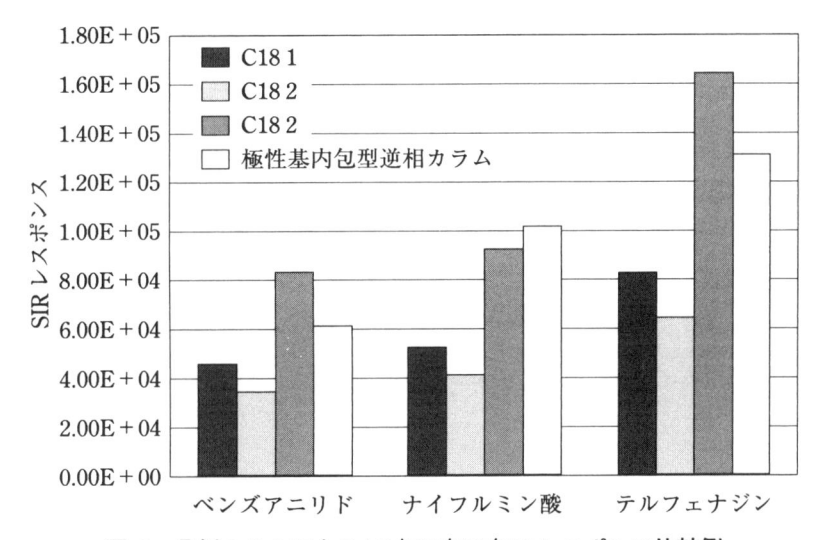

図1 分析カラムによるLC/ESI/MS/MS レスポンス比較例

同一条件における同一分析種の分析で，1～3の異なるC18 カラムおよび極性基を内包した逆相カラムを使用した例です．テルフェナジンにおいては2倍以上の感度差が生じています．このようなカラムブリードによる影響は，同じカラムの場合でも使用時間や移動相条件，温度などにより変化し，また脱離した結合相の溶出率が移動相条件によって変わるため，本問のような結果のばらつきとして観察される可能性があります．多くの場合，逆相結合相はUV吸収が少なく（フェニル基を除く），このような結合相の脱離が起こっていてもUV検出では影響が起こりません．

解決法としては，このような結合相の脱離が起こりにくいカラムを選択するということになります．しかし，前述のように使用条件によっても異なり，また脱離が起こった場合でも測定対象分析種とモニターイオン m/z，移動相条件，イオン化条件，さらには脱離している結合相の種類の組合せにより影響の大きさが異なる可能性があるため，なかなか選択が難しいものです．分析メソッド開発において何種類かのカラムセットを常に用意し，各メソッドごとに最適カラムを選択するのも一つの方法といえます．

4. サンプルバイアルの汚染

サンプルバイアルの汚染は，従来から高感度分析では問題とされてきました．そのため，UV検出でバックグラウンドレベルを確認した製品も市販されています．ところが検出方法が変わると，見えてくるものやそのレベルが変わります．LC/MS，LC/MS/MS 分析においては，LC/MS，LC/MS/MS でバックグラウンドレベルを確認することの必要性が報告されています[1]．図2に，95％メタノール水を1.5mLサンプルバイアルに入れ，4時間静置した後 ESI ポジティブにてイオン化し，100回スキャンして積算したマススペクトルを示します．

(a) A社ガラスバイアル 95％メタノール水抽出液

(b) B社ガラスバイアル 95％メタノール水抽出液

ブランク：95％メタノール水抽出液

ブランク：95％メタノール水抽出液

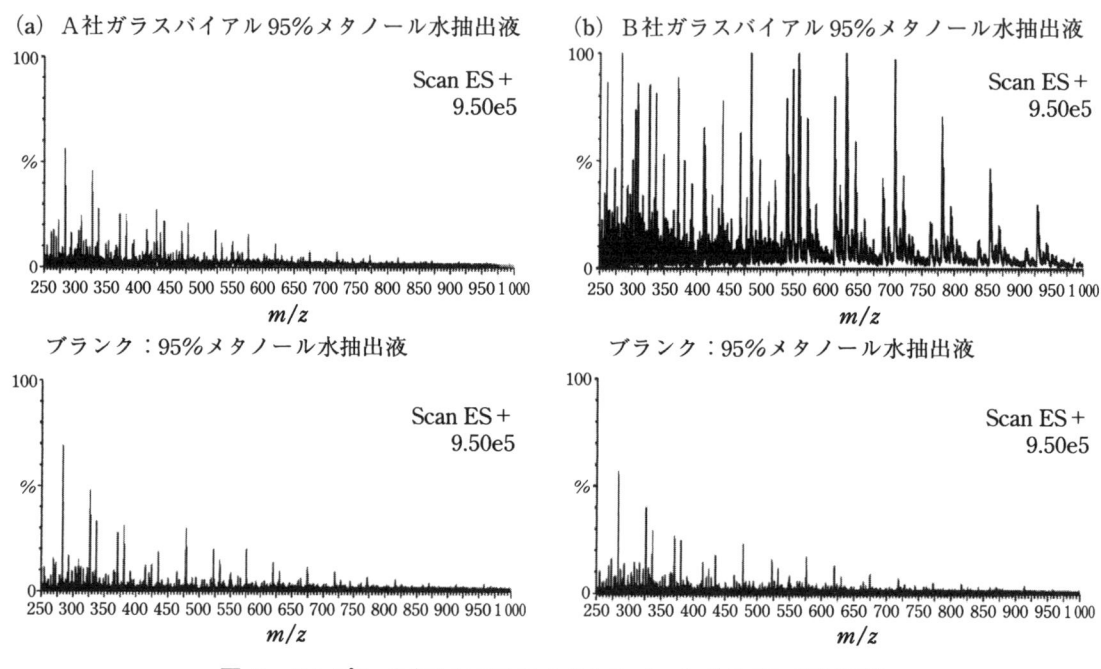

図2　サンプルバイアルマススペクトルバックグラウンド比較例

(b) のB社サンプルバイアルでは，95％メタノールで抽出される汚染物質が広範囲に確認されています．このようなバイアルの汚染は，同ロットでも一定でない場合があり，サンプル溶液の組成やサンプル溶液がバイアルと接している時間や温度によって，抽出度が変わると考えられます．このような汚染物質がイオンサプレッションあるいはエンハンスメントを起こす場合は，本問のような結果のばらつきとなる可能性があります．

対策としては，LC/MS，LC/MS/MS にてバックグラウンド試験が実施されたバイアルを使用する，または自身でバックグラウンド試験をして確認するなどの方法があります．

以上紹介したような，さまざまな原因によるイオンサプレッション，イオンエンハンスメントを引き起こす汚染成分が，LC分離を経てなお，特定の分析種と同じ時間に溶出するという現象が頻繁に起こるとは思えません．しかし，分析の現場で本問のような問題が起こったときの参考になれば幸いです．

なお，本問の場合は該当しませんでしたが，実試料分析時のイオンサプレッションおよびエンハンスメントの原因として最も多いのはサンプルマトリックス成分によるもので，生体試料分析においてはリン脂質がイオンサプレッションを起こす原因物質として注目されています[2]。これについては，解決法として LC で完全分離する[3]もしくはサンプル前処理段階で精製する方法[4,5]があげられます。

　また，移動相中の酸，アルカリおよび緩衝液のイオン化への影響についても多く報告されており，特にトリフルオロ酢酸やギ酸によるイオンサプレッションについては，いろいろな場面で議論されています[6]。

---

1) C. R. Mallet, D. Diehl, J. R. Mazzeo, E. E. Chambers, "A Study of Contributions from HPLC Vials to Ion Suppression/Enhancemention Electrospray Ionization", Poster# 1270-20P, PittCon（2006）．
2) P. Bennett, K. C. Van Horne, "Identification of the major endogenous and persistent compounds in plasma, serum and tissue that cause matrix effects with electrospray LC/MS techniques", Poster 6006, AAPS（2003）．
3) E. Chambers, D. M. Diehl, J. R. Mazzeo, "A Comparison of Matrix Effects, Speed and Sensitivity in UPLC and HPLC", Poster#105, ASMS（2006）．
4) I. Gibb, E. Sprake, S. Preece, E. McManus, D. Diehl, "Effect of Sample Preparation and Chromatographic Separation on Matrix Effects in Quantitative Bioanalysis", Poster of British Mass Spec Society Meeting（2005）．
5) Z. Lu, D. M. Diehl, J. R. Mazzeo, "Matrix Effects Eliminated by a Simple and Fast Sample Preparation Method-Mixed-Mode SPE", Poster of CNECC（2005）．
6) C. R. Mallet, Z. Lu, J. R. Mazzeo, *Rapid Commun. Mass Spectrom*., **18**, 49-58（2004）．

Question

80 LC/MS で高速分析を行う場合の注意点は何ですか？

Answer

　LC/MS での高速分析では，まず HPLC の条件検討から始めます．現在使用している HPLC の分析条件で，使用する移動相の緩衝液がリン酸緩衝液であれば，一般的な LC/MS の条件である酢酸やギ酸などの揮発性のものに変更します．最近の LC/MS では，不揮発性緩衝液の使用がある程度の時間可能なものもありますが，高流量で長時間流すことはできません．不揮発性緩衝液の使用は，分析種のイオン化効率を下げる，イオン源が汚れるなどのデメリットとなります．

1．分析条件の検討

　高速，高分離用として最近多く利用されるようになってきた 2 μm 以下の粒子径の充填剤では，5 μm のカラムと比較して同じ長さのものでも数倍の理論段数が得られるので，同じ程度の分離をアイソクラティック溶離で求めた場合であれば，カラム長さ 150 mm から 50 mm にすることができます．同じ流量で使用した場合では，カラム長さが 1/3 ですので，分析時間も単純に 1/3 になります．カラムの粒子径が小さくなると，流量（線速度）を上げても理論段数の低下がそれほど起こらないので，流速を高くすることによって，さらに分析時間の短縮が可能となります．アイソクラティック分析であれば，移動相の溶媒組成が一定なので分析条件の変更は不要ですが，グラジエント分析の場合では，HPLC システム内のディレイボリュウムによりグラジエント条件の変更が必要となります．

　最近では，既存の分析条件から，カラム内径，長さ，粒子径，移動相のグラジエント条件をインプットすると，変更すべき条件が自動で算出されるメソッドコンバータツールも機器メーカーから出されているので，このようなツールを利用するとよいでしょう．また，粒子径の小さい充填剤を用いるとカラムにかかる圧力（背圧：Back Pressure）が高くなるため，移動相粘度を下げるための高温分析や，高い圧力でも使用できる HPLC システムを使用するなどの工夫が必要となります．

2．ESI イオン源の条件

　MS 側では，汎用のイオン源として用いられる ESI（大気圧エレクトロスプレーイオン化法，図 1）の場合，移動相流量は，200 μL/min 程度で使用されていますが，高流量で使用する場合，乾燥ガス流量や温度を同じ設定で用いると，ネブライジングしたときのドロップレットが乾燥しきれずにイオン蒸発（イオン化）の効率が低下します．そのため，移動相流量に応じて，乾燥ガスの流量と温度の調整が必要となります．一般的な ESI イオン源での流量と乾燥ガス温度，流量の設定値の例を，表 1 に示します．これらの条件は，各メーカーによって異なります．

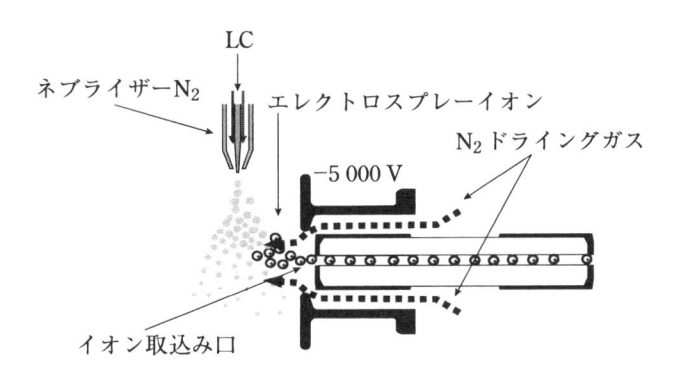

図1 一般的なESIイオン源の構造

表1 ESIイオン源でのHPLC流量と最適な乾燥ガス温度，流量の関係

HPLC流量	ネブライザー圧力	乾燥ガス流量	乾燥ガス温度
200 μL/min	138 kPa	10 L/min	300℃
50〜200 μL/min	103〜138 kPa	7〜10 L/min	280〜350℃
200〜400 μL/min	138〜207 kPa	10〜13 L/min	290〜350℃
400〜800 μL/min	207〜310 kPa	10〜13 L/min	300〜350℃
>800 μL/min	310〜414 kPa	10〜13 L/min	330〜350℃

溶媒比率，水：アセトニトリルまたはメタノール ＝ 1：1 の場合．

3．LC/MS分析の高速化

　LC/MS分析を高速化する場合の問題点の一つは，データ採取のスピードです．非常に尖鋭で分離の不十分なピークのスペクトルを数多くとるような場合は，非常に高速なスキャンスピードが求められます．ピークの立上がり時，立下がり時の濃度変化が急速な場合には，濃度変化に対してスペクトル採取スピードが追いつかず，正確なスペクトルが得られないケースがあります．スキャンスピードの高速化に対応したLC/MSが必要となります．

　図2は，ZORBAX SB C18の1.8 μm粒子径のカラムを用いて高速分析を行った例です．ピーク5のピークの半値幅は，わずか2秒ですが，図3で示したようにスペクトルがきれいにとれています．このときのスキャンタイムは0.085 sec（スキャンスピードで9400 amu/s）と非常に高速です．

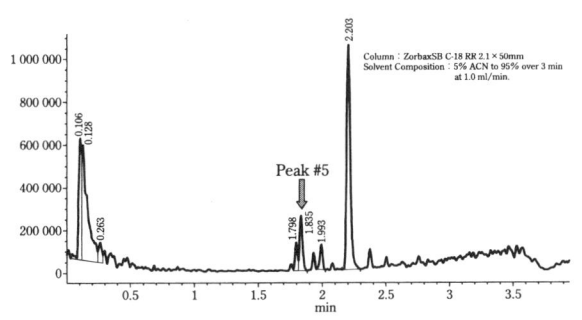

図2　ZORBAX SB C18の1.8 μm粒子径のカラムを用いた高速分析例

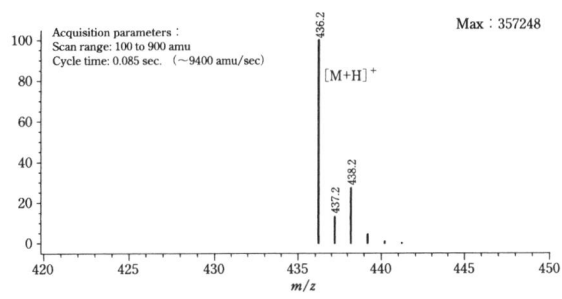

図3　約10 000 amu/sでの高速スペクトル採取例

このように，LC/MS での高速分析には，HPLC として，グラジエント分析におけるシステムのディレイボリュウムの低減，高流量，高圧，高温分析が可能なシステム，揮発性移動相の使用，MS については，低流量から高流量まで幅広い範囲で利用でき，汚れに強いイオン源，複数のモードで同時に利用できるタイプのイオン源（マルチモードイオン源：ESI/APCI 同時モード），高速ピークに対応できる高速スキャン可能な MS システムが必要とされます．

Question

81 LC/MS でバックグラウンドイオンが観測される原因と減少させる方法を教えてください．

Answer

LC/MS で観測されるバックグラウンドイオンには，多くの原因が考えられます．

1. カラムのブリーディング

充塡剤の化学修飾基などが溶媒によって溶出し，バックグラウンドイオンとして観測されることがあります．数年前まで発売されていた ODS カラムでは，トリメチルシリル基由来の m/z 73 間隔のバックグラウンドイオンが観測されたことがありました．最近開発されている ODS カラムでは，化学修飾基の結合が強いらしく，このようなバックグラウンドイオンが観測されることはほとんどありません．順相系のカラムでは，最近のものでもブリーディング由来のバックグラウンドイオンが観測されることがあります．

新品のカラムを LC/MS 用に使用する際は，頻繁に使う移動相溶媒で一晩程度エージングし，ブリーディングを安定させるとよいでしょう．

2. イオン源構成部品の材質由来

LC/MS 用の ESI や APCI イオン源は，GC/MS 用の EI イオン源のようにイオン源全体が高温になることがないので，以前に開発された装置には，可塑剤を含む材質の部品や接着剤などを使用しているものがありました．脱溶媒のための熱がそれらの部品に伝わり，熱脱離した成分がバックグラウンドイオンとして観測された例がありました．最近のほとんどの LC/MS 用イオン源では，そのような問題点は改善されているので心配ないでしょう．

3. ポンプや配管からの溶出物

ポンプヘッド部分のシール材として樹脂を使用している場合，あるいは樹脂製の配管を使用している場合，それらからの溶出物がバックグラウンドイオンとして観測されることがあります．特に，新品の LC ポンプを LC/MS 用として使用する場合，カラムと同様にエージングすることをおすすめします．

4. 溶媒や容器由来

移動相溶媒として使用する有機溶媒や水に含まれる不純物（もともと含まれている不純物や開封後の汚染），溶媒びんやふたからの溶出物がバックグラウンドイオンとして観測されることがあります．よく知られているのは，フタル酸ジオクチルや飽和脂肪酸などです．溶媒は LC/MS 用を使用する，溶媒びんを開封後はできるだけ早く使い切る，水は超純水装置からその都度採水する，などが対処法として有効です．

Question

82 血液試料を LC/MS したときのバックグラウンドを下げる方法はありませんか？

Answer

血液など夾雑物が多く含まれる試料中の低分子化合物を質量分析する際、夾雑物がバックグラウンドノイズの原因となり、分析精度を低下させることがあります。特にタンパク質など高分子の夾雑物は、分析目的であるペプチドや代謝物などの低分子化合物のイオン化を阻害することでも、S/N 比を低下させます。

したがって、タンパク質を除去することにより分析精度を改善することができます。タンパク質の除去には、限外濾過を用いることが有効です。

図1の (a)、(b) は、未精製の血清と限外濾過処理した試料を MALDI-TOF/MS で測定した結果です。限外濾過には、遠心式フィルターユニット（ミリポア社 AmiconUltra、公称分画分子量：10K）を用いました。限外濾過による除タンパク質が、バックグラウンドの低減に寄与していることがわかります。

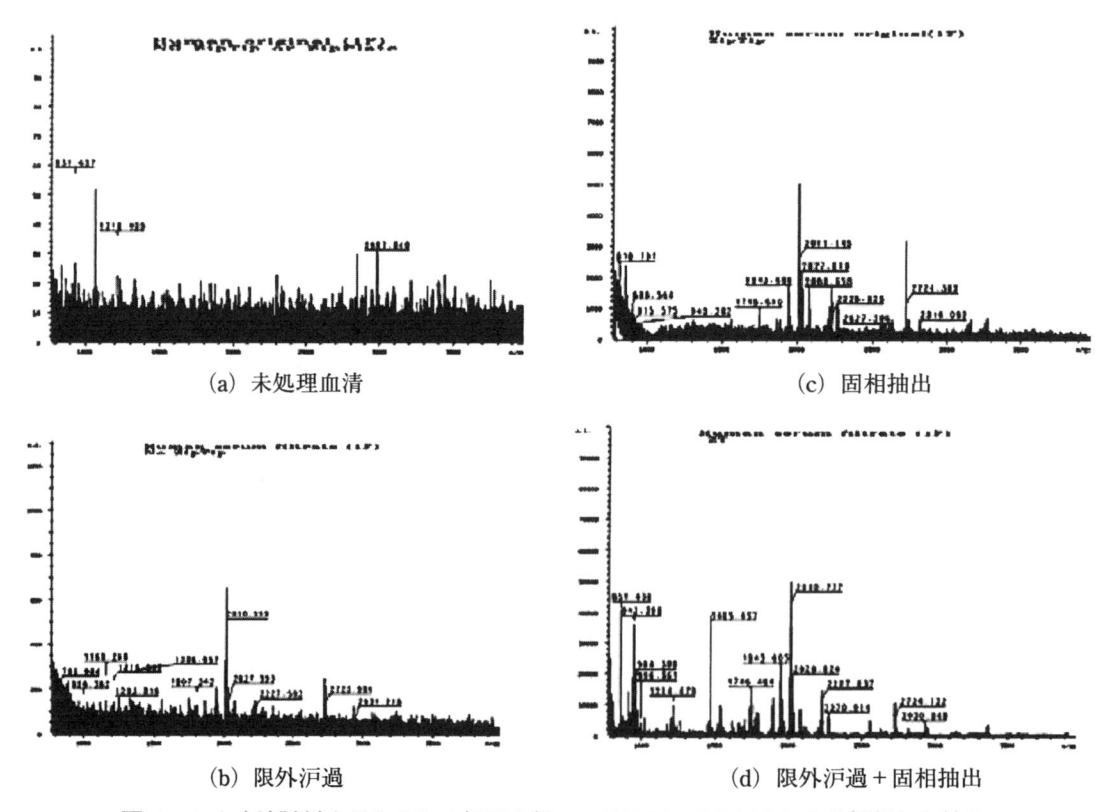

(a) 未処理血清

(c) 固相抽出

(b) 限外濾過

(d) 限外濾過＋固相抽出

図 1 ヒト血清試料をそれぞれの処理を行い、MALDI TOF-MS により解析した結果

また，未精製の試料と限外沪過精製を行った試料をC18固相抽出カラム（ミリポア社ZipTip μ-C18）に通液後，MALDI-TOF/MSで測定した結果を，図1の(c)，(d)に示しています．C18固相抽出カラムで精製を行ったケースにおいても，限外沪過による除タンパク質がバックグラウンドの低減に寄与しています．また，夾雑物の除去により目的化合物が効率的にイオン化されるため，S/N比のよいマススペクトルが得られています．

　この結果からわかるように，夾雑物の多い試料に含まれる低分子化合物を質量分析する際には，限外沪過による除タンパク質と固相抽出による精製を組み合わせることで，解析精度を上げることができます．同様の原理により，LC/MSの前処理として限外沪過で除タンパク質を行うことで，解析精度の向上が期待できます．

　また，試料の数が多い場合は，多検体処理には96孔限外沪過プレート（例：ミリポア社Ultracel，公称分画分子量：10K）などを使用すると，除タンパク質操作の迅速化が可能となります．

Question

83 LC/MS で人体に有害な物質を分析する場合，排気が気になります．LC/MSの排気の仕組みを教えてください．

Answer

LC/MS では，何段階かに分けて分析に供した試料を排気しています．

1. 大気圧イオン源部

最近の LC/MS 用大気圧イオン源は，直交スプレータイプ，特に上から下に向かってスプレーするタイプが多いようです．イオン化した試料成分の一部は，大気圧部からオリフィスを通過して真空領域へと侵入しますが，イオン化されなかった試料成分分子やイオン化されたのに真空領域に侵入しなかった試料成分イオンは，スプレーの勢いでイオン源下部のトラップびんへ排気されます．トラップびんの出口では，活性炭トラップなどを用いて有害成分が外部へ漏れるのを防ぐことが可能です．

2. 差動排気部第一段

LC/MS インターフェイスの差動排気部で，オリフィスの直ぐ後段の領域は，通常ロータリーポンプで排気されています（Q 72 の図参照）．このロータリーポンプの排気力で，オリフィス付近の大気を吸い込みますので，かなりの量の試料成分も一緒に吸い込まれることになります．ロータリーポンプに吸い込まれた成分分子は，オイルに溶け込み，オイルミストとともに外部へ排出されます．オイルミスト出口に活性炭トラップなどを付けることで，有害成分が外部へ漏れるのを防ぐことが可能です．

活性炭トラップは機器メーカーからオプションとして提供されていますので，必要に応じて使用してください．

第4章 LC/MS編

Question

84 HPLC, LC/MS に関する初心者向けの参考書は市販されていますか？

Answer

　市販されているHPLCおよびMSに関する代表的な書籍に限って，以下に示しました．タイトル，著者，出版社および各書籍の特徴について紹介致します．

1. HPLC

① 中村　洋 監修，日本分析化学会液体クロマトグラフィー研究懇談会 編，"誰にも聞けなかった HPLC Q&A，液クロ虎の巻"

　本書のシリーズ第1巻目であり，HPLCの原理から始まり，初心者が陥るトラブル，日常的に生じる疑問や，長年のHPLC従事者でも解決に苦しむ難問の解決法に至るまで，約100問のQ&A形式で解説しています．現在「誰にも聞けなかった HPLC Q&A」シリーズとして，「液クロ虎の巻(ISBN 4-924753-47-5)」，「液クロ龍の巻(ISBN 4-924753-48-3)」，「液クロ彪の巻(ISBN 4-924753-50-5)」，「液クロ犬の巻(ISBN 4-924753-52-1)」，「液クロ武の巻(ISBN 4-924753-54-8)」の全5巻がありますが，巻が進むにともなってHPLCの，より高度なトラブルや疑問点にも着目しています．また，HPLCにとどまらず，汎用性の高まっているLC/MSに関しても多くの記載があります．本書は液体クロマトグラフィー研究懇談会会員により監修されているため，HPLC従事者の視点から疑問点やトラブル対処法について述べられており，実務に沿った内容となっています．初心者には教科書となり，中級者，上級者にも非常に役に立つ書籍です．

② 中村　洋 監修，"液クロを上手に使うコツ　誰も教えてくれないノウハウ"，丸善(ISBN 4-621-07453-9)

　「～のコツ」を表題として，全16章にわたってHPLCを使いこなすためのコツが記載されています．前処理，カラム選択や分離モード，検出器など，HPLC分析の全体の流れに沿って問題に対処する方法やテクニックを記載しています．高度なテクニックに関してもクロマトグラムや図を多く引用して説明されているため，初心者にも非常にわかりやすい一冊です．

2. LC/MS（一般向け）

① "マススペクトロメトリーってなあに"，日本質量分析学会(ISBN 4-906661-03-2)

　初めて質量分析に携わることになった人には教科書的に読みやすく，装置の仕組み，原理などが簡潔な言葉で解説されており，理解しやすい書籍です．本書は目次も単元ごとに詳細に分けられているため，疑問点に関する解説個所をピンポイントで見つけ，簡潔な文章で理解し，

疑問点を解決できる構成になっています．内容は，イオン化法，分析計の仕組み，マススペクトルの読み方，測定のノウハウ，データ処理，前処理法，LC/MS，GC/MS，定量分析などの広範囲にわたっています．初心者向けですが，中級者以上の方にも質量分析における知識の穴を埋めることに役立つ一冊です．また，用語集（"マススペクトロメトリー関係用語集"（ISBN 4-906661-02-5）も併せて出版されています．

② 志田保夫ら 著，"これならわかるマススペクトロメトリー"，化学同人（ISBN 4-7598-08639）

初心者向けに図も多く，ていねいにわかりやすく説明されており，質量分析計の全体像を把握でき，入門書として適しています．特に，イオン源で物質がイオン化される機構についてわかりやすく図示されており，文章ではわかりにくい内容も理解しやすくなっています．また，原理に関する解説や筆者らの経験談がコラムとして記載されており，とても読みやすい構成になっています．内容は，装置の概略，分析計について，イオン化法，データ解析法，実際に分析するときのテクニックなどです．初心者向けですが，中級者以上の方にも知識の穴を埋めることに役立つ一冊です．

③ 原田健一ら 著，"LC/MS の実際"，講談社（ISBN 4-06-153373-8）

質量分析計のユーザーという立場から，クロマトグラフィー概論，質量分析概論，LC/MS 装置の基本的原理の説明が簡潔にまとめられています．さらに，質量分析計の新しい可能性を追求し，構造解析に用いた応用例について書かれています．応用例は初心者にも比較的読みやすい内容になっております．

④ C. Marvin, *et al.*, "LC/MS A PRACTICAL USER'S GUIDE", Willy（ISBN 0-471-65531-7）

英語で書かれていますが，HPLC，質量分析計の装置説明，メンテナンスについてまで簡潔にまとめられており，とてもわかりやすい書籍です．特に，LC/MS ユーザーのよくある質問および回答集がまとめられており，経験の浅い初心者にとって疑問解決にとても役立つと思います．

3．LC/MS（バイオ向け）

① 上野民夫ら 編，"バイオロジカルマススペクトロメトリー"，東京化学同人（ISBN 4-8079-1331-X）

第 1，2 章に LC/MS 装置の基本的原理が簡潔に記載されており，大部分はバイオ分野における応用例が書かれています．初心者向けよりは中級者以上向けの書籍です．

② 原田健一ら 著,"生命科学のための最新マススペクトロメトリー ゲノム創薬をめざして",講談社(ISBN 4-06-154305-9)

　第1部にマススペクトロメトリーの概論が記載されています．第2部以降は薬物動態解析に大きく寄与する質量分析計の測定例をていねいに解説しています．初心者向けよりは中級者向けです．

　HPLCメーカー，LC/MS(/MS)メーカー，カラムメーカーのホームページやセミナー資料は，わかりやすく整理されています．各メーカーの装置の基本的事項，特徴，アプリケーション例まで記載されているため参考になります．最新の技術に関して，情報を入手することもできます．

Q: LC/MSを用いた分析において，検出されやすい物質の構造は？

A: ESIにおけるイオン化過程では，試料分子は静電噴霧された微細液滴中において，すでに解離（イオン化）しているといわれています．第四級アンモニウム塩のようなイオン性物質は，正イオンESIで非常に検出されやすいといえます．ESI，APCIともに，正イオン検出では，おもにプロトン付加によってイオンが生成しますから，アミノ基のようなプロトン受容性の官能基をもつ物質は，正イオン検出のLC/MSで検出されやすいことになります．金属錯体などは，構造中で金属原子が正電荷をもっている場合が多いので，正イオン検出されやすい物質に含まれます．ただし，錯体類は一般に熱的に不安定な構造のものが多いので，フラグメンテーションしたイオンが検出される場合があります．

一方，負イオン検出では，おもにプロトン脱離によってイオンが生成しますから，プロトン供与性の官能基，スルホ基（スルホン酸基），カルボキシル基，酸性の水酸基などを有する物質は検出されやすいでしょう．また，ニトロ基をもつ物質も，負イオン検出されやすい代表例です．

Q: LC/MS分析における試料濃度の注意点を教えてください．

A: 一般的に，MSはUVよりも高感度であるといわれています．LC/MSを定量分析に用いる場合，検量線の濃度領域は，UV検出器を用いる場合に比べると低濃度側にシフトします．また，高濃度の試料を分析すると，イオン源が汚染される原因になります．このため，LC/MS分析に用いる試料濃度は，UV検出器を用いる場合に比べると2桁程度希薄でよい場合が多いでしょう．

しかし，MSとUVは，試料物質をまったく異なる原理で検出する方法（検出器）です．物質によっては，MSで得られるシグナル強度がUVより弱い場合もありますので，分析種の検出特性を考慮して試料濃度を検討するとよいでしょう．また，MSにおいても，LCとの接続のためには数種類のインターフェイス（イオン源）があり，同じ物質を測定した場合でも，各イオン源で得られるシグナルの強度は異なりますので注意が必要です．

資 料 編

掲載会社名一覧

オルガノ株式会社
財団法人 化学物質評価研究機構
関東化学株式会社
ジーエルサイエンス株式会社
シグマアルドリッチジャパン株式会社
株式会社島津製作所
東京化成工業株式会社
日本分光株式会社
日本ミリポア株式会社
株式会社日立ハイテクノロジーズ
メルク株式会社
横河アナリティカルシステムズ株式会社
和光純薬工業株式会社

（五十音順）

MILLIPORE

コウノトリが運んできた。

誕生

Milli-Q水製造装置
Milli-Q® Advantage
— Multi PODs, One Milli-Q —

11月新発売

グレードの高いMilli-Q水。
Milli-Q Advantageは、高性能カートリッジとUVランプを搭載。UV照射により残存する有機物を酸化分解し有機物を極限まで除去し、最高の超純水＝Milli-Q水を製造します。Milli-Q水を製造する唯一の装置です。

採水に必要な機能はすべてQ-PODに集約。
もう装置のそばで採水する必要はありません。
Q-POD (Point Of Dispense) に工夫を加え、日常の採水操作を簡便にしました。アームの左右高低の自由な移動や、フットスイッチ（オプション）によるハンズフリーでの採水、手元でできる採水量設定など、操作性が向上。一目で判りやすいディスプレイにより、運転状況やメンテナンスの確認ができます。

Milli-Q Advantage専用PODで
用途別のMilli-Q水。
Milli-Q Advantageに専用のPODを接続することで、すべての用途にご使用いただけます。研究内容の変更などがあった場合にも、広く適用可能です。
バイオ研究向けのBio-PODは、RNase・DNase・エンドトキシンフリー水を採水します。環境分析向けのEnviro-PODは、ダイオキシン、環境ホルモン、VOC分析に対応するMilli-Q水を採水できます。

水質管理も万全。
水質も採水時に手元で確認ができ、大変便利です。比抵抗、TOC値などを判りやすいディスプレイに表示します。

日本ミリポア株式会社
バイオサイエンス事業本部　ラボラトリーウォーター営業部
〒108-0073　東京都港区三田1-4-28　三田国際ビルヂング

TEL：0120-013-148
on-lineお問合せ http://www.millipore.com/jptechservice

LC／MS溶媒・試薬

LC／MS分析に最適な溶媒

LC／MS適合性試験を実施！
■ 溶媒中の不純物レベルを保証

汚染を最小限に防ぐ包装形態！
■ 金属性キャップを採用
■ 特殊加工したガラス瓶に充填

従来のHLC-SOL規格も踏襲！
■ UV吸光度、相対蛍光強度、Gradient Grade 等を保証

対応製品
- アセトニトリル（日本薬局方 準拠）
- メタノール
- 蒸留水
- ぎ酸－アセトニトリル
- ぎ酸－蒸留水
- TFA－アセトニトリル

LC用高度精製品

ギ酸、酢酸、TFA
■ バックグラウンド ノイズ低減
■ 使いきりのアンプル包装

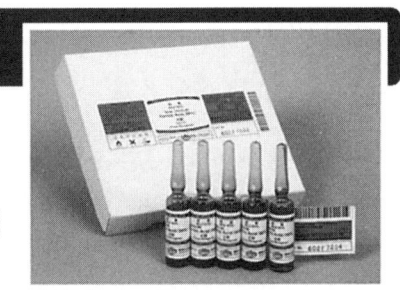

関東化学株式会社 試薬事業本部
〒103-0023 東京都中央区日本橋本町3-11-5 (03)3663-7631
〒541-0048 大阪市中央区瓦町2-5-1 (06)6222-2796
〒812-0007 福岡市博多区東比恵2-22-3 (092)414-9361
≪ http://www.kanto.co.jp　E-mail;reag-info@gms.kanto.co.jp ≫

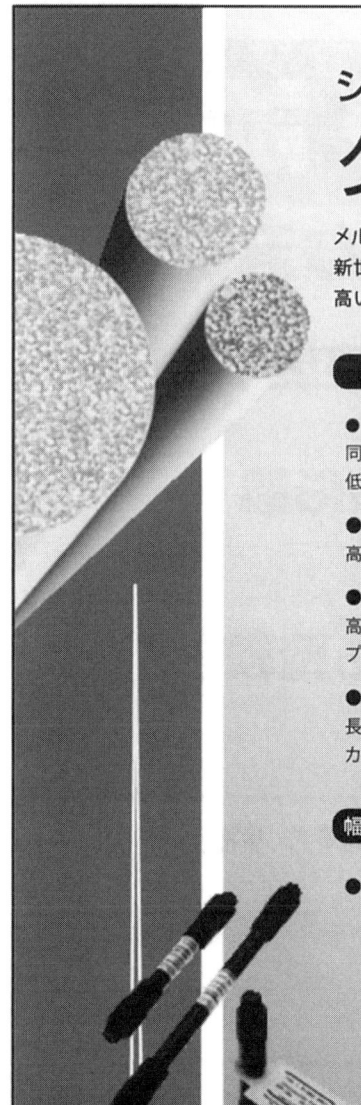

シリカ一体型カラム
クロモリス Chromolith™

メルクのHPLCカラムクロモリスは、HPLC分析の世界に真のハイスループットをもたらす新世代カラムです。カラム骨格と流路を一体型（モノリス型）とすることによって、高い分解能を維持しながら、驚異的な低背圧と高耐久性を実現しました。

特長

- **低背圧**
  同一流速条件でカラム背圧を格段に低く抑制

- **高カラム効率**
  高流速でも高いカラム効率を維持

- **高速分離**
  高流速でも確実に分離、真のハイスループット分析を実現

- **高耐久性**
  長期間の高速分析や高粘性溶媒によるカラム劣化を最小限に抑制

物理構造

マクロポア構造

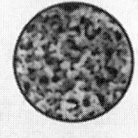

クロモリスのシリカ担体は一体成形された連続体です。内部には平均2μmの空洞（マクロポア）が網目状に形成され、粒子充填型カラムにおける粒子間隙の役割を果たします。

メゾポア構造

クロモリスのシリカ担体表面には平均13nmの細孔が形成され、HPLCにおける分離・吸着に関与します。シリカゲル粒子の細孔に相当します。

幅広いサイズをラインナップ！

- **分析用カラム**

  クロモリス パフォーマンス
  RP-18e、RP-8e、Si
  100 mm×4.6 mm

  クロモリス スピードロッド
  RP-18e 50mm×4.6 mm

  クロモリス フラッシュ
  RP-18e 25mm×4.6 mm

- **セミミクロカラム**

  クロモリス パフォーマンス
  RP-18e 100 mm×3 mm

- **セミ分取カラム**

  クロモリス セミプレップ
  RP-18e 100 mm×10 mm

メルク株式会社
パフォーマンス・ライフサイエンス化学品事業部
〒153-8927
東京都目黒区下目黒1-8-1 アルコタワー5F

Tel: 0120-189-390 / Fax: 0120-189-350
E-mail: service@merck.co.jp
http://www.merck.co.jp

MERCK

カラムからハードウエアまでトータルアイテムを提案します。

HPLC分析カラム
INERTSIL® 3シリーズ

ラインアップ充実！
Inertsil ODS-3に低圧力、高理論段数の粒径4μmが加わりました。

一貫した自社生産だからできること

- シリカゲルの合成からカラム充填まで、すべて自社で生産を行っています。
- 同一シリカゲルを母体とし、さまざまな結合基の充填剤を揃えています。
- 均一に揃った粒子により溶離液流路を完全に確保できるため、低圧力です。

高速液体クロマトグラフ
GL-7400シリーズ

お客様の気持ちを考えたLCシステム

- 分析目的に応じたシステムアップが可能です。
  グラジエントシステム（低圧/高圧）
  カラムスイッチングシステム
  ポストカラム誘導体化システム
- 部品交換等のメンテナンスはすべてフロントアクセスに設計されています。
- 集中電源によりケーブル数を減らし、さらに電源/通信ケーブル類が収納されるため、装置背面がスッキリまとまります。
- 分析ノウハウときめこまかなフォローにより、お客様のHPLC分析を強力にバックアップします。

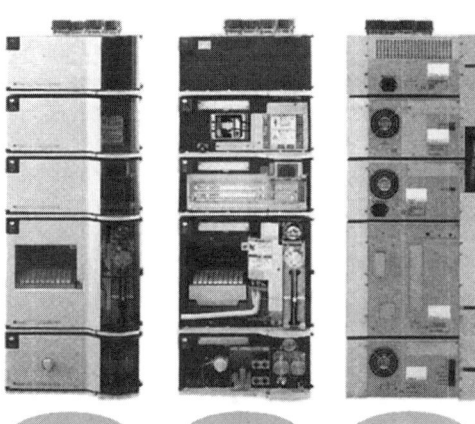

省スペース　フロントアクセス　背面スッキリ

ポストカラム-蛍光検出システムを使用したカルバメート系農薬の分析例

Conditions
System : GL-7400 HPLC system
Column : Inertsil ODS-3 5μm
         150 x 4.0 mm I.D.
Eluent : A) THF
         B) CH_3OH
         C) H_2O
         A/B/C = 0/12/88 - 0.1min - 0/12/88
         -0.1min - 10/0/90 19.9min - 30/0/70
         -10.0min - 30/0/70 0.1min - 0/12/88
         -9.8min - 0/12/88, v/v/v
Flow rate : 1.0 mL/min
Col. Temp. : 40℃
Reagent : o-Phthalaldehyde (OPA)
Detection : FL Ex 339nm Em 445nm
Injection Vol. : 20μL

1. オキサミル
2. アルジカルブ
3. ピリミカルブ
4. ベンダイオカルブ
5. カルバリル
6. エチオフェンカルブ
7. イソプロカルブ
   (each 1μg/mL)

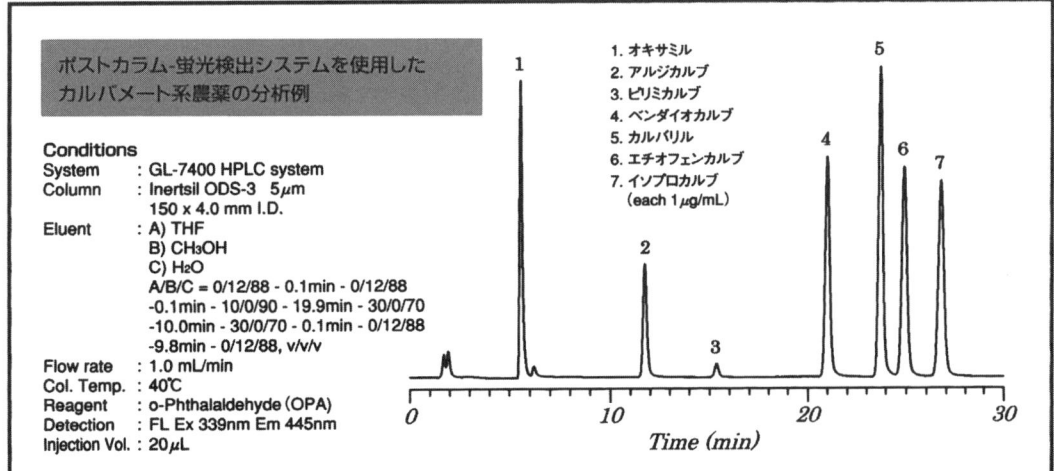

Time (min)

※詳しい資料をご希望の方は下記問い合わせ先まで請求してください。資料請求No.LC0006

ジーエルサイエンス株式会社
GL Sciences

本社 営業企画課
〒163-1130 東京都新宿区西新宿6丁目22番1号 新宿スクエアタワー30F
電話 03(5323)6611　FAX 03(5323)6622
webページ：http://www.gls.co.jp　E-mail: info@gls.co.jp

一般分析用HPLCカラム
Kaseisorb LC シリーズ

Kaseisorb LCは東京化成工業が製造するシリカゲル系HPLCカラムの総称です。高理論段数を誇るODS 2000-3 /ODS 2000やデュアルファンクショナルカラムなどをラインナップしています。

● Kaseisorb LC ODS 2000-3
Kaseisorb LC ODS 2000
エンドキャップ、ロット間差制御、高理論段数など基本性能をハイレベルで達成。しかも低価格。

● Kaseisorb LC ODS-SCX Super
ODSとカチオン交換による、塩基性試料と疎水性試料の同時分析に最適。

● Kaseisorb LC ODS-SAX Super
ODSとアニオン交換による、酸性試料と疎水性試料の同時分析に最適。

● Kaseisorb LC ODS-PH Super
ODSとフェニルによる、疎水性試料と芳香環を有する試料の同時分析に最適。

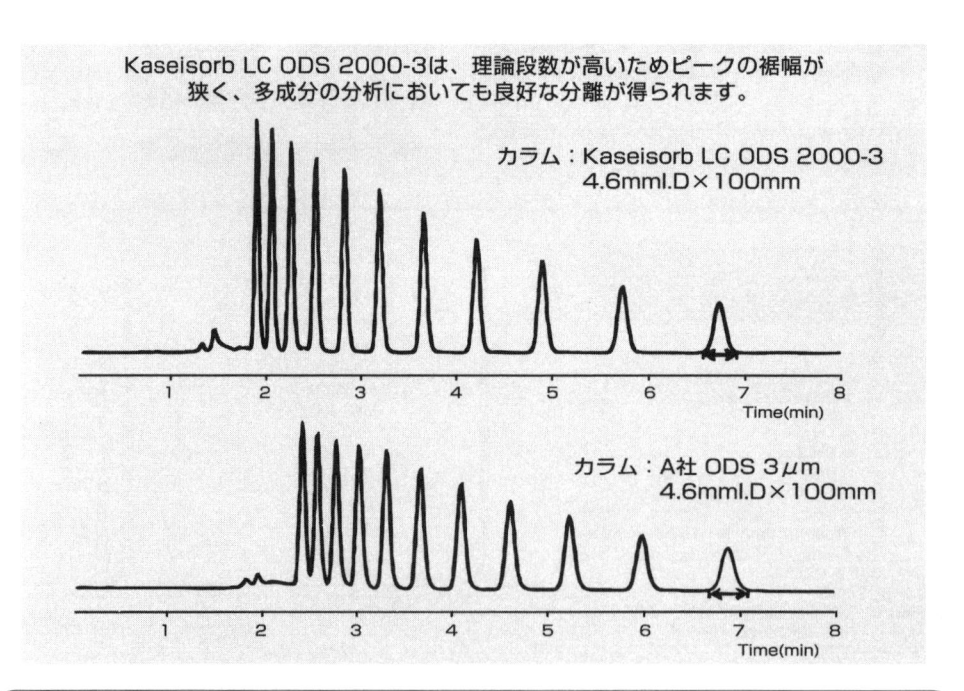

Kaseisorb LC ODS 2000-3は、理論段数が高いためピークの裾幅が狭く、多成分の分析においても良好な分離が得られます。

カラム：Kaseisorb LC ODS 2000-3
4.6mmI.D×100mm

カラム：A社 ODS 3μm
4.6mmI.D×100mm

詳細な資料を用意しています。ご請求ください。
製品情報はホームページでもご覧いただけます。www.tokyokasei.co.jp/product/chromato/

TCI 東京化成工業株式会社 クロマト事業部

TEL : 03-3927-0193
FAX : 03-3927-0226
E-mail : chromato@tokyokasei.co.jp

めざすは清浄、超純水の究極。

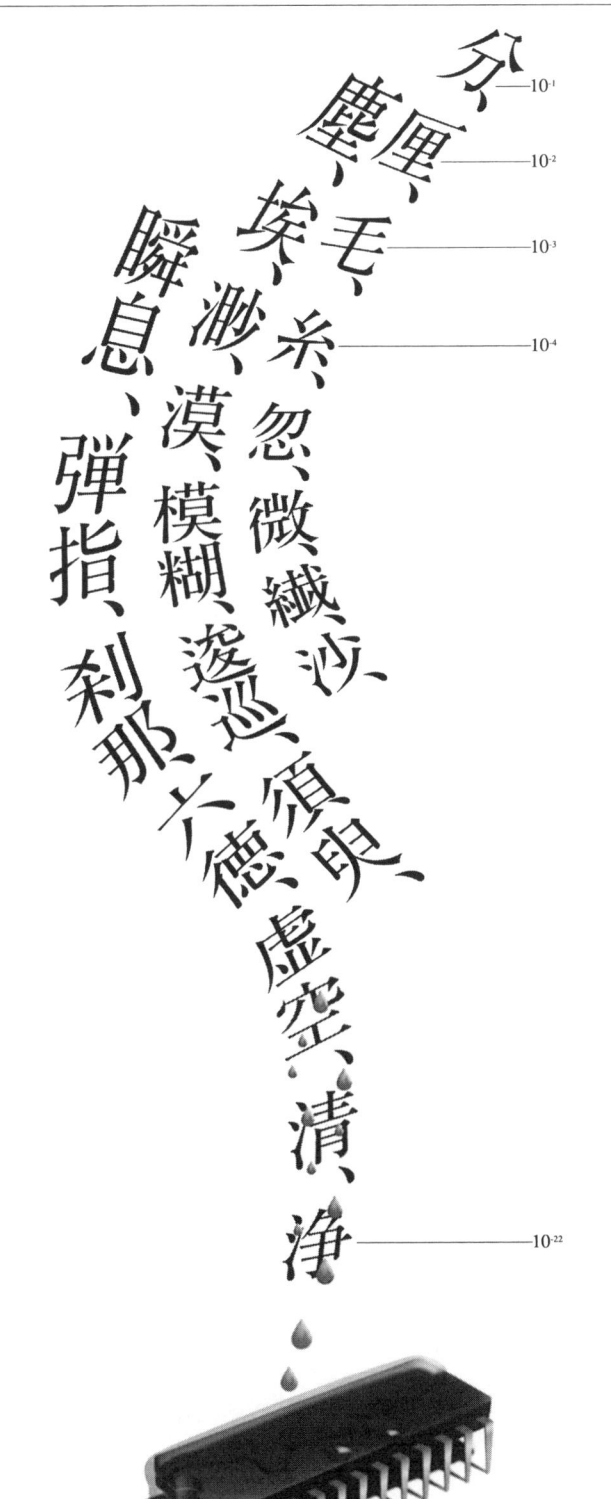

分 — 10^{-1}
厘 — 10^{-2}
毛 — 10^{-3}
糸 — 10^{-4}
忽、微、繊、沙、塵、埃、渺、漠、模糊、逡巡、須臾、瞬息、弾指、刹那、六徳、虚空、清、浄 — 10^{-22}

超純水への厳しいニーズに、システムで対応。

江戸時代の数学者、吉田光由の『塵劫記』には、小数点以下の単位が記されています。分、厘にはじまり、塵、埃を経て、清、浄。浄は10^{-22}で限りなく0に近い単位。オルガノがめざしている超純水は、まさに不純物が0に近い"清浄"の技術なのです。現在、オルガノの技術は、原子サイズ（Åオングストローム）までの不純物の除去を可能にしていますが、これは最先端の半導体製造に対応したもの。逆浸透法、イオン交換法、限外ろ過法などの高度な水処理技術に加え、一度使用した水の再利用など、超純水に対する厳しいニーズに最新のシステムで応えています。限りなくH_2Oに近い"清浄の水"をめざすとともに、オルガノはこれからも最先端科学に大きく貢献してまいります。ご期待ください。

●**単位の読み方:** 分(ぶ)、厘(りん)、毛(もう)、糸(し)、忽(こつ)、微(び)、繊(せん)、沙(しゃ)、塵(じん)、埃(あい)、渺(びょう)、漠(ばく)、模糊(もこ)、逡巡(しゅんじゅん)、須臾(しゅゆ)、瞬息(しゅんそく)、弾指(だんし)、刹那(せつな)、六徳(りっとく)、虚空(こくう)、清(せい)、浄(じょう)

Ecologically Clean
ORGANO

オルガノ株式会社
機能商品事業部
Phone 03-5635-5193

これが暗記できたらスゴイよ！

日立ハイテク
HITACHI

測定結果の信頼性も
タフなボディの信頼性も、
長くお使いいただくための性能です。

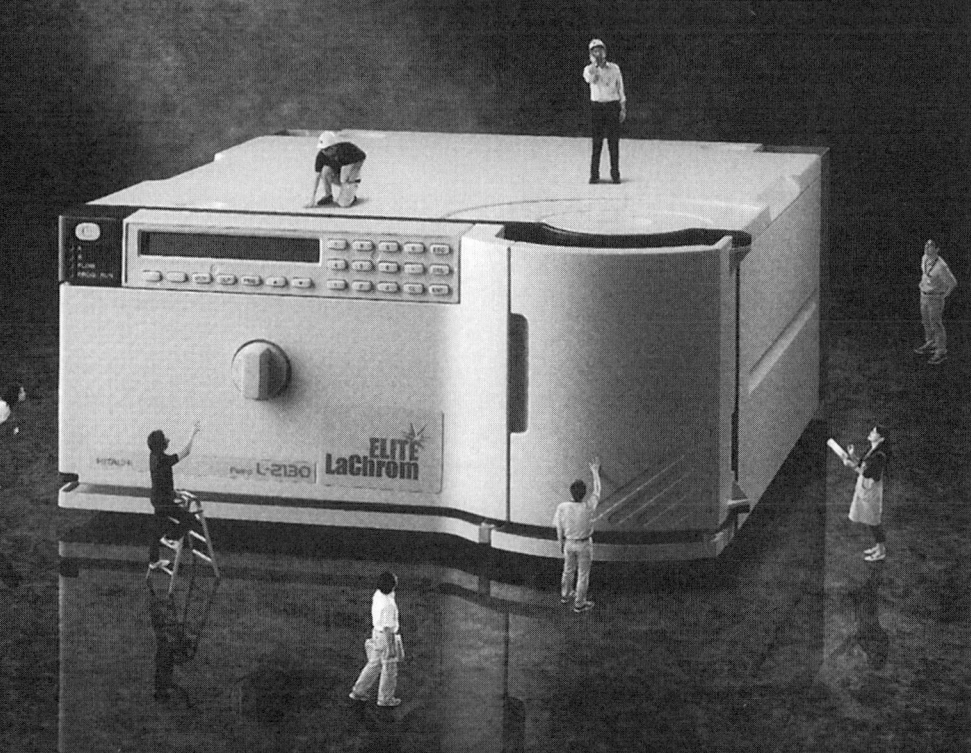

高速液体クロマトグラフの信頼性といえば、第一に測定精度です。
医薬、食品、化学、環境など、ますます拡大する応用分野。増え続けるサンプルと過酷な使用頻度。
このような状況に合わせて、測定精度と共に信頼性をさらに向上させました。
構造や材質を徹底的に見直し、過酷な使用に耐えるタフなボディを実現しました。
長期間ご愛顧いただくための高速液体クロマトグラフ。日立ハイテクがお届けします。

新登場

日立高速液体クロマトグラフ **LaChrom Elite**

株式会社 日立ハイテクノロジーズ 〒105-8717 東京都港区西新橋一丁目24番14号 電話 ダイヤルイ(03)3504-7211
北海道(札幌)(011)707-3343 東北(仙台)(022)264-2219 茨城(土浦)(029)825-4811 中部(名古屋)(052)219-1683 関西(大阪)(06)4807-2551
京都(京都)(075)241-1591 四国(高松)(087)825-9977 中国(広島)(082)221-4514 九州(福岡)(092)721-3501 沖縄(098)863-8295

L-column

HPLC用高性能カラム

卓越した不活性化処理技術 Super Endcapping

分析メソッド開発にお困りではありませんか
ワンランク上の優れた性能、それが L-column です

高温気相エンドキャッピング法により残存シラノール基の影響を極限まで抑えた高性能充填剤
吸着しやすい塩基性化合物を極めてシャープなピークで検出可能、酸性化合物も良好に分離します。高分離能のため、主成分中の夾雑物や代謝物の分離も良好です。シリカゲル表面を修飾基がほぼ完全に被覆しているので、高耐久性であり、幅広い移動相pHで長期間安定して使用できます。

金属不純物の極めて少ない完全球形シリカゲル基材
配位化合物も吸着することなく微量分析が可能です。また優れた充填技術により低いカラム圧力と高理論段数を実現しました。

カラムの基本性能が優れているので、スタンダードカラムとして最適
単純な組成の緩衝液で分析メソッド開発が可能、ファーストチョイスのスタンダードカラムとして安心してご使用いただけます。

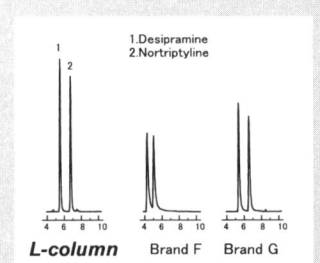

■塩基性医薬品
塩基性医薬品は、残存シラノールの影響でピークがテーリングするカラムもありますが、L-columnはテーリングがないシャープなピークが得られます。

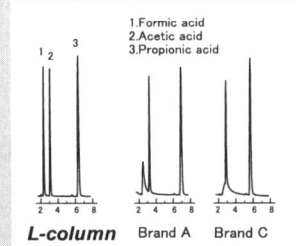

■酸性物質
塩基性物質の分析では良好でも酸性物質ではテーリングするカラムがあります。L-columnは酸性物質も鋭いピークで検出できます。

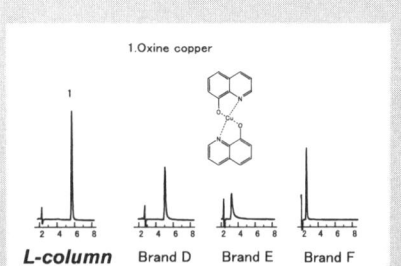

■配位化合物(オキシン銅)
オキシン銅やヒノキチオールなどの配位化合物は、シリカゲル表面の金属不純物と結合し、テーリングや吸着を起こします。L-columnは、高純度シリカゲル基材とスーパーエンドキャッピングの相乗効果で、このような分析困難な化合物も良好に分析できます。

【Column:ODS 3μm Size:2.1(or 2.0) mm I.D.×150 mm L 総合カラムカタログ2005-2006より抜粋】

Lineup

内径4.6mmの分析用カラムを中心に、内径0.075mmのナノカラムから内径20mmのセミ分取用カラムまで、長さはハイスループット分析に対応した35mmのカラムから250mmまでの幅広いカラムサイズに対応しております。

	粒子径 (μm)	細孔径 (nm)	比表面積 (m²/g)	炭素含有量 (%)	官能基	特長
L-column ODS	5	12	340	17	C18	高性能ODSカラム
L-column ODS (3μm)	3	12	340	17	C18	高分離能3μmODSカラム
L-column C8	5	12	340	17	C18	高性能C8カラム
L-column ODS-V	5	12	340	17	C18	バリテーション対応ODSカラム
L-column ODS-L	5	12	340	17	C18	高耐久性セミミクロODSカラム
L-column HB	5	12	340	10+17	C8+C18	LC/MS高感度分析用カラム
L-column ODS-P	5	30	150	9	C18	タンパク質分析用ワイドポアカラム
L-column Micro	3,5	12	340	10,17	C8,C18	プロテオーム解析用、高感度分析用
L-column L-1180	10	6	500	-	C18+Diol	内面逆相型前処理カラム

人と化学と環境の間で常に信頼される機関を目指します

CERI 財団法人 化学物質評価研究機構 東京事業所
Chemicals Evaluation and Research Institute, Japan クロマト技術部

〒345-0043 埼玉県北葛飾郡杉戸町下高野1600番地 TEL 0480-37-2601 FAX 0480-37-2521
URL http://www.cerij.or.jp   e-mail chromato@ceri.jp

(財)化学物質評価研究機構 東京事業所 クロマト技術部は「ガスクロマトグラフィー用カラム及び液体クロマトグラフィー用カラムの製造・供給」で、ISO 9001を取得しています。

SHIMADZU
Access to **your** success

超高速LCの真のあるべき姿が、ここに。

NEW

高速液体クロマトグラフ
Prominence UFLC
ULTRA FAST LIQUID CHROMATOGRAPH

島津製作所は、高圧に依存しないスピードと分離能を実現すると同時に、
従来の高速LCでは達成できなかった高精度と拡張性の両立に成功しました。
Prominence UFLCが「スピード」と「再現性」、そして「拡張性」を徹底追及した理由...
それはこれら3つの要素こそがHPLCの原点であると同時に、超高速LCの新たなる基準だからです。

| Ultra Fast | Unquestionable Fidelity | Ultra Flexible |
| 究極のスピード | 抜群の再現性 | 充実の拡張性 |

株式会社 島津製作所　京都市中京区西ノ京桑原町1
分析計測事業部

■ 東　京	(03) 3219-5685	■ 北関東	(048) 646-0081	■ 神　戸	(078) 331-9665
■ 関　西	(06) 6373-6556	■ 横　浜	(045) 311-4615	■ 岡　山	(086) 221-2511
■ 札　幌	(011) 205-5500	■ 静　岡	(054) 285-0124	■ 四　国	(087) 823-6623
■ 東　北	(022) 221-6231	■ 名古屋	(052) 565-7531	■ 広　島	(082) 248-4312
■ 郡　山	(024) 939-3790	■ 京　都	(075) 811-8151	■ 九　州	(092) 283-3334
■ つくば	(029) 851-8515				

http://www.an.shimadzu.co.jp

World Wide Standard とは？
答えは SIGMA-ALDRICH
世界中で供給される数十万種類の製品群
有機 / 無機、バイオ、工業、そして分析
全ての“化学”を網羅する総合サプライヤー
www.sigma-aldrich.com/japan
逆相 HPLC カラムの“World Wide Standard”
Ascentis™
HPLC Columns
三環系抗うつ剤の分離
Column :ODS, 15 cm x 4.6 mm I.D.
MP :30:70, 25 mM NH4H2PO4, pH 7.0 :CH3OH
Det. :UV, 254 nm
Sample : 1. Desmethyl doxepin 2. Protriptyline 3. Desipramine 4. Nortriptyline 5. Doxepin 6. Imipramine 7. Amitriptyline 8. Trimipramine
Ascentis C18
As=1.08
Amitriptyline As=1.03
As=1.03
A社, 3 μm
As=1.45
Amitriptyline As=1.37
As=1.27
● 驚異の分解能
● 最高のシリカゲルから製造
● シャープなピーク
● 世界中、どこでも入手可能
● 最強の耐久性
● 幅広いサイズバリエーション
● 業界 Top クラスの強力な保持
Ascend
駆け上がる HPLC パフォーマンス
『くせの無いカラム』それが アセンティス
Amitriptylineの理論段数、非対称性
粒子径 N As
Ascentis C18 3 μm 15,077 1.08
A社 3 μm 9,506 1.37
Ascentis C18 5 μm 8,866 1.03
B社 5 μm 5,113 2.56
C社1 5 μm 6,386 1.85
C社2 5 μm 8,319 1.23
D社 5 μm 6,351 2.22
E社 5 μm 8,123 1.43
F社 5 μm 8,805 1.10
SIGMA-ALDRICH
シグマ アルドリッチ ジャパン 株式会社 アナリティカル事業部
〒140-0002 東京都品川区東品川 2-2-24 天王洲セントラルタワー4F
http://www.sigma-aldrich.com/japan sialjpsp@sial.com
● CS（ご注文、納期についてのお問合せ）TEL 03-5796-7320 / FAX 03-5796-7325
● TS（技術的なお問合せ） TEL 03-5796-7350 / FAX 03-5796-7355

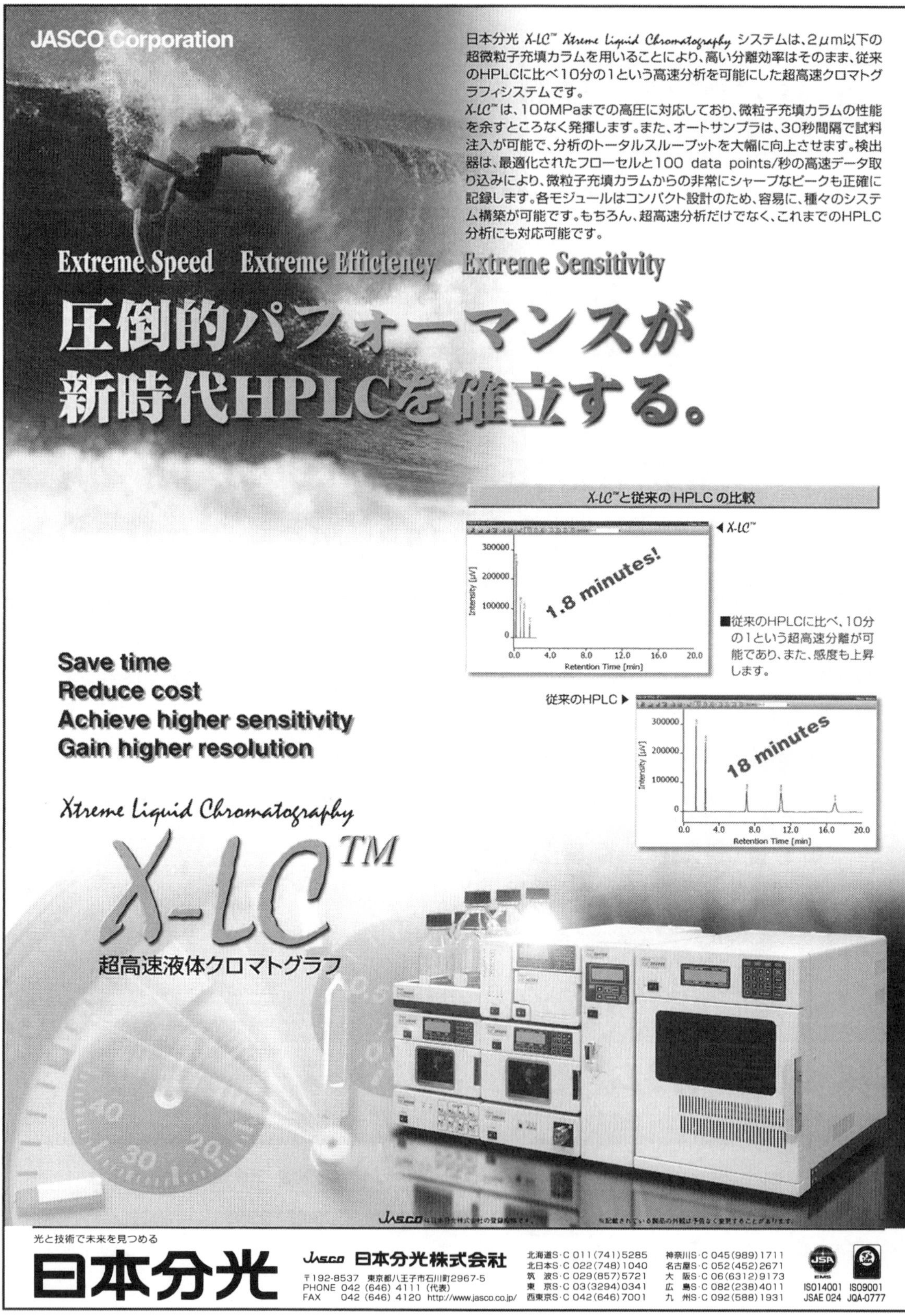
JASCO Corporation
日本分光 X-LC™ Xtreme Liquid Chromatography システムは、2μm以下の超微粒子充填カラムを用いることにより、高い分離効率はそのまま、従来のHPLCに比べ10分の1という高速分析を可能にした超高速クロマトグラフィシステムです。
X-LC™は、100MPaまでの高圧に対応しており、微粒子充填カラムの性能を余すところなく発揮します。また、オートサンプラは、30秒間隔で試料注入が可能で、分析のトータルスループットを大幅に向上させます。検出器は、最適化されたフローセルと100 data points/秒の高速データ取り込みにより、微粒子充填カラムからの非常にシャープなピークも正確に記録します。各モジュールはコンパクト設計のため、容易に、種々のシステム構築が可能です。もちろん、超高速分析だけでなく、これまでのHPLC分析にも対応可能です。
Extreme Speed Extreme Efficiency Extreme Sensitivity
圧倒的パフォーマンスが
新時代HPLCを確立する。
X-LC™と従来のHPLCの比較
◀ X-LC™
1.8 minutes!
■従来のHPLCに比べ、10分の1という超高速分離が可能であり、また、感度も上昇します。
従来のHPLC ▶
18 minutes
Intensity [μV]
Retention Time [min]
Save time
Reduce cost
Achieve higher sensitivity
Gain higher resolution
Xtreme Liquid Chromatography
X-LC™
超高速液体クロマトグラフ
光と技術で未来を見つめる
日本分光
JASCO 日本分光株式会社
〒192-8537 東京都八王子市石川町2967-5
PHONE 042 (646) 4111 (代表)
FAX 042 (646) 4120 http://www.jasco.co.jp/
北海道S·C 011(741)5285
北日本S·C 022(748)1040
筑 波S·C 029(857)5721
東 京S·C 03(3294)0341
西東京S·C 042(646)7001
神奈川S·C 045(989)1711
名古屋S·C 052(452)2671
大 阪S·C 06(6312)9173
広 島S·C 082(238)4011
九 州S·C 092(588)1931
ISO14001 JSAE 024
ISO9001 JQA-0777

資料編　183

Wako

WakoのLC/MS用 溶媒・カラム

環境・食品・薬物代謝等の高感度・高精度な分析にご利用下さい!!

〈LC/MS対応商品一覧〉

	品　　目	容量・サイズ
溶媒	**超純水** 特長　TOC 4ppb以下を保証	1L, 3L
	アセトニトリル*) **メタノール*)** 特長　m/z 50〜2000でのノイズレベルを保証	100ml, 1L, 3L
	ぎ　酸*) **酢　酸*)** 特長　m/z 50〜2000でのノイズレベルを保証	50ml
	New **0.1vol%酢酸-アセトニトリル*)** **0.1vol%ぎ酸-アセトニトリル*)** 特長　混合の手間を削減 　　　コンタミネーションを防止	1L, 3L
カラム	**Wakopak® MS-5C18GT**) 特長　金属（鉄）との接触を避け、非特異的吸着を抑制	2.0mmφ× 50mm 2.0mmφ×100mm 2.0mmφ×150mm

*) LC/MS分析適合性試験を実施　　**) カラム接続…デュポンタイプ

関連商品	0.1vol%トリフルオロ酢酸-アセトニトリル（HPLC用）	1L, 3L

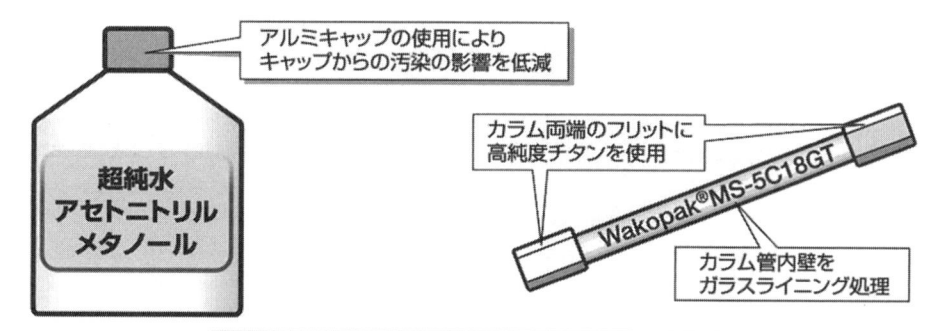

- アルミキャップの使用によりキャップからの汚染の影響を低減
- 超純水 アセトニトリル メタノール
- カラム両端のフリットに高純度チタンを使用
- Wakopak® MS-5C18GT
- カラム管内壁をガラスライニング処理

http://wako-chem.co.jp/siyaku/index.htm

和光純薬工業株式会社

本　　社：〒540-8605　大阪市中央区道修町三丁目1番2号
東京支店：〒103-0023　東京都中央区日本橋本町四丁目5番13号
営業所：北海道・東北・筑波・横浜・東海・中国・九州

問い合わせ先
フリーダイヤル：0120-052-099　フリーファックス：0120-052-806
URL：http://www.wako-chem.co.jp
E-mail：labchem-tec@wako-chem.co.jp

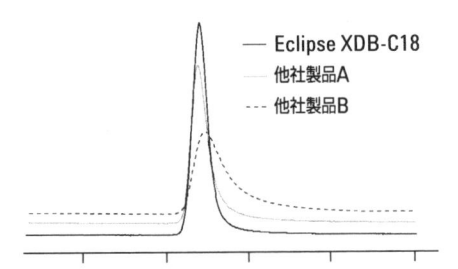

スタートで決まります
それがゴールへの近道

ZORBAX Eclipse XDB HPLC カラムでは、分析メソッド開発を何度も行う必要はありません。Eclipse XDB カラムなら、どんなに難しい分離でも幅広い結合相と多様なカラムサイズから最適なものを選び、最初の分析から成功させることができます。

Eclipse カラムでは、あらゆるアプリケーションに対応するため、CN、C18、C8、Phenyl の4つから固定相を選べるようになっています。独自の超高密度結合（XDB：eXtra Densely Bonded）相によって、pH2.0〜9.0 の範囲で安定した分離を行うことができます。1.8μm から7μm、そして高速LCから分取LCまで、Eclipseカラムは生産性の高い分析結果を提供します。

分析者の要求を満足させる結果を出すカラムは他にはありません。Eclipse XDB カラムは、左右対称のピークと広範囲なpH対応によって、メソッド開発の効率化が実現します。またAgilent 独自のダブルエンドキャッピングによって、充てん剤表面の相互作用が軽減され、カラムの寿命が延びます。

Eclipse XDB とAgilent 1100 HPLC との組み合わせは、お客様の分離要求を満たす最も強力なシングルソリューションとなります。

― Eclipse XDB-C18
― 他社製品A
--- 他社製品B

カラム：	**Eclipse XDB-C18** 4.6 x 150 mm、5μm （P/N: 993967-902）
移動相：	90% 25mM Na2HP04、pH 7.0:10% ACN
流量：	1.5 mL/min
温度：	40℃
試料：	プロカインアミド

ウェブサイトから、Eclipseの技術情報や、カラム選択ガイドを無料で入手できます。

［お問い合わせ窓口］
TEL. 0120-477-111 / FAX. 0120-565-154
本社 〒192-0033 東京都八王子市高倉町9-1
www.agilent.co.jp/chem/yan

© Agilent Technologies, Inc. 2006. MC 17201

Agilent Technologies

毎日、最高のパフォーマンスと操作性を 新しいAgilent 6100シリーズファミリーで!

Agilent 6100 シリーズ Quadrupole LC/MS システム

All the Performance. All the Time.

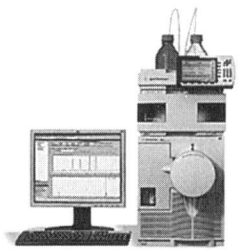

Agilent 6100 シリーズQuadrupole LC/MS システム
- 小型化に成功:Agilent 1200 シリーズとほぼ同じ幅
- 初心者からエキスパートまでさまざまなシステムの構築が可能
- 日本語ChemStation も用意
- Rapid Resolution HPLC 対応の10,000 amu/sec 高速スキャニング
- 全自動キャリブレーションのためのオートチューン機能
- ESI/APCI 同時モード可能なマルチモードソースを含むさまざまな アプリケーションに対応できるイオンソース

Agilent 6100 シリーズは、お客様のアプリケーションに合わせて、4つのタイプのLC/MSを用意しています。Agilent 6140 LC/MS は、10,000 amu/sec の高速スキャニング機能を持っており、世界最高速のLC システムです。Agilent 1200シリーズRapid Resolution LC と組み合わせることで最高のパフォーマンスを発揮します。

Agilent 6130 LC/MS は、マルチシグナル採取機能、1ピコグラムを検出できる感度、最高3,000 amu の質量範囲と高速スキャンは、正確なデータ採取を提供します。

Agilent 6110、6120 LC/MS は、エントリーレベルの低価格のシステムとして、あなたのラボで必要なLC/MS のパフォーマンスを提供します。

全てのシステムは、Agilent 1200 シリーズLC と同じ幅ですので、ベンチスペースを選びません。

[お問い合わせ窓口]
TEL. 0120-477-111 / FAX. 0120-565-154
本社 〒192-0033 東京都八王子市高倉町9-1
www.agilent.co.jp/chem/yan

©Agilent Technologies, Inc. 2006. MC 17201

Agilent Technologies

索引

索 引

あ 行

圧力損失　103
アミノ酸サプリメント飲料　43
アミノ酸分析法　42
安定同位体　148
イオン化モード　153
イオンクロマトグラフィー　61
イオン源　154
イオン交換カラム　82
イオン交換水　2
イオンサプレッション　159
イオン対試薬　16
移動相速度　102
移動相溶媒　59
陰イオン界面活性剤　49
インジェクター　56
飲料中のアミノ酸測定　43
エレクトロスプレーイオン化法（ESI）　142
エンドキャッピング　73
エンドキャップ　76
押しねじ　126
オルトフタルアルデヒド（OPA）法　43,122
オンカラム誘導体化法　52
温度安定性　108

か 行

荷電化粒子検出法　40
カラム外拡散　109
カラムスイッチング　90
カラム耐圧　115
カラムのエージング　94
カラムの交換時期　79
カラムの選択　96
カラムの保存方法　83
カラム評価方法　81
カラム連結法　130
緩衝液　63,66
官能基結合法　73
官能基密度　73
気密容器　26
逆浸透（RO）水　2
逆相カラム　71,87

逆相クロマトグラフィー　63
逆相系　106
極性基導入型カラム　71,72
キラル分離　100
キレート剤　52
銀イオン　96
金属イオン　52
グラジエントカーブ　86
グラジエント溶離　61
血液試料　164
検出器の応答速度　111
検量線　118
高圧切換えバルブ　90
高圧グラジエントシステム　133
高温条件　106
合成抗菌剤　6
高速分析　102,109,111,160
高速分離　110
高理論段数カラム　74
ゴーストピーク　6,61
固相抽出　33
固相抽出カートリッジ　27
コールドスプレーイオン化法（CSI）　143

さ 行

細孔容量　73
採　水　10,12
比抵抗値　12
サプレッサー　61
参考書　167
サンプリング速度　152
サンプリングレート　111
残留農薬の一斉試験法　47
ジェネリックアプローチ　84
紫外線照射　6
脂　質　95
システム適合性　121
試薬の最速入手方法　15
試薬の選択　54
試薬メーカー海外情報窓口　22
充塡剤基材　73
純水・超純水装置　3
純水・超純水装置の管理　13
使用器具などからの汚染　54

索　引　189

硝酸銀含浸シリカゲルカラム　96
蒸発光散乱法　39
蒸発光散乱検出器　137
消防法　20,21
醬油中の有機酸の測定　46
蒸留水　2
食品　45
食品中残留農薬　50
シリカゲル基材　82
試料濃度　170
試料負荷容量　98
試料保存容器　26
試料溶解溶媒　59
シンメトリーファクター　81
水質　3
水道水　49
数値の丸め方　121
スタティックミキサー　132
清涼飲料　43
洗浄　24
洗浄びん　23
選択イオン検出法（SIM）　152
選択反応検出法（SRM, MRM）　152
洗びん　23
ソニックスプレーイオン化法（SSI）　143

た　行

大気圧イオン化法（API）　143
大気圧化学イオン化法（APCI）　142
大気圧光イオン化法（APPI）　143
ダイナミックミキサー　132
多成分同時微量分析　156
脱気状況　55
タンパク質キラル固定相　100
チェックバルブ　128
超純水　2,6,8,12
超純水装置　6,10
低圧グラジエントシステム　133
定量分析　120
デジタル流量計　135
デッドボリューム　68
デュアルカラム分析法　90
テーリング　74
電気化学検出法　39

糖アルコール　38
糖類　38
毒物及び劇物取締法　20
トマトジュース　44
トリメチルシリル基　114
トレーサビリティー　13

な　行

内標準法　118
日本薬局方　120
ニンヒドリン（NIN）法　43,122

は　行

配位子交換クロマトグラフィー　95
配管　127,129
排気の仕組み　166
ハイブリッドパーティクル　71
バックグラウンド　6,54,164
バックグラウンドイオン　163
バックグラウンド試験　158
バックフラッシュ法　91
バッチ間再現性　94
ハートカット法　92
バルブ切替え　113
ハングリーウォーター　12
半値幅法　80
ピーク形状　59
比抵抗　3
比抵抗値　13,73,98
ピペットチップ型ミニカラム　34
標準溶液　118
品質保持期間　17
フィルター　37
フェニルイソチオシアナート（PITC）法　43,122
フェラル　126
複合分離モード　30
複合モード固相　27
フラグメンテーション　150
プランジャーシール　127,128
プレカラム誘導体化法　42,123
プロテオーム解析　8
プロトン親和力　142
ブロモチモールブルー（BTB）法　45

分取 HPLC　21
分取精製　98
分取超臨界流体クロマトグラフィー　88
分析の高速化　113
ベースライン　59
ベースラインノイズ　108
ペプチドキラル固定相　100
ボイドボリューム　68
ポジティブリスト制度　50
保持メカニズム　95
ポストカラム誘導体化　19
ポストカラム誘導体化法　42,122
保存期間　19
保存容器　24
ポリエーテルスルホン(PES)　37
ポリマー基材　82
ホールドアップボリューム　68

密閉容器　26
メンテナンスマニュアル　127
モノアイソトピック質量　148
モノリス型シリカカラム　77

や 行

有機酸　97
有機酸分析法　45
有効期間　83
誘導体化検出法　39
誘導体化試薬　16
ユニオン　126
容器　24

ら 行

理論段数　80
理論段高さ　102
リン酸緩衝液　65
労働安全衛生法　20

ま 行

前処理　38
前処理フィルター　36

欧 文

5σ 法　80
ELSD　137
FRIT/FAB　146
GC/MS　150
GC/MS 法　47
HPLC　167
HPLC 用試薬　14
H-u 曲線　68
LC/MS　152,153,155,160,163,164,166,167,170
LC/MS(/MS)分析　48
LC/MS/MS　156
LC/MS インターフェイス　142
LC/MS 分析　6
LC/MS 用試薬　14
LC/MS 用純水　15
MALDI　147

MRM　156
nanoLC-MS/MS　8
ODS　107
ODS カラム　74
ODS 基　114
PDA(Photo Diode Array)検出器　139
PES 膜　37
PRTR　20
PTFE(ポリテトラフロロエチレン)
　　フィルター　36
RO-EDI 水　2
TOC　3,6,8
TOC 値　13,15
van Deemter　68
van Deemter 式　102,106
van Deemter プロット　102,106

虎の巻シリーズ
全6巻 総索引

検索サイト
http://www.t-press.co.jp/ekikuro/

凡 例

虎：虎(トラ)の巻
龍：龍(リュウ)の巻
彪：彪(ヒョウ)の巻
犬：犬(イヌ)の巻
武：武(ブ)の巻
文：文(ブン)の巻

※表記ページの前の文字は，各巻の略称です．

あ 行

亜硝酸イオン　武9
アース　虎130
アースの取り方　彪89
アセトニトリル　彪76,77
アセトニトリルの吸収スペクトル　彪93
アダクトイオン　犬177
圧　力　彪32
圧力グラジェント　龍24
圧力限界　龍125
圧力損失　龍2,文103
圧力単位　龍118
アナログデジタル変換器　犬181,182
アノマー分離　彪24
アフィニティークロマトグラフィー　虎53,59
アフィニティークロマトグラフィー用充填剤　彪50
アミド基　犬14
アミン系化合物　虎144
アミノ酸　虎156,龍167,犬134,武138
アミノ酸サプリメント飲料　文43
アミノ酸分析　虎145,武136,138
アミノ酸分析計　彪97
アミノ酸分析法　文42
亜臨界水　龍75
アルカリ性移動相　犬156
アルキルスルホン酸ナトリウム　彪43
安定化　犬126
安定剤　虎68,犬138
安定性　武3
安定同位体　文148
アンペロメトリー検出器　龍93
アンペロメトリック　彪98
アンモニアトラップカラム　龍116

イオン化条件　彪128,犬171
イオン化阻害　犬179
イオン化促進剤　彪129
イオン化法　龍128
イオン化モード　文153
イオンクロマトグラフィー　龍140,犬77,文61
イオン源　文154
イオン交換　龍82
イオン交換カラム　文82
イオン交換クロマトグラフィー　虎53,57,武161
イオン交換水　龍70,文2
イオン交換性　龍108
イオン交換モード　彪59

イオンサプレッション　龍139,文159
イオン性相互作用　虎153
イオン対試薬　文16
イオン対(ペア)試薬　龍80
イオン対試薬　龍86,87,犬143,144,武44
イオントラップMS(ITMS)　武150,163
イオントラップ型質量分析計　龍131
イオントラップ質量分析装置(ITMS)　武146
イオン排除クロマトグラフィー　犬111
イオンペアクロマトグラフィー　龍82,84
イオンペア試薬　龍82,武159,160
イオンペア分配　龍82
イオンペア法　武41
イオン抑制法　武41
異性体　犬42
異性体過剰率　龍95
イソクラティック法　虎81
位置異性体　犬42
一斉分析　武49
一般試験法　龍26
移動相消費量　犬25
移動相速度　文102
移動相の設定　武16
移動相の脱気　龍79
移動相溶存酸素　彪96
移動相溶媒　文59
移動相溶媒のリサイクル使用　武115
移動相用有機溶媒　犬144
移動相流量　彪130,武169
イミノクタジン　彪104
陰イオン界面活性剤　文49
引火性　武117
インジェクター　武68,144,文56
インターネット　犬87
インターフェイス　彪122,犬161
飲料中のアミノ酸測定　文43

ウラシル　武9

液　相　犬121
液体クロマトグラフィー用充填剤　虎30
液体クロマトグラフィー研究懇談会　彪5,6
液体クロマトグラフィー努力賞　彪7,9
液体循環式　龍124
液漏れ　武86
エナンチオマー　犬51
エレクトロスプレーイオン化　龍128,彪122
エレクトロスプレーイオン化法(ESI)　文142
塩化ベンザルコニウム　彪59

塩基性化合物　　犬 147
遠心分離器　　龍 148
エンドキャッピング　　虎 40, 144, 犬 54, 文 73
エンドキャッピング試薬　　武 23
エンドキャッピング処理　　龍 51
エンドキャップ　　文 76
円二色性　　龍 94
円二色性検出器　　龍 94

オキシン銅　　彪 81
押しねじ　　文 126
オートインジェクター　　龍 122
オートサンプラー　　虎 64, 129, 彪 113, 武 68
オーバーラップインジェクション法　　武 115
オフライン法　　犬 130
オープンチューブカラム　　龍 36
オリゴ糖分析　　犬 136
オリフィス電圧　　彪 128
オルトフタルアルデヒド（OPA）法　　文 43, 122
オンカラム検出法　　犬 84
オンカラム誘導体化法　　文 52
温度安定性　　文 108
温度管理　　彪 45
温度制御　　虎 112
温度表記　　彪 28
オンライン SFE/SFC　　龍 158
オンライン固相抽出法　　彪 117, 犬 157, 128
オンライン法　　犬 133

か　行

加圧法　　龍 148
回収率　　虎 18, 武 2
界面活性剤　　犬 165
化学形態別分析　　犬 71
化学的分解　　犬 126
化学発光検出器　　龍 99
化学発光検出法　　犬 74
化学物質管理促進法（PRTR 法）　　武 119
荷電化粒子検出法　　文 40
ガードカラム　　龍 116, 犬 131
カートリッジ　　龍 161
カートリッジタイプ　　犬 53
カーボン　　犬 30
カーボン系充填剤　　犬 31
カーボン電極　　彪 99
カラム　　虎 64, 龍 106, 107, 彪 68, 武 144
カラム圧　　犬 53
カラム温度　　犬 45

カラム外拡散　　文 109
カラム検定シート　　龍 35
カラム恒温槽　　龍 124
カラム恒温槽の種類　　龍 124
カラムサイズ　　龍 7, 134
カラム充填　　龍 32
カラム充填剤　　彪 49
カラム寿命　　犬 131
カラムジョイント　　龍 106
カラムスイッチング　　虎 16, 138, 犬 124, 文 90
カラムスイッチング法　　彪 119, 犬 116, 武 132
カラム性能　　彪 107
カラム洗浄　　犬 27
カラム選択法　　龍 168
カラム耐圧　　文 115
カラム抵抗圧　　龍 2
カラム内径　　虎 26, 龍 8
カラム長　　彪 16
カラムのエージング　　文 94
カラムの温度　　虎 119
カラムの温度調節　　虎 48
カラムの交換時期　　文 79
カラムの充填圧　　虎 64
カラムの寿命　　虎 63, 64, 龍 86
カラムの性能　　龍 108
カラムの接続　　龍 109
カラムの接続形状　　龍 112
カラムの洗浄法　　虎 46
カラムの選択　　武 16, 文 96
カラムの廃棄方法　　武 121
カラムの平衡化　　龍 9
カラムの保存方法　　文 83
カラムの劣化　　龍 49, 犬 27
カラム評価　　犬 145
カラム評価方法　　文 81
カラムメモリー　　虎 146
カラム連結法　　文 130
カルバメート基　　犬 14
ガロン瓶　　犬 158
還元触媒カラム　　龍 40
換算分子量　　龍 11
乾式充填　　龍 32
緩衝液　　龍 73, 彪 29, 80, 文 63, 66
緩衝液系移動相　　彪 79
緩衝液の調製　　彪 84
緩衝液の調製方法　　犬 150
緩衝液の濃度　　彪 81
間接検出法　　虎 95, 武 103
乾燥法　　龍 151

感　度　武 143, 154, 159	キラルカラム　彪 65
官能基結合法　文 73	キラル固定相　彪 63, 犬 47, 49, 武 55, 57, 58
官能基密度　文 73	キラル固定相法　龍 170
	キラル配位子交換クロマトグラフィー　犬 49
幾何異性体　犬 43	キラル分離　龍 167, 犬 40, 武 55, 文 100
器具・容器の洗浄　武 113	キラル分離メカニズム　武 56
基　材　虎 30	キラル誘導体化法　龍 171
ギ　酸　武 151	キラルリガンド　犬 50
擬似移動床法　犬 106	キレート剤　文 52
希　釈　犬 156	銀イオン　文 96
希釈再現性　武 3	金属イオン　文 52
気体循環式　龍 124	金属不純物　彪 33
8-キノリノール　彪 48	金属溶出　虎 122
揮発性イオンペア剤　彪 151	金属キレートクロマトグラフィー　虎 58
揮発性塩　彪 84	
揮発性緩衝液　龍 73	空間速度　虎 23
気　泡　龍 44, 武 19, 66	空気中成分　彪 85
気密容器　文 26	グラジエント　武 19
逆浸透 (RO) 水　文 2	グラジエントカーブ　文 86
逆相イオン対クロマトグラフィー　彪 45	グラジエント濃度正確さ　武 83
逆相 HPLC　虎 74 龍 76, 彪 40, 武 48, 54	グラジエント分析　犬 148
逆相 HPLC カラム　武 18	グラジエント法　虎 81, 犬 44, 武 82
逆相カラム　彪 32, 37, 文 71, 87	グラジエント溶出　虎 28, 犬 155
逆相クロマトグラフィー　虎 57, 147, 犬 5, 8, 10, 文 63	グラジエント溶出法　犬 13, 136
逆相系　文 106	グラジエント溶離　文 61
逆相系充填剤　虎 33	グラジエント溶離法　虎 78, 龍 78
逆相系シリカベースのカラム　武 23	グラファイトカーボン系カラム　彪 69
逆相固定相　武 50	クロストーク　武 147
逆相充填剤の細孔　犬 11	クロマトグラフィー用語　武 8
逆相シリカゲルカラム　龍 45	クーロメトリー検出器　龍 92
逆相分配モード　彪 43	クーロメトリックタイプ　彪 98
逆相分離　彪 41, 42	
キャピラリー　LC　彪 126, 龍 3, 60, 61, 64, 武 68, 89	蛍光強度　犬 60
キャピラリーカラム　龍 4, 武 32, 89	蛍光検出器　龍 90, 92, 彪 96, 犬 60, 武 101
キャピラリー　GPC　龍 65	蛍光波長　龍 97
キャピラリー電圧　彪 128	軽溶媒　武 157
キャピラリー電気泳動　犬 110	血液試料　文 164
キャピラリー用モノリスカラム　武 128	結合密度　虎 38
キャリーオーバー　彪 114	血中薬物　虎 139
キャリーオーバー対策　彪 114	ケトエノール互変異性　彪 24
キャリブレーション　犬 173, 武 153	ゲル浸透クロマトグラフィー　龍 10
吸　着　龍 146	ゲルパーミエーションクロマトグラフィー　龍 10
吸着クロマトグラフィー　虎 53	ゲル沪過　虎 58
極　性　龍 108, 武 16	ゲル沪過クロマトグラフィー　龍 10
極性基導入型カラム　文 71, 72	減圧 (吸引) 法　龍 147
極性基導入型逆相型カラム　彪 39	限外沪過膜　龍 144
極性基内包型固定相　犬 14	検出器　龍 90, 犬 79
キラル移動相法　龍 171	検出器の応答速度　文 111
キラル化合物　武 57	検出器の耐圧性　犬 80

検出限界　　虎 18
検出ノイズ　　虎 93
検出波長　　彪 95
検量線　　彪 25, 武 3, 文 118

高圧切換えバルブ　　文 90
高圧グラジエント　　虎 76
高圧グラジエントシステム　　文 133
高圧混合方式　　虎 76
降温グラジエント　　龍 24
高温・高圧水　　武 84
高温条件　　文 106
恒温槽　　彪 68
光化学反応検出法　　犬 73
光学異性体　　犬 43, 47, 49, 51
光学異性体過剰率　　武 57
光学異性体分離用カラム　　虎 148
光学活性物質　　龍 94
光学純度　　龍 95, 武 57
光学対掌体　　龍 170
光学対掌体の分離　　龍 172
光学分割　　龍 172
高感度検出　　彪 93
高純度シリカ　　犬 29
高純度シリカゲル　　彪 48
校正曲線　　虎 152, 154
合成抗菌剤　　文 6
合成高分子　　彪 65
構造異性体　　犬 42
高速液体クロマトグラフィー用溶媒　　龍 68
高速原子衝撃イオン化法　　犬 162
高速分析　　武 134, 文 102, 109, 111, 160
高速分離　　文 110
酵素阻害剤　　犬 126
公定法　　龍 26
高分子物質　　虎 150
高分子リガンド　　彪 65
高流速　　武 149
高理論段数カラム　　文 74
誤差　　彪 25
コスト　　犬 25
コスト比較　　武 113
ゴーストピーク　　虎 16, 龍 43, 78, 武 10, 文 6, 61
コゼニー・カルマンの式　　龍 2
固相抽出　　龍 29, 153, 156, 161, 犬 129, 文 33
固相抽出カートリッジ　　文 27
固相抽出カートリッジカラム　　武 122
固相抽出カラム　　龍 147, 149
固相抽出剤　　犬 30

固相抽出充填剤　　虎 137
固相抽出の自動化　　龍 156
固相抽出法　　虎 136, 龍 147
固相抽出用器材　　武 123
固定化酵素カラム　　龍 40
コネクター　　龍 110, 111
孤立型シラノール　　龍 47
コールドスプレーイオン化法(CSI)　　文 143
混合方法　　犬 150
混合溶媒　　武 52
コンスタントニュートラルロススキャン　　彪 157
コーン電圧　　彪 128

さ　行

サイクリックボルタンメトリー　　武 93
再現性　　虎 22, 犬 13, 178
細孔　　犬 11, 33
細孔径　　龍 45, 彪 32, 犬 33
細孔容積　　犬 33
細孔容量　　文 73
採水　　文 10, 12
サイズ排除クロマトグラフィー　　虎 53, 153, 龍 10, 彪 62
サイズ排除効果　　龍 11
最適化　　彪 128, 141
最適流量　　犬 141
酢酸　　武 151
サチュレーションカラム　　犬 4
サプレッサー　　文 61
サプレッサー方式　　犬 78
サーモスプレー　　犬 161
サロゲート　　彪 30
酸解離定数　　武 95
産業廃棄物　　犬 158
参考書　　武 167
残存シラノール　　彪 32, 犬 16
残存シラノール基　　龍 108
残存シラノール量　　武 29
サンプリング速度　　文 152
サンプリングピリオド　　犬 65
サンプリングレート　　武 14, 文 111
サンプル注入量　　犬 25
サンプルループ　　犬 108
残留農薬の一斉試験法　　文 47

ジアステレオマー　　犬 51
ジェネリックアプローチ　　文 84
ジェミナール型シラノール　　龍 47
紫外可視吸光光度検出器　　龍 90

紫外可視検出器　　武59
紫外線照射　　文6
時間デジタル変換器　　犬180,182
時間飛行型質量分析計　　龍132
シクロデキストリン(CD)カラム　　武46
示差屈折計　　彪94
示差屈折率検出器　　龍90
脂質　　文95
四重極質量分析計　　龍131
システム圧力　　龍120
システム適合性　　文121
システムピーク　　虎14,16
自然落下法　　龍147
室温　　彪28
室温変化　　彪96
失活　　龍164
実験装置の許容値　　龍126
湿式充填　　龍32
質量依存型検出器　　彪92
質量応答性　　犬82
質量精度　　犬173
質量破過　　武30
質量分析計　　武60
時定数　　虎118,龍103,犬65
自動化　　龍156
自動化装置　　犬129
磁場型質量分析計　　龍130
試薬の最速入手方法　　文15
試薬の選択　　文54
試薬メーカー海外情報窓口　　文22
重金属　　犬29
修飾密度　　武29
充填剤基材　　文73
重量平均分子量　　虎150,龍11
準公定法　　龍26
純水　　龍70
純水・超純水装置　　文3
純水・超純水装置の管理　　文13
順相 HPLC　　龍140
順相液体クロマトグラフィー　　犬2
順相系溶媒　　彪89
純度　　武105
ジョイント　　龍111
使用器具などからの汚染　　文54
使用期限　　武122
消光　　犬60
硝酸イオン　　武9
硝酸銀含浸シリカゲルカラム　　文96
死容積　　犬54

使用できる溶媒　　龍135
蒸発光散乱法　　犬135
蒸発光散乱検出器　　虎100,彪101,102
蒸発光散乱法　　文39
蒸発光散乱検出器　　文137
蒸発光散乱検出器(ELSD)　　武60
消防法　　文20,21
消防法　　武117
醤油中の有機酸の測定　　文46
蒸留水　　龍70,文2
食品　　文45
食品中残留農薬　　文50
除タンパク　　虎139,龍144,彪60,犬124,武125
除タンパク操作　　彪118
除タンパク法　　彪119
シラノール基　　虎40,龍47,犬18,54
シリアルカラム接続法　　犬116
シリカ系イオン交換カラム　　彪69
シリカ系カラム　　武24
シリカ系モノリスカラム　　龍38
シリカゲルカラム　　犬4
シリカゲル基材　　文82
シリカゲル系担体　　虎43
シリカゲルの純度　　彪36
シリカゲルの物性　　彪34
試料注入量　　龍7,武169
試料導入法　　龍61
試料濃度　　文170
試料の採取　　虎134
試料の自動化　　虎138
試料の調製　　虎132
試料の前処理　　虎132
試料負荷容量　　犬37,文98
試料負荷量　　龍7,55
試料保存容器　　文26
試料溶解液　　龍7
試料溶解溶媒　　文59
試料溶媒　　虎140
シリル化剤　　犬54
ジルコニア基材カラム　　彪56
ジルコニア充填剤　　龍19
シクロデキストリン(CD)　　武56
シングル四重極 MS(QMS)　　武149,163
親水性相互作用クロマトグラフィー　　彪54,
　犬2,4,5,6,8,10
親水性保持係数　　犬8
浸透制限充填剤　　武27
浸透抑制型充填剤　　犬133
シンメトリーファクター　　文81

水系GPC　　虎152
水質　　文3
水素イオン指数　　龍15
水素炎イオン化検出器(FID)　　武60
水素結合　　犬6,47
水素結合性　　龍108
水素結合・電荷移動型固定相　　彪63
水道水　　文49
水分　　彪36
数値の丸め方　　文121
数平均分子量　　虎150
スキャンモード　　彪125
スケールアップ　　虎23
スタティックミキサー　　文132
ステップワイズ法　　虎81
ステンレス製HPLC装置　　虎123
スパイクノイズ　　龍136
スプリッター　　龍3,4
スプリット注入法　　龍61
スプリット法　　虎127
スプリットレスバルブ注入法　　龍61
スペクトル感度　　武146
スペシエーション　　犬71
スムージング　　犬97

正確さ　　武2
精製度　　犬102
生体試料　　虎56,134,武2,131
静電気　　彪89
精度　　武2
精度管理　　犬173
性能評価項目　　彪32
精密質量測定　　彪134
清涼飲料　　文43
接線法　　彪13
接続　　武89
接続のタイプ　　龍109
接続配管　　武167
接続部　　武167
接続用配管部品　　龍111
絶対感度　　龍13,59
絶対検量線法　　龍102,犬120
セミミクロLC　　龍60,61
セミミクロカラム　　龍57
セミミクロGPC　　龍65
セル温調の効果　　武101,102
旋光度　　龍94
旋光度検出器　　龍94,173
洗浄　　虎44,犬132,文24

洗浄びん　　文23
洗浄方法　　武81
線速度　　虎23
選択イオン検出法(SIM)　　文152
選択性　　武17
選択反応検出法(SRM, MRM)　　文152
全多孔性充填剤　　彪32
全値幅(ピーク幅)法　　彪12
洗びん　　文23

送液　　武66
双極子相互作用　　犬6
装置内部　　武81
装置の洗浄　　虎114
装置のメンテナンス　　武113
総有機物量　　龍70
測定法の開発手順　　龍100
測定法の評価　　虎20
夾雑成分　　彪136
疎水性　　龍108,武16
疎水性アミノ酸　　犬8
疎水性クロマトグラフィー　　虎57
疎水性相互作用　　虎153
疎水性保持係数　　犬8
ソニックスプレーイオン化法(SSI)　　文143
ソルベントピーク　　虎8,9,140
ソルボホビック理論　　彪43

た　行

耐圧限界　　龍125
耐圧性　　武85
対イオン　　龍84
第一種特定化学物質　　龍169
ダイオキシン　　龍169
大気圧イオン化法(API)　　文143
大気圧化学イオン化　　龍128,彪122,犬177
大気圧化学イオン化法(APCI)　　文142
大気圧化学イオン化法　　犬171
大気圧光イオン化　　龍128,犬177
大気圧光イオン化法(APPI)　　文143
ダイナミックミキサー　　文132
耐熱性充填剤　　龍19
ダイナミックレンジ　　犬181,182
タイムコンスタント　　犬65
ダイヤモンド電極　　彪100
ダイレクトオンカラム注入法　　龍63
多価イオン　　彪133,140
多成分同時微量分析　　文156

多段質量分析計　彪155
脱　気　虎73, 彪96
脱気状況　文55
脱気装置　彪87, 109
脱溶媒温度　彪128
多　糖　彪65
多波長検出器　虎98
多量試料導入　武128
短期安定性　武3
炭素含有率　龍45
炭素含有量　彪32, 犬53
炭素鎖長さ　彪41
炭素量　虎38
タンパク質　虎146, 147, 龍164, 165, 彪40, 41, 42, 65
タンパク質キラル固定相　文100
タンパク質の消化物(ペプチド)　武134

チェックバルブ　武66, 文128
窒素気流　龍151
窒素パージ　龍151
チップ　犬157
チップ化　武78
チャネリング　犬153
注入精度　虎129
注入方法　彪113
チューニング　武152
長期安定性　武3
超高圧型システム　武36
超高速 HPLC　武13
超高速液体クロマトグラフィー　武85
超純水　龍71, 文2, 6, 8, 12
超純水装置　武113, 文6, 10
超微粒子充填カラム　武85
超臨界流体　龍21
超臨界流体クロマトグラフィー　龍21, 彪66, 犬58, 101, 武59
超臨界流体クロマトグラフィー(SFC)　武59, 62
超臨界流体抽出　龍158　犬58

低圧グラジエント　虎76
低圧グラジエントシステム　文133
低圧混合方式　虎76
抵抗管　龍119
定性分析　彪134
定量下限　武3
定量限界　彪18
テイリングファクター　龍108
デガッサー　武143
デジタル流量計　文135

データサンプリング　武149
データ処理　犬96
データ処理機　龍103
データ処理装置　虎108, 109, 彪25
データ取込み　犬65
データプロセッサー　虎109
デッドスペース　虎32
デッドボリューム　虎8, 113, 118, 127, 犬54, 109
デッドボリューム　文68
テトラヒドロフラン(THF)　武48
テーパー角度　龍111
テフゼル　龍113
テフロン　龍113
デュアルグラジエント法　犬116
デュアルカラム分析法　文90
テーリング　虎12, 144, 龍42, 犬14, 16, 18, 29, 武54, 131, 文74
テーリング処理　犬96
電圧が不安定　武75
電荷移動相互作用　犬47
添加剤　虎68, 犬138
電気化学検出器　龍90, 92, 彪98
電気化学検出法　文39
電気クロマトグラフィー　龍14
電気浸透流　龍14
電気伝導度検出器　犬75, 77
電極の種類　彪98
点検項目　彪106
天然高分子ゲル　虎55
電離定数　龍16
電離度　龍15

糖アルコール　文38
糖　類　龍168, 彪144, 犬135, 武95, 文38
特異性　武2
毒物及び劇物取締法　武119, 文20
トータルイオンクロマトグラム　龍136, 137, 彪125
突沸　犬127
ドナン膜平衡　犬111
トマトジュース　文44
トラップカラム　武132
取り込み間隔　龍103
トリフルオロ酢酸　虎147
トリプル四重極 MS(Q/QMS)　武149, 163
トリメチルシリル基　文114
トレーサビリティー　文13

な 行

内標準物質　虎15, 彪30

内標準法　　虎15,犬120,文118
内部標準法　　龍102
内面イオン交換カラム　　武27
内面逆相型充填剤　　犬133
内面逆相カラム　　彪60,武27
ナット　　龍106
ナノLC　　龍3,64,彪120
ナノカラム　　龍4
ナノスプレーノズル　　武168
ナノフロー　　犬113

二次元クロマトグラフィー　　犬116
2次元デュアルリニアグラジェント溶出法　　武72
ニトラゼパム　　彪95
ニードル電圧　　彪128
日本薬局方　　文120
ニンヒドリン(NIN)法　　文43,122

ヌクレオチド　　虎156

濡れ　　武50
ネガティブピーク　　武11
ネジの型式　　龍109

ノイズ　　虎130
濃縮　　龍144
濃縮法　　龍151
濃縮方法　　犬127
濃度依存型検出器　　彪92
濃度応答性　　犬82
濃度感度　　龍13,59
濃度勾配溶出法　　虎84
濃度反応曲線　　武3
ノンサプレッサー方式　　犬78

は　行

背圧管　　龍119
配位結合性　　龍108
配位子交換型固定相　　彪63
配位子交換クロマトグラフィー　　犬40,文95
配位性　　武16
廃液処理方法　　犬157
バイオハザード　　虎134
配管　　虎113,龍113,115,彪107,犬108,文127,129
配管チューブ　　武87
配管容量　　虎6
排気の仕組み　　文166
ハイスループット化　　犬118,武72

π-電子相互作用型　　犬43
ハイブリッド Q/TOF-MS　　武163
ハイブリッド四重極リニアイオントラップ
　　MS(Q/LITMS)　　武164
ハイブリッドタンデム MS　　武164
ハイブリッドパーティクル　　文71
パイロジェン　　虎116
波長切り換え　　龍96
波長正確さ UV/VIS 検出器の　　犬62
バックグラウンド　　龍137,文6,54,164
バックグラウンドイオン　　彪126,136,文163
バックグラウンド試験　　文158
バックグラウンドスペクトル　　犬164
バックフラッシュ法　　文91
発光スペクトル　　龍99
バッチ間再現性　　文94
発明人　　彪2
パーティクルビーム　　犬161
ハートカット法　　文92
パラメーター　　龍108,犬172,174
バリデーション　　虎108,彪17,武2
バリデーション活動　　犬99
バリデーション計画書　　犬99
バリデーションシート　　龍35
バリデーション法　　龍28
パルスアンペロメトリー検出器　　龍93
パルスドアンペロメトリー検出器　　武92,95
バルブ切替え　　文113
ハングリーウォーター　　文12
半値幅　　虎4
半値幅法　　彪12,13,文80
反応試薬　　武99

ピーク　　龍113
ピーク強度　　犬178
ピーク形状　　虎144,龍42,文59
ピーク検出　　犬66
ピーク対称性　　龍108
ピーク高さ法　　虎107
ピークデコンボリューション　　犬95
ピークの肩　　虎156
ピークの歪み　　虎10
ピーク幅　　虎4,彪16
ピーク幅(接線)法　　彪12,13
ピークの広がり　　龍5
ピーク分離　　虎118
ピーク面積法　　虎107
ピーク割れ　　龍43
飛行時間型 MS(TOF-MS)　　武150,163

飛行時間質量分析計　　　　犬180
飛行時間型質量分析装置(TOF-MS)　　　武146
保持係数　　　武17
ビシナール型シラノール　　　龍47
保持メカニズム　　　文95
微小粒子径充填剤　　　犬26
ビスフェノールA　　　彪137
比抵抗　　　文3
比抵抗値　　　文12,13
ヒートブロック　　　龍151
ヒートブロック式　　　龍124
ヒドロキシアパタイトクロマトグラフィー　　　彪57
N-ビニルピロリドン-ジビニルベンゼン系の充填剤
　　　龍149
ヒノキチオール　　　彪48,犬16
比表面積　　　龍45,彪32,犬33,文73,98
ピペットチップ型ミニカラム　　　文34
標準溶液の安定性　　　武4
標準試料　　　虎152
標準添加法　　　龍102
標準フォーマット　　　彪108
標準溶液　　　文118
表面積　　　武30
ヒリック　　　犬2
微量成分の分取　　　虎24
微量分析　　　武123
品質保持期間　　　文17

ファンディーメター(の)曲線　　　武13,36
ファンディーメターの式　　　犬141
フィッティング　　　龍111
フィルター　　　龍142,武124,125,文37
フェニルイソチオシアナート(PITC)法　　　文43,122
フェラル　　　龍106,111,文126
フォトダイオードアレイ検出器　　　虎98,武59
付加イオン　　　彪124
不揮発性移動相　　　彪154
複合分離　　　犬21
複合分離モード　　　文30
複合モード固相　　　文27
不斉認識　　　武55
不純物　　　彪28
不確かさ　　　彪21,龍29
負のピーク　　　虎14
不分離ピーク　　　虎105,犬95
浮遊物除去　　　犬131
フューズドシリカ管　　　武32
フラグメンテーション　　　文150
プラスチック製チューブ内壁　　　彪146

フランジ型ジョイント　　　龍111
プランジャーシール　　　龍121,彪111,武86,文127,128
フーリエ交換赤外分光光度計　　　犬58
フーリエ変換イオンサイクロトロン共鳴
　　　MS(FT-ICRMS)　　　武150
フーリエ変換イオンサイクロトロン共鳴質量分析装置
　　　(FT-ICRMS)　　　武146
フーリエ変換サイクロトロン共鳴
　　　MS(FT-ICRMS)　　　武164
フーリエ変換赤外分光光度計(FTIR)　　　文59
プリカーサーイオン　　　犬177
古い試薬　　　犬144
フルオロカーボン系カラム　　　彪58
プレカーサーイオンスキャン　　　彪157
プレカラム　　　虎130,龍116
プレカラム法　　　彪103
プレカラムスプリット方式　　　武165
プレカラム濃縮法　　　龍63
プレカラム誘導体化法　　　虎102,彪147,犬134,武138,
　　　文42,123
プレート　　　虎2
プレート理論　　　虎3,4
プロダクトイオンスキャン　　　彪156
プロダクトイオン　　　犬177
プロテオミクス　　　犬114
プロテオーム解析　　　文8
プロトン親和力　　　文142
ブロモチモールブルー(BTB)法　　　文45
分子インプリント法　　　武25
分子の形状　　　龍11
分子ふるいクロマトグラフィー　　　龍10
分子ふるい効果　　　龍11
分取　　　虎26,彪120
分取HPLC　　　文21
分取LC　　　犬102,106
分取クロマトグラフィー　　　武115,犬101
分取精製　　　文98
分取超臨界流体クロマトグラフィー　　　武116,文88
分子量　　　彪138,140
分析の高速化　　　文113
分析法バリデーション　　　龍100
分配クロマトグラフィー　　　虎52
分離係数　　　虎7,武6,58
分離条件の最適化　　　虎60
分離度　　　虎7,龍8,彪16,武6
分離能　　　彪16,武17
分離不良　　　犬145
分離膜方式　　　彪109
分離モード　　　虎52

分離モードの組合せ　虎56
分離モードの使い分け　虎56

平均分子量　虎151
平衡化　龍76
平衡スラリー法　龍32
平面認識能　龍108
ベースピーク強度クロマトグラム　彪125
ベースライン　虎28, 157, 彪22, 犬96, 武15, 文59
ベースラインN法　犬96
ベースラインショック　虎16
ベースラインノイズ　虎96, 文108
ベースラインの落ち込み　犬168
ペプチド　虎148, 犬5, 8, 10
ペプチド類　武132
ペプチドキラル固定相　文100
ヘリウム脱気方式　彪109
変性　龍164, 165

ポアサイズ　虎154
ボイドボリューム　文68
保管・廃棄方法　龍169
保管法　虎44
保管方法　犬158, 武118
保持　龍51
保存期間　文19
保持許容量　武30
保持時間　犬45
保持再現性　龍52
ポジティブリスト制度　文50
保持の減少　龍51
保存容器　文24
ポストカラムスプリット方式　武165
ポストカラム法　彪103
ポストカラム誘導体化　文19
ポストカラム誘導体化法　虎102, 彪149, 武99, 138, 犬73, 文42, 122
ホストゲスト型固定相　彪64
ホスト–ゲスト相互作用　犬47
ホスト–ゲスト相互作用型　犬43
保存形式　彪108
ホットブロック　龍151
ホームページ（クロマトグラフィーに関する）　犬87
ポリエーテルエーテルケトン　龍110
ポリエーテルスルホン（PES）　文37
ポリクロロトリフルオロエーテル　龍111
ポリスチレン　龍11
ポリブタジエン　龍11
ポリマー基材　文82

ポリマー系カラム　武24
ポリマー系充填剤　虎43, 46
ポリマー系モノリスカラム　龍39
ポリメリックタイプ充填剤　龍46
ホールドアップボリューム　虎8, 文68
反応溶媒　彪36
ポンプ　武86, 144

ま　行

マイクロ化　武78
マイクロスプリッター　武165
マイクロセパレーション　犬113
マイクロチップLC　武77
マイクロチップ化　武76
マイクロピペット　龍103
前処理　彪60
前処理カラム　犬128, 武27, 文38
前処理後の安定性　武4
前処理フィルター　文36
前処理理論　彪3
マクロポア　龍39
マスクロマトグラム　彪125
マトリックス効果　彪142
マニュアルインジェクター　龍122, 武68
マニュアルベースライン補正　犬97

ミキサー　犬155
ミクロLC　虎126
ミクロ化　龍65, 犬82
水　虎89
水–アセトニトリル系　虎74
水100%移動相　彪37
水–メタノール系　虎74
水–メタノール混合系の粘度　龍72
未知試料の分子量　犬177
未知ピーク　武125
ミックスモード充填剤　武35
密閉容器　文26
脈動　龍120
ミリマス　犬173

無機塩の添加　彪43
無孔性充填剤　虎34
無人運転　彪27
メソッド開発　虎60
メゾポア　龍39
メタクリレート–スチレン–ジビニルベンゼン系の充填剤
　龍149

メタノール　　彪76,77
メタボノミクス　　犬114
メタルフリーHPLC装置　　文122
メチオニンスルホキサイド　　虎156
メルカプトベンゾチアゾール　　虎157
面積高さ法　　彪13
メンテナンス　　犬160
メンテナンスマニュアル　　文127

毛管現象　　犬11
網羅(的)分析　　犬114
モノアイソトピック質量　　文148
モノメリックタイプ充塡剤　　龍46
モノリス型シリカカラム　　文77
モノリスカラム　　龍38,彪51,犬37

や　行

薬物濃度分析法　　武2
薬物分析　　彪60

有機酸　　虎157,犬137,文97
有機酸分析　　武136
有機酸分析法　　文45
有機溶媒　　武117,119
有機溶媒の分類　　武117
有効期間　　文83
誘導結合プラズマ　　犬71
誘導体化　　武162
誘導体化検出法　　犬136,文39
誘導体化試薬　　武136,文16
ユニオン　　武90,文126
ユニバーサル曲線　　龍11

溶離液の調製　　虎70,武21
溶解度パラメーター　　武48
溶解パラメーター　　犬146
容器　　文24
容器による影響　　武110
容器による汚染　　武112
溶存空気龍79　　彪94
溶存酸素　　彪87
溶媒　　犬138
溶媒グラジエント　　龍24
溶媒置換　　虎44,114
溶媒特性　　犬146
溶媒の切り換え　　龍77
溶媒保管　　武108
溶媒和　　武52

溶離液　　虎70,121,犬150
溶離液の作製　　虎72
溶離法　　虎81
四重極MS　　武146

ら　行

ライブラリーデータベース　　犬169
ライン　　武143
ランニングコスト　　武115

リガンド　　彪49
リサイクル　　虎121
リサイクル装置　　彪78
リサイクル分取　　犬104
立体異性体　　犬43
リーディング　　虎12,43
リニアイオントラップ(LIT)MS　　武146
粒子径　　彪32,42,犬26,53
流束　　龍2,144
流速グラジエント　　武39
流量　　犬25
流量正確さ　　虎124
流量精度　　虎83
流量精密さ　　虎124
理論段　　虎2
理論段数　　文80
理論段数　　虎2,3,4,6,7,龍108,彪12,13,15,32,犬38,武6,17
理論段高さ　　彪42,犬35,文102
理論段高さと線流速　　犬39
臨界圧力　　龍21
臨界温度　　龍21
臨界鎖長　　犬19
リン酸塩　　彪80
リン酸緩衝液　　犬154,176,文65
臨床分析　　虎134

ルミノール法　　犬74

例会　　彪6
励起波長　　龍97
冷凍/解凍サイクル安定性　　武3
レーザー励起蛍光検出器　　犬63

労働安全衛生法　　文20
濾過　　武124
ローター　　龍122
ロボット　　犬129

欧　文

21 CFR Part 11　犬 92
2-D (2次元) クロマトグラフィー　彪 18
2-D クロマトグラフィー　彪 18
2-D ナノ LC　彪 19
5σ法　文 80
96 well プレート　龍 153

APCI　龍 128, 彪 122, 124, 127, 130, 154, 犬 161, 171, 177
APCI イオン源　犬 163
APPI　龍 128, 犬 177
AUFS　犬 70

BP　犬 161

C 18　虎 36
C 18 カラム　龍 45
C 30 固定相　龍 53
C 8　虎 36
CCVG 方式　虎 84
CD-ROM　武 5
cFSC　龍 21
cross validation　龍 28

ELSD　彪 101, 102, 文 137
EMG 法　彪 14
ESI　龍 128, 彪 122, 124, 127, 128, 130, 132, 133, 154, 犬 161
ESI スペクトル　彪 146
ETFE　龍 113

FAB　犬 162
FAST-HPLC　武 85
FDA　武 2
FDA ガイダンス　龍 28
FRIT/FAB　犬 162, 文 146
FTIR　犬 58
full validation　龍 28

GAMP 4 ガイダンス　犬 99
GC/MS　文 150
GC/MS 法　文 47
GFC　虎 150, 154, 龍 9, 彪 62
GPC 分析　虎 151

HETP　犬 35
High Temperature HPLC　龍 18

HILIC　彪 54, 犬 2, 5, 6, 8, 10
HILIC モード　武 161
HPLC　文 167
HPLC グレード　彪 74
HPLC に使用する水　龍 70
HPLC 用試薬　文 14
HPLC 設置場所　虎 112
HPLC 選択法　虎 52
HPLC 用水　武 113
HPLC 用溶媒　虎 66, 武 110
HPLC 用溶媒・試薬　彪 72
HR-SIM　彪 136
HT-HPLC　彪 68
HT 分析　龍 16, 18
H-u 曲線　武 62, 文 68
hyphenated HPLC　虎 88

ICP　犬 71
In-source CID　彪 134, 135

JIS　武 8

Kozeny-Carman の式　龍 2

LAN　彪 115
LC/ICP　犬 71
LC/MS　龍 87, 90, 130, 135, 136, 137, 139, 140,
　彪 122, 126, 130, 134, 136, 144, 147, 149,
　犬 140, 160, 164, 165, 168, 172, 173, 174, 176, 177, 178,
　武 142, 151, 152, 153, 154, 158, 159, 160, 165,
　文 152, 153, 155, 160, 163, 164, 166, 167, 170
LC/MS(/MS)　武 146, 149
LC/MS(/MS)分析　文 48
LC/MS/MS　武 147, 文 156
LC/MS/MS スペクトル　犬 169
LC/MS インターフェイス　文 142
LC/MS 分析　文 6
LC/MS 用試薬　文 14
LC/MS 用純水　文 15
LC/MS 種類，長所・欠点　武 163
LC/MS 分析　龍 134
LC/MS 溶離液　犬 170
LC/MS 用溶媒　犬 140, 武 110
LC/NMR　龍 87, 犬 70, 武 156, 157, 158
LC/TOF-MS　犬 180
LC-DAYs　彪 6, 10

LC-MS/NMR　武158
LCテクノプラザ　彪7,8
LIF　犬63
log P 値　犬8

MALDI　文147
Mark-Houwink の粘度式　龍10
Milli-Q 水　龍71
MIP　武25
MRM　文156
MS/MS　彪134,155,156
MSDS　武120

Nano-LC/MS　武167
nanoLC-MS/MS　文8
NIST 02　犬169
NIST データベース　彪135

o, m, p-位置異性体　武46
ODS　虎33,38,43,157,龍47,53,武29,文107
ODS カラム　龍51,55,80,86,文74
ODS シリカゲル　彪34,36
ODS 基　文114
ODS 充填剤　龍46
OPA ポストカラム誘導体化法　虎97

PAD　龍93
partial validation　龍28
PCB　龍169
PCTFE　龍111
PDA(Photo Diode Array)検出器　文139
PEEK　龍110,111,113,115
PES 膜　文37
pH　龍14,彪29
pH 調製　武21
pK_a　龍14,武16
PRTR　文20
pSFC　龍21
PTFE　龍113
PTFE(ポリテトラフロロエチレン)フィルター　文36

QIT-MS　龍131
Q-MS　龍130

Rekker の疎水性フラグメント定数　犬8
RI 検出器　虎96,龍90
RO-EDI 水　文2

RPLC　犬5,8,10
S/N　虎94
SCF　龍20
SEC　龍9,10
Sector-MS　龍130
SFC　彪66,犬58
SFE　犬58
SIM　犬140
SIM モード　彪125
SN 比　武143
SRM　彪136,157,犬140
SUS 304　龍113
SUS 316　龍113
SUS 316 L　龍113
SUS 管　武32
SUS 製配管　龍115

t_0　虎8,32,武9
Tandem-in-Space　彪156
Tandem-in-Time　彪156
TFA　彪153
thermal mismatch　龍18
TIC　龍136,137,139
TOC　龍70,文3,6,8
TOC 値　文13,15
TOF/MS　龍131　犬180
TSCA　犬169
TSP　犬161

UPLC　武36,85
UV/VIS 検出器　龍90
UV/VIS 検出器の波長正確さ　犬62
UV-VIS 検出器　武102
UV セル　犬109
UV 検出器　彪93,95,犬70
UV 透過限界　虎75
UV 透過限界波長　虎90

van Deemter　犬38,文68
van Deemter 式　文102,106
van Deemter プロット　文102,106
van't Hoff のプロット　犬45
van't Hoff の式　犬45

Wike-Chang の式　虎48

Z 形セル　犬83

液相色譜

液クロ虎の巻

誰にも聞けなかった
HPLC Q&A
High Performance Liquid Chromatography

監修■東京理科大学薬学部教授
　　　薬学博士　中村　洋

編集■(社)日本分析化学会
　　　液体クロマトグラフィー研究懇談会

プロ集団が書いた、オフィシャルガイド!!

液クロの現場で日々発生する素朴な疑問の数々。想定されるこれらの問題に、液クロ懇談会の精鋭メンバーが分かり易く答えております。最先端の情報をもとに編集された『液クロ虎の巻』が、さまざまな現場で活用されますことを願っております。

B5版　172頁
定価■本体価格**2,800**円＋税
ISBN4-924753-47-5　C3043

発行　筑波出版会
〒305-0821 茨城県つくば市春日2-18-8
電話■029-852-6531　FAX■029-852-4522
URL■http://www.t-press.co.jp

発売　丸善 出版事業部
〒103-8244 東京都中央区日本橋3-9-2 第2丸善ビル
電話■03-3272-0521　FAX■03-3272-0693

液クロ　虎(トラ)の巻

『液クロ 虎(トラ)の巻』あらまし Question 項目

1章　HPLC の基礎と理論
1. 理論段の考え方は？
2. 半値幅で求めた理論段数 N とピーク幅で求めた N が異なる理由は？
3. 保証された理論段数が得られない原因は？
4. 同じカラムを連結するさい，必要最低本数の求め方は？
5. t_0 またはホールドアップボリュームを測定するのに適当な溶質とは？
6. ソルベントピークとよばれるピークが現れる原因と対策は？
7. クロマトグラムピークの歪みの原因は？
8. ピークテーリングの原因と対策は？
9. クロマトグラム上に現れる負のピークの原因と対策は？
10. 内標準物質の選定方法は？
11. ベースラインが移動する，また変わる理由は？
12. 検出限界，定量限界と回収率の求め方は？
13. 測定法の評価に必要な事項は？
14. クロマトグラフィーの再現性をよくするには？
15. カラムをスケールアップするとき，最大吸着量は SV，LV のどちらに依存するか？
16. 微量成分の分取のさいの注意点は？
17. 分取を行うときのカラム内径と分取可能な量は？

2章　固定相と分離モード ─ 充塡剤，カラム ─
18. 液体クロマトグラフィー充塡剤の基材の特徴と選択法は？
19. 全多孔性充塡剤の場合に，溶離液は細孔内も流れている？
20. 逆相系，ODS では分離の場はアルキル鎖全体，それとも？
21. 微小径の無孔性充塡剤の長所，短所は？
22. 逆相系で C18 と C8 が多く使われる理由は？
23. 炭素量が異なるとゲルの性質や試料の分離が変わる？
24. エンドキャッピングとは？
25. シリカゲル担体の充塡剤の方が分離機能が高いのは？
26. カラムの溶媒置換や，洗浄，保管法は？
27. ポリマー系カラムの洗浄は？
28. カラムの温度調節の必要性は？
29. アフィニティー充塡剤の特徴と取扱い上の注意点は？
30. 目的にあった HPLC の選択法とは？
31. 天然高分子ゲルの種類と分離目的は？
32. 生体成分の分離精製で，分離モードの使い分け，組合せのコツは？
33. 分離条件の最適化の方法は？

3章　移動相(溶離液)
34. 移動相には必ず HPLC 用溶媒を使わないといけない？
35. 添加剤入りの溶媒を用いるときの注意事項は？
36. 溶離液を再現性よく調製するにはどうする？
37. 溶離液の作製方法は？
38. 移動相の脱気は必要？
39. 汎用の水-メタノール系と水-アセトニトリル系の移動相の利点，欠点は？
40. 低圧グラジエントと高圧グラジエントの特徴は？
41. 移動相溶媒のつくり方，グラジエント分離条件の設定は？
42. 溶離法の特徴と応用は？
43. リニアグラジエント溶出を行う場合，設定流量の精度は？
44. 任意に連続的に変えられる濃度勾配溶出法とは？

4章　検出・定量・データ処理
45. 新しい検出系の長所，短所(限界)，開発動向は？
46. 溶離に用いる水についての具体的な基準は？
47. 短波長側で測定をするとき，どの程度の波長まで測定可能？
48. ハードウエアが原因の検出ノイズとは？
49. S/N を 2 倍向上させるには？
50. 間接検出法の原理は？
51. RI 検出器のベースラインを安定させるには？
52. 所定の感度が得られません！
53. 多波長検出器とは？
54. 蒸発光散乱検出器の原理と特徴は？
55. ポストカラム誘導体化法，プレカラム誘導体化法とは？
56. 重なったクロマトピークの各成分を定量するには？
57. ピーク面積法とピーク高さ法の使い分けは？
58. データの信頼性，精度などのバリデーションは？

5章　HPLC 装置
59. HPLC の設置場所の温度制御は？
60. 装置の配管を行うさいの注意点は？
61. 装置の洗浄，溶媒置換，保守は？
62. パイロジェンの除去，洗浄法は？
63. ピーク分離をよくする装置上の工夫は？
64. カラム溶離液をリサイクルする利点は，欠点は？
65. ステンレス使用の装置とメタルフリーの装置を比べると……？
66. 「流量正確さ」と「流量精密さ」，両者の違いは何？
67. ミクロ LC，キャピラリー LC の有用性と市販装置の現状は，ミクロ化は可能？
68. オートサンプラーによる注入量と注入精度は？

6章　前処理
69. 試料調製時の注意すべき点は？
70. 生体試料の取り扱い上の留意点は？
71. 固相抽出法の概要，選択方法は？
72. 試料前処理やカラムスイッチングの自動化は？
73. 血中薬物を直接注入して薬物分析が可能？
74. 試料を溶かす溶媒は，また，試料はどの移動相に溶解させるのがよい？

7章　応用
75. ピーク形状をシャープにするのには移動相に何を添加する？
76. 特定の試料のみ分離不良！
77. 溶媒だけを注入してもピークが出現！
78. TFA を添加する理由，濃度，使用上の注意点は？
79. 光学異性体分離用カラムの選択法は？
80. 数平均分子量と重量平均分子量とは？
81. 平均分子量の測定値が違ってくる！
82. 校正曲線間の相関はどうなっている？
83. サンプルがカラムへ吸着して，正確な分布が求められない！
84. 複数のカラムを連結するときの順序は？

液相色譜

液クロ龍の巻

誰にも聞けなかった
HPLC Q&A
High Performance Liquid Chromatography

監修■東京理科大学薬学部教授
薬学博士　中村 洋

編集■(社)日本分析化学会
液体クロマトグラフィー研究懇談会

プロ集団が書いた、オフィシャルガイド!!

液クロの現場で日々発生する素朴な疑問の数々。想定されるこれらの問題に、液クロ懇談会の精鋭メンバーが分かり易く答えております。最先端の情報をもとに編集された『液クロ龍の巻』が、さまざまな現場で活用されますことを願っております。

B5版　202頁
定価■本体価格**2,850**円＋税
ISBN4-924753-48-3　C3043

発行　筑波出版会
〒305-0821 茨城県つくば市春日2-18-8
電話■029-852-6531　FAX■029-852-4522
URL■http://www.t-press.co.jp/

発売　丸善 出版事業部
〒103-8244 東京都中央区日本橋3-9-2 第2丸善ビル
電話■03-3272-0521　FAX■03-3272-0693

液クロ 龍(リュウ)の巻

『液クロ 龍(リュウ)の巻』あらまし Question 項目

1章　HPLCの基礎 ─理論と用語─

1. 移動相の流速とカラム抵抗圧との関係は？
2. 極微量の流速を得るのに用いられるスプリッターの原理は？
3. ピークの広幅化をもたらす要因は？
4. カラムの長さ，内径と注入する試料の量の関係は？
5. カラムの内径を細くすればするほど分解度が上がる？
6. カラムの平衡化の基準の判断は？
7. 分子量の差で分離する方法のよび名は？
8. 換算分子量のずれの傾向の具体例は？
9. 絶対感度，濃度感度の意味は？
10. 電気クロマトグラフィーとは？
11. pH, pK_a とはどんなもの？
12. HT分析とはどういう分析？また，条件設定のポイントは？
13. High Temperature HPLC とは？
14. 超臨界流体クロマトグラフィーと HPLC や GC との違いは何？
15. 公定法でHPLCを一般試験法として採用しているものは？
16. 3種類のバリデーションの具体的な使い分けは？
17. 固相抽出における u の値は？

2章　固定相と分離モード ─充填剤，カラム─

18. 再現性よく HPLC カラムを充填する方法は？
19. データをみるときの留意点は？
20. オープンチューブカラムが市販されていない理由は？
21. モノリスカラムとはどんなカラム？
22. 前処理や分離ではない目的で使用されるカラムとは？
23. ピーク形状の異常の原因とその対策は？
24. 気泡を抜く方法は？ カラムをからにしてしまった場合は？
25. 逆相シリカゲルカラムの炭素含有率，比表面積，細孔径は？
26. モノメリック，ポリメリック充填剤とは？
27. 残存シラノールの性質は？
28. シリカ系逆相カラムの劣化はどのように起こる？
29. 保持が徐々に減少し，再現性が得られないのは？
30. C30固定相は ODS と比べ，どのように異なっているか？
31. 試料負荷量の大きな ODS カラムとは？
32. セミミクロカラムを使用するときの注意点は？
33. キャピラリー LC，セミミクロ LC が感度的に有利である根拠は？
34. 微量試料の注入方法のメカニズムとは？
35. 試料容量を増加させて分析する方法は？
36. GPC はどこまでミクロ化が可能？

3章　移動相（溶離液）

37. カタログに表示の"高速液体クロマトグラフィー用"とは？
38. HPLC に使用する水は？
39. 混合後の容積が混合前の容積と一致しないのは？
40. 緩衝液を調製するさいにリン酸塩が頻繁に使用されるのは？
41. 再現性よく移動相を調製する方法は？
42. 移動相に，亜臨界水を用いた液体クロマトグラフィーとは？
43. カラムを平衡化させ安定した分離を行うには？
44. 逆相系で LC 装置を使用後，順相系に切り換える手段は？
45. ゴーストピークを小さくするか影響を回避する方法は？
46. 移動相のみを注入したらピークが出た，原因は？
47. イオン対（ペア）試薬の種類，使用方法，注意点は？
48. イオンペアクロマトグラフィーの条件設定は？
49. イオンペアクロマトグラフィーでよく起こる問題は？
50. イオン対試薬を使用するとカラムの寿命は短くなる？
51. LC/MS や LC/NMR でもイオン対試薬を使用できる？

4章　検出・定量・データ解析

52. HPLC で使用される検出器の使い分けは？
53. UV 吸収をもたない物質を分析するには？
54. 光学活性物質を選択的に検出できる検出器の種類は？
55. 検出波長を切り換えながら検出する方法は？
56. 蛍光物質の励起波長と蛍光波長の選択方法は？
57. 化学発光検出器を使用する場合，検出波長の設定は必要？
58. 測定法の開発手順は？
59. 絶対検量線法，標準添加法，内部標準法の使い分けは？

5章　HPLC装置

60. カラム本体を構成している部品の名称は？
61. 何故 LC カラムに，移動相を流す方向が記載されている？
62. カラムの性能を評価する方法は？
63. カラムの接続のタイプは？
64. カラムを接続するさいの部品の名称は？
65. HPLC の配管にはどんな金属，樹脂が使われている？
66. HPLC の配管用の金属のものと合成樹脂のものとの使い分けは？
67. プレカラム，ガードカラムの使用目的，用途，また違いは？
68. メーカーごとにまちまちな圧力単位の換算法は？
69. 抵抗管や背圧管を取り付ける目的は何？
70. 分析中にシステム圧力が上昇する原因と対処方法は？
71. マニュアルインジェクターの使い方は？
72. カラム恒温槽のヒートブロックと循環式の長所・短所は？

6章　LC/MS

73. LC/MS イオン化法の原理と使い分けは？
74. LC/MS に用いられる分析計を選択するポイントは？
75. LC で MS を検出する利点と欠点は？
76. LC/MS 分析に適したカラムサイズは？
77. LC/MS で使用できる溶媒は？
78. クロマトグラム上にスパイクノイズが現れる原因は？
79. LC/MS でバックグラウンドが高い理由は？
80. イオンサプレッションとは何？

7章　前処理

81. 試料や移動相の除粒子用フィルターを選ぶときの注意点は？
82. 膜を使って簡単に試料の除タンパクや濃縮ができる？
83. 測定対象物が容器等へ吸着するのを防ぐための対処方法は？
84. 固相抽出カラムでの抽出法の長所，短所は？
85. ポリマー系固相抽出カラムの特徴は？
86. 前処理後の抽出液の乾燥法の長所・短所は？
87. 固相抽出 96 well プレートの長所・短所は？
88. 固相抽出の自動化とは何？
89. 超臨界抽出を分離分析測定の前処理として利用する方法は？

8章　応　　用

90. タンパク質を HPLC で扱う場合の一般的心得は？
91. HPLC でタンパク質を変性させずに分取するには？
92. アミノ酸のキラル分離を行うときの誘導体化試薬は？
93. 糖類の分析を行うときのカラム選択法は？
94. ダイオキシンやPCBなど有害物質はどのように処理する？
95. 光学異性体を分離するときの手法は？
96. d 体の後ろに溶出する l 体のピークの定量法は？
97. 光学異性体を分離しないで異性体存在比を測定する方法は？

液相色譜

液クロ
虎の巻

誰にも聞けなかった
HPLC Q&A
High Performance Liquid Chromatography

監修■東京理科大学薬学部教授
薬学博士　中村 洋

編集■(社)日本分析化学会
　　　液体クロマトグラフィー研究懇談会

プロ集団が書いた、オフィシャルガイド!!

液クロの現場で日々発生する素朴な疑問の数々。想定されるこれらの問題に、液クロ懇談会の精鋭メンバーが分かり易く答えております。最先端の情報をもとに編集された『液クロ虎の巻』が、さまざまな現場で活用されますことを願っております。

B5版　214頁
定価■本体価格 **2,850**円＋税
ISBN4-924753-50-5　C3043

発行　筑波出版会
〒305-0821 茨城県つくば市春日2-18-8
電話■029-852-6531　FAX■029-852-4522
URL■http://www.t-press.co.jp/

発売　丸善 出版事業部
〒103-8244 東京都中央区日本橋3-9-2 第2丸善ビル
電話■03-3272-0521　FAX■03-3272-0693

液クロ　虎(ヒョウ)の巻

『液クロ 彪(ヒョウ)の巻』あらまし Question 項目

1章　HPLCの基礎　―一般教養―

1. HPLCを発明した人は？
2. 液クロを短期間でマスターするためのよい方法は？
3. 液クロでわからないことが出てきたとき，相談するところ
4. 液体クロマトグラフィー研究懇談会の活動内容は？
5. LCテクノプラザとは？
6. HPLCの勉強会の参加資格や内容は？
7. 理論段数の計算法は配管と検出器セル中での広がりの度合いも含まれる？
8. 理論段数の求め方は，またその計算式は？
9. 理論段数の高いカラムは高性能カラム
10. カラム長とピーク幅，分離能の関係は？
11. バリデーションの実施とその頻度は？
12. 2-Dクロマトグラフィーとは？どういう効果を期待？
13. 「不確かさ」とはどういうこと？
14. ベースラインが安定しないときの注意点は？
15. HPLCでピークが広がり，変形する場合の理由や対策は？
16. 検量線を引くとき誤差を大きくしないための注意点は？
17. HPLCの無人運転は問題あり，また安全対策は？
18. 室温とはどういう意味？
19. 緩衝液のpHを調整する際，温度の影響は？
20. 内標準物質とサロゲートの違いは？

2章　逆相系分離　―固定相・充填剤―

21. 逆相カラムの性能評価項目とその意味合いは？
22. オクタデシルシリルシリカゲル充填剤の性能に統一された標準がないのは？
23. 反応溶媒に水分が混入した際の問題は？
24. 保持の再現性は工夫次第で得られるのでは？
25. 極性基導入型逆相型カラムの長所，短所は？
26. タンパク質の逆相分離で長いカラムが必要ないという理由は？
27. タンパク質の逆相分離で固定相の炭素鎖長さが分離に影響しない？
28. タンパク質の逆相分離で充填剤の粒子径の違いが分離に影響しない？
29. 逆相分配モードで移動相の塩が保持に与える影響は？
30. 逆相イオン対クロマトグラフィーにおける温度管理の重要性は？

3章　非逆相系分離　―固定相・充填剤―

31. 高純度シリカゲルが基材として多用されるのは？
32. カラム充填剤のリガンド密度が高ければ吸着能も高くなる？
33. モノリスカラムとは，また期待できる性能は？
34. HILICとはどんな分離モード？
35. ジルコニア基材カラムとは，またその利点は？
36. フルオロカーボン系シリカカラムの保持特性は？
37. 有機溶媒を使用して保持を調整する方法は？
38. 内面逆相カラムとはどんなもの？
39. サイズ排除クロマトグラフィーで，GPCとGFCの違い
40. 低分子リガンドをもつキラル固定相はどこのものがよい？
41. 高分子リガンドをもつキラルカラムにはどんなものがある？
42. SFCを利用した光学異性体分離は可能？
43. カラムを恒温槽で使用する場合の注意点は？

4章　移動相（溶離液）

44. HPLC用溶媒・試薬はどこの製品を選ぶ？
45. グレードの試薬を急に代用する際の留意点，必要な処理は？
46. 溶媒にアセトニトリルを使用するとカラムの理論段数が高くなる？
47. 溶媒にアセトニトリルを使用するときの健康安全上の問題は？
48. 溶媒をリサイクルする方法は？
49. 緩衝液系移動相で分析する場合の注意点は？
50. 溶離液に使用する緩衝液に，リン酸塩がよく使用されるのは？
51. 溶離液に使用する緩衝液の最適な濃度は？
52. 緩衝液を調製する際，塩の選択は？
53. 実験室内の空気中成分がクロマトグラムに影響を与える？
54. ノイズの原因の溶存酸素の効率的な除去方法は？
55. 溶媒のアースの取り方は？

5章　検　　出

56. 濃度依存型検出器と質量依存型検出器とは？
57. UV検出器で高感度検出を行うための注意点は？
58. UV検出器の検出波長を選択するときの留意点は？
59. 蛍光検出器を用いる際の留意点は？
60. 電気化学検出器のタイプと電極の種類・使用法は？
61. ELSDで使用できる溶媒範囲は？
62. ELSDの分析条件設定上の可変パラメーターとは？
63. ポストカラム法を使用する際の注意点は？

6章　HPLC分析　―装置・試料前処理―

64. HPLCの始動時に必要な点検項目とは？
65. クロマトグラフ配管の内径は，カラム性能に影響を与える？
66. 分離膜方式とヘリウム脱気方式の脱気装置の特徴は？
67. 移動相を切り替える際にプランジャーシールは交換する？
68. オートサンプラーによって注入方法に違いが，また特徴は？
69. キャリーオーバーを少なくするオートサンプラーとは？
70. LCをLANで結ぶには？
71. オンライン固相抽出法の特長と使用法は？
72. HPLC用の除タンパク操作の具体的方法は？
73. ナノLCで分取は可能？

7章　LC/MS

74. LC/MSのインターフェイスの構造は，種類は？
75. 付加イオンとは？
76. スキャンモードとSIMモードの違いは？
77. ESIとAPCIの使い分けは？
78. ESIにおけるイオン化条件の最適化の方法は？
79. LC/MSでの最適な移動相流量は？
80. ESIで100%有機溶媒移動相では感度がでないのは？
81. ESIで多価イオンのできる理由は？
82. LC/MSで定性分析を行う際，より多くの情報を得る方法は？
83. LC/MS測定で得られたスペクトルを検索するデータベースは？
84. LC/MSで定量分析を行うときのポイントは？
85. LC/MSスペクトルから測定化合物の分子量を判定する方法は？
86. 多価イオンから分子量を計算する方法は？
87. 実試料で感度が低下するマトリックス効果とは？
88. 糖類をLC/MSで測定する方法は？
89. LC/MS測定で試料の前処理についての注意点は？
90. LC/MSでプレカラムの誘導体化法とは？
91. LC/MSに適したポストカラムの誘導体化法とは？
92. 揮発性イオンペア剤の選び方，使用上の注意点は？
93. LC/MSでTFAを使うと感度が落ちるのは？
94. 不揮発性移動相は本当に使えない？
95. MS/MSの利点と欠点は？
96. LC/MS/MSの構造と分析原理とは？

液相色譜

液クロ犬の巻

誰にも聞けなかった HPLC Q&A
High Performance Liquid Chromatography

監修■東京理科大学薬学部教授
薬学博士　中村　洋

編集■(社)日本分析化学会
　　　液体クロマトグラフィー研究懇談会

プロ集団が書いた、オフィシャルガイド!!

液クロの現場で日々発生する素朴な疑問の数々。想定されるこれらの問題に、液クロ懇談会の精鋭メンバーが分かり易く答えております。最先端の情報をもとに編集された『液クロ犬の巻』が、さまざまな現場で活用されますことを願っております。

B5版　214頁
定価■本体価格 **2,850**円＋税
ISBN4-924753-52-1　C3043

発行　筑波出版会
〒305-0821 茨城県つくば市春日2-18-8
電話■029-852-6531　FAX■029-852-4522
URL■http://www.t-press.co.jp/

発売　丸善 出版事業部
〒103-8244 東京都中央区日本橋3-9-2 第2丸善ビル
電話■03-3272-0521　FAX■03-3272-0693

液クロ 犬(イヌ)の巻

『液クロ 犬(イヌ)の巻』あらまし Question 項目

1章　HPLCの基礎と分離

1. 最近よく聞くHILICとは？
2. シリカゲルカラムに水を含む移動相を用いることは可能？
3. ペプチドを分離・精製するよい方法とは？
4. 親水性相互作用クロマトグラフィーの分離機構は？
5. 親水性相互作用クロマトグラフィーと逆相クロマトグラフィーとの選択性の違いは？
6. ペプチドを分離するメリットは？
7. 逆相充填剤の細孔に移動相が入ったり、出たりするのは？
8. 分離中、溶出時間の再現性を低下させないためには？
9. 極性基内包型逆相固定相の特徴と利用法は？
10. 塩基性化合物でないのにテーリングするのは？
11. 現在のカラムでアミンの添加は必要？
12. 逆相カラムでC1〜C4程度のカラムが使われないのは？
13. 複合分離とは？
14. ルーチン分析でHPLCシステムの改造は必要？
15. どの程度の大きさの粒子径の充填剤が市販？
16. カラム洗浄によって劣化カラムを回復させることは可能？
17. カラムに重金属が蓄積する原因は？
18. カーボンを使った固相抽出剤やHPLCカラムのカーボンは同じもの？
19. 充填剤の細孔径、細孔容積、比表面積は保持や理論段数とどのような関係？
20. ポリマー型モノリスカラムのキャパシティーが高い理由は？
21. 流速に対する理論段数の変化が少ない理由は？
22. 配位子交換クロマトグラフィーの原理と適用例は？
23. 異性体の分離に適したカラムとは？
24. pHグラジエントとはどんな方法？
25. カラム温度が高い方が保持時間が小さい、逆の現象は？
26. 構造による分離しやすい化合物、分離しにくい化合物は存在？
27. 光学異性体を分離するときカラムや移動相の選択法は？
28. ODSカラムより、キラル固定相を用いた方が分離がよいのは？

2章　検出・解析

29. FTIRをSFC，SFEやHPLCの検出器として利用するには？
30. 蛍光強度を低下させてしまう溶離液条件や成分は？
31. 古いUV/VIS検出器の波長正確さの確認は？
32. レーザー蛍光検出法の利点と弱点は？
33. データ取込み・ピーク検出に関しての注意事項は？
34. LC/NMRはどのようにしたらできる？
35. AUFS設定とインテグレーターのAUあるいはmV表示の関係は？
36. LC/ICPの利点と欠点は？
37. 光化学反応検出法の原理は？
38. 化学発光検出法の原理は？
39. 電気伝導度検出器の測定原理は？
40. 電気伝導度検出器でどのようなものを測定できる？
41. HPLCに用いられる検出器の種類と注意点は？
42. 検出器をミクロ化する効果は？
43. 液体クロマトグラフィーでのオンカラム検出法は？
44. 知っていると便利なインターネットのアドレスは？
45. FDA21 CFR Part11の内容は？
46. 算術的に不分離ピークを分離できる？
47. データ処理におけるベースラインの引き方は？
48. HPLCのバリデーション計画の手順は？
49. 超臨界流体クロマトグラフィーを分取クロマトグラフィーとして利用する利点は？
50. 精製度を知る方法は？
51. リサイクル分取の方法や注意点は？
52. 擬似移動床法とは？
53. 分析用HPLCで分取するさいの注意点や限界は？
54. CEとHPLCの利点と欠点は？
55. イオン排除クロマトグラフィーの原理は？
56. マイクロセパレーション，ナノフローとは？
57. 網羅的分析とはどのような分析？
58. 二次元クロマトグラフィーのハード，ソフトは？

3章　試料の前処理

59. 除タンパク前処理法の条件は？
60. 血漿中で分解する薬物を安定化させる方法は？
61. 逆相HPLCフラクションの濃縮時に突沸などが発生する解決方法は？
62. オンライン固相抽出法で使用される前処理カラムは？
63. 固相抽出の自動化装置やロボットを使用するときの留意点は？
64. 生体試料分析でカラム寿命をのばすには？
65. 浸透抑制型充填剤カラムと内面逆相型充填剤カラムは同じもの？
66. プレカラム誘導体化法でアミノ酸の定量分析を行うときの問題は？
67. 糖類の検出法は？
68. 有機酸の検出法は？
69. 安定剤が含まれている溶媒にはどんなものがある？
70. LC/MSにはLC/MS用の溶媒の使用が望ましいのは？
71. 移動相の最適流量とは？
72. 酸性，塩基性物質両用のイオン対試薬は？
73. 古い試薬が使えるかどうかの判断は？
74. カラム評価にはどのような試薬が使われている？
75. 移動相にTHFを使うときの注意点は？
76. バッファーの選択での注意点は？
77. 装置間で保持時間が変わらないようにするには？
78. 溶離液を再現性よく調製するコツは？
79. カラム内のシリカゲルが溶けたり、チャネリング現象がみられるのは？
80. リン酸緩衝液を簡便に調製する方法は？
81. グラジエント溶出のためのミキサーの種類と特徴は？

4章　LC/MS

82. LC/MSの日常的なメンテナンスの方法は？
83. APCI，ESI以外のインターフェイスは？
84. 分子量より大きな質量数のイオンが観測されたのは？
85. 新品のLCをMSに接続するときの注意点は？
86. LC/MSで測定したら、界面活性剤が検出されたのは？
87. UVで見えるピークがMSで見えないのは？
88. TICでベースラインの落ち込みとしてピークが観測されるのは？
89. LC/MS/MSスペクトルのライブラリーデータベースは？
90. LC/MSの溶離液を検討するときの注意点は？
91. イオン化条件の最適化の方法は？
92. 異なるメーカーの装置でパラメーターを組む場合の留意点は？
93. LC/MS装置の精度管理は？
94. LC/MSで測定するときのパラメータの設定は？
95. 緩衝液の選択の目安は？
96. LC/MSで未知試料の分子量を推定するには？
97. ピーク強度に再現性が得られない原因と対策は？
98. LC/TOF-MSで定量分析は可能？

液相色譜

液クロ 武の巻

誰にも聞けなかった
HPLC Q&A
High Performance Liquid Chromatography

監修■東京理科大学薬学部教授
薬学博士　中村 洋

編集■(社)日本分析化学会
液体クロマトグラフィー研究懇談会

プロ集団が書いた、オフィシャルガイド!!

液クロの現場で日々発生する素朴な疑問の数々。想定されるこれらの問題に、液クロ懇談会の精鋭メンバーが分かり易く答えております。最先端の情報をもとに編集された『液クロ武の巻』が、さまざまな現場で活用されますことを願っております。

B5版　206頁
定価■本体価格 **2,850**円＋税
ISBN4-924753-54-8　C0043

発行　筑波出版会
〒305-0821 茨城県つくば市春日2-18-8
電話■029-852-6531　FAX■029-852-4522
URL■http://www.t-press.co.jp/

発売　丸善 出版事業部
〒103-8244 東京都中央区日本橋3-9-2 第2丸善ビル
電話■03-3272-0521　FAX■03-3272-0693

液クロ 武(ブ)の巻

『液クロ 武(ブ)の巻』あらまし Question 項目

1章　HPLC の基礎と分離

1. 生体試料中の薬物濃度分析法のバリデーションは?
2. 「液クロ虎の巻」シリーズを検索しやすい CD-ROM のような形には?
3. 理論段数や分離度, 分離係数は何のために算出する?
4. クロマトグラフィー関係の用語を定義したものは?
5. どのような条件下でも t_0 を正確に測定できる試料は?
6. ゴーストピークの見分け方と, その原因・対処法は?
7. UV 測定で, ネガティブピークが t_0 付近に出る原因と対策は?
8. 超高速 HPLC 分析を行う際の問題点とその解決方法は?
9. ベースラインが安定しない場合のよい方法は?
10. 分析事例がない物質のカラム選択と移動相の設定を行うには?
11. 分離能を改善するには?
12. グラジェント条件での HPLC 分析で, 気泡が発生する原因と対策は?
13. 有機溶媒添加後の溶離液の pH 調整は値が正確で再現的か?
14. 逆相系シリカベースのカラムではエンドキャップはどんな割合で導入する?
15. ポリマー系カラムの利点と欠点は?
16. 分子インプリント法とは?
17. 内面イオン交換カラムとは?
18. 同じ ODS なのに, なぜ分離能や溶出順序が変わる?
19. 広い表面積のカラムを選択するとなぜよいか?
20. HPLC 用のキャピラリーカラムにフューズドシリカが使われている訳は?
21. ミックスモード充填剤はなぜ HPLC に使われていないのか?
22. 超高圧型システムの原理およびメリット, デメリットは?
23. 流速グラジェント法とは?
24. イオン抑制法とイオンペア法の違いと使い分けは?
25. 両性化合物に使うイオン対試薬は?
26. o, m, p-位置異性体分離に最適なカラムは?
27. 逆相 HPLC で THF を溶離液に加えると分離が改善するのは?
28. 極性が極端に高いサンプルから低いものまでを一斉分析するコツは?
29. 逆相固定相の分析で, 移動相による固定相の濡れは必要か?
30. 逆相分離用有機溶媒-水系移動相では, 有機溶媒の固定相への溶媒和の程度は?
31. 逆相 HPLC で中性の移動相では, 塩基性化合物がテーリングする理由は?
32. キラル分離で, 不斉中心から官能基がどれほど離れると不斉認識しなくなるか?
33. シクロデキストリン充填剤のキラル分離メカニズムは?
34. キラル化合物測定による「光学純度」の算出では, ピーク面積値からの計算は?
35. 分離係数はどのくらいあれば良好にキラル分離が可能?
36. 充填カラムを用いた超臨界流体クロマトグラフィーに利用できる検出器は?
37. SFC と HPLC で, 分離効率の違いはどの程度?

2章　検出・解析

38. 送液がうまくできない理由と対処法は?
39. インジェクターバルブ/オートサンプラーは μL 以下の正確な注入をどう実現?
40. ハイスループット化をはかる方法は?
41. 装置が多過ぎて, 電圧が不安定な場合は?
42. HPLC のマイクロチップ化の状況は?
43. マイクロ化/チップ化した HPLC の利点/欠点, 技術的課題は?
44. 装置内部が汚れたときの適切な洗浄方法は?
45. グラジェント法で, 移動相が設定プログラムより遅れて混ざり合う原因は?
46. 高温・高圧水を移動相とする HPLC に, 用意するシステムは?
47. 充填剤粒子系 2μm 以下で高速分離をする HPLC システムの注意点は?
48. ポンプからの液漏れの原因と対処法は?
49. 配管チューブの使い分けと, チューブ内径選択の重要性
50. キャピラリーカラムを確実に接続できるフィッティングは?
51. パルスドアンペロメトリー検出器の原理は?
52. パルスドアンペロメトリー検出器で何が測れるか?
53. 反応試薬を移動相に添加するポストカラム誘導体化法とは?
54. 蛍光検出器のセル温調の効果とは?
55. UV-VIS 検出器のセル温調の効果とは?
56. 間接検出法の実例は?
57. HPLC で純度を求める際に, 波長によって純度が異なるときはどうするか?

3章　試料の前処理

58. 移動相の溶媒を保管する際の注意点は?
59. HPLC 用溶媒と LC/MS 用溶媒の基本的な違いは?
60. 超純水製造装置を使うより, HPLC 用水を購入する方が割安では?
61. 分取クロマトグラフィーのランニングコストを安くする方法は?
62. 移動相に使う引火性の有機溶媒の取扱い上の注意点は?
63. 有害性のある有機溶媒を使う際の規制は?
64. 使用済みのカラムの廃棄方法は?
65. 固相抽出カートリッジカラムの使用期限は?
66. 固相抽出用器材には分析種の非特異的吸着がないか?
67. 試料注入前に, フィルターで沪過することの是非は?
68. フィルターで除タンパクすると, 未知ピークが出るのはなぜ?
69. キャピラリー用モノリスカラムで多量試料の導入ができるか?
70. 生体試料のピークがブロードになったり, テーリングするのはなぜ?
71. ペプチド類をトラップカラムに吸着させるときの最適な移動相は?
72. タンパク質の消化物を高速分析する方法は?
73. アミノ酸分析や有機酸分析に使える誘導体化試薬とは?
74. アミノ酸分析でのプレカラム誘導体化法とポストカラム誘導体化法の使い分けは?

4章　LC/MS

75. LC/MS とは?
76. LC 部の汚れで LC/MS の感度が低下, どうするか?
77. LC/MS (/MS) で高いスペクトル感度が得られる分析計
78. LC/MS/MS で問題になるクロストークとは?
79. 高流速で LC/MS (/MS) を使う場合の注意点は?
80. LC/MS の移動相として使われる酢酸やギ酸の特徴は?
81. LC/MS のチューニングとは?
82. LC/MS のキャリブレーションとは?
83. LC/MS ではなぜ分析時間の経過とともに感度が低下する?
84. LC/NMR で ^{13}C や 2 次元の測定ができるか?
85. LC/NMR で通常の HPLC 溶媒は使えるか?
86. LC/NMR は LC/MS に比べてどんなよいところがあるか?
87. LC/MS でイオンペア試薬を使うと極端に感度が落ちる原因は?
88. 逆相カラムで保持しない成分を LC/MS で測定する方法は?
89. LC/MS の種類, 長所と欠点, それぞれの利用方法とは?
90. マイクロスプリッターを使った LC/MS 分析の注意点は?
91. Nano-LC/MS でよいデータをとるための注意点は?

液クロ文(ブン)の巻
誰にも聞けなかった HPLC Q&A

●

発　行	平成18年11月30日　初 版 発 行
	平成29年 9 月 1 日　第 2 刷発行

監修	東京理科大学 薬学部教授　中村　洋
編集	(社)日本分析化学会 液体クロマトグラフィー研究懇談会
発行人	花山　亘
発行所	株式会社 筑波出版会
	〒305-0821　茨城県つくば市春日2-18-8
	電　話　029-852-6531
	FAX　029-852-4522
発売所	丸善出版株式会社
	〒101-0051　東京都千代田区神田神保町2-17
	電　話　03-3512-3256
	FAX　03-3512-3270
装幀	繁田　彩
制作協力	悠朋舎
印刷・製本	(株)シナノパブリッシングプレス

●

Ⓒ2006〈無断複写・転載を禁ず〉
ISBN978-4-924753-57-0 C3043
◎落丁・乱丁本は本社にてお取り替えいたします(送料小社負担)

追加情報は下記に掲載いたします
URL＝http://www.t-press.co.jp